从0到1
Python 快速上手

莫振杰 著

人民邮电出版社
北京

图书在版编目（CIP）数据

从0到1：Python快速上手 / 莫振杰著. -- 北京：人民邮电出版社，2022.8（2024.6重印）
ISBN 978-7-115-58712-1

Ⅰ. ①从… Ⅱ. ①莫… Ⅲ. ①软件工具－程序设计 Ⅳ. ①TP311.561

中国版本图书馆CIP数据核字(2022)第030123号

◆ 著　　莫振杰
　　责任编辑　赵　轩
　　责任印制　陈　犇

◆ 人民邮电出版社出版发行　北京市丰台区成寿寺路11号
　　邮编　100164　电子邮件　315@ptpress.com.cn
　　网址　https://www.ptpress.com.cn
　　北京盛通印刷股份有限公司印刷

◆ 开本：787×1092　1/16
　　印张：27　　　　　　　　　　　2022年8月第1版
　　字数：707千字　　　　　　　　2024年6月北京第3次印刷

定价：89.90元

读者服务热线：(010)81055410　印装质量热线：(010)81055316
反盗版热线：(010)81055315
广告经营许可证：京东市监广登字 20170147 号

前言

一本好的书就如一盏指路明灯，它不仅可以让你学得更轻松，更重要的是可以让你少走很多弯路。如果你需要的不是大而全的内容堆砌，而是恰到好处的知识讲解，那么不妨看一下"从 0 到 1"这个系列的图书。

"就像经典的冰山理论，第一眼看到的美，只是全部创作的八分之一。"实际上，这个系列是我多年开发的经验总结，除了技术介绍外，也注入了非常多我自己的思考。虽然我是一名技术工程师，但实际上我也是对文字非常敏感的一个人。对于技术写作来说，我更喜欢用最简单的语言把最丰富的知识呈现出来。

在接触任何一门技术时，我都会记录初学者遇到的各种问题，以及自己的各种思考。所以我还是比较了解初学者的心态的，也知道怎样才能让初学者快速而无障碍地学习。在编写这个系列的图书时，我更多的是站在初学者的角度，而不是已学会者的角度。

这个系列从基本语法出发，延伸到了 Python 的各个重要领域，包括网络爬虫、数据分析、数据可视化等。"从 0 到 1"系列的几本图书连贯性非常强，这样做也是为了能够让小伙伴们一步到位地进行系统学习，而不至于浪费大量时间在一些弯路上。

最后想要跟小伙伴们说的是，或许这个系列并不十全十美，但我相信其中独树一帜的讲解方式，能够让小伙伴们走得更快，走得更远。

本书面向的对象

- 完全零基础的初学者。
- 想要系统学习 Python 的工程师。
- 大中专院校相关专业的老师和学生。

配套资源

绿叶学习网是我开发的一个开源技术网站，也是"从 0 到 1"系列图书的配套网站。本书的所有配套资源（包括源码、答案、PPT 等）都可以在上面下载。

此外，小伙伴们如果有任何技术问题，或想要获取更多学习资源，以及希望和更多技术"大牛"进行交流的，可以加入我们的官方 QQ 群：280972684、387641216。

特别说明

本书所有数据均为便于小伙伴们理解的虚拟数据，不具备任何其他用途，仅供编程练习。并且数据的数值、单位皆为举例，不具备实际功能与价值。

特别感谢

在编写本书的过程中，我得到了很多人的帮助。首先要感谢赵轩老师（本书的责任编辑），谢谢他这么多年的信任，他是一位非常专业而又不拘一格的编辑。

感谢五叶草团队的一路陪伴，感谢韦雪芳、陈志东、秦佳、莫振浩这几位伙伴，花费大量时间对本书进行细致的审阅，并且给出了诸多非常棒的建议。

最后要特别感谢我的妹妹莫秋兰，她一直都在默默地支持和关心我。有这样一个能够懂得自己、既是妹妹也是朋友的人，是我一生中非常幸运的事情。

由于个人水平有限，书中难免会有疏漏之处，小伙伴们如果发现问题或有任何意见，可以到绿叶学习网或通过邮件（lvyestudy@qq.com）与我联系。

莫振杰

作者简介

莫振杰

全栈工程师，产品设计师，涉猎前端、后端、Python等多个领域，熟练掌握JavaScript、Vue、React、Node.js、Python等多门技术；拥有一个高人气的个人网站——绿叶学习网，用于分享开发经验及各种技术。

他还是多本图书的作者，凭着"从0到1"系列图书，获得了"人民邮电出版社IT图书2020年最有影响力作者"称号。

资源与支持

本书由异步社区出品,社区(https://www.epubit.com/)为读者提供相关资源和后续服务。

配套资源

本书提供彩图文件,如要获得此配套资源,请在异步社区本书页面中点击 配套资源 ,跳转到下载界面,按提示进行操作即可。

提交勘误

作者和编辑尽最大努力来确保书中内容的准确性,但难免会存在疏漏。欢迎读者将发现的问题反馈给我们,帮助我们提升图书的质量。

当读者发现错误时,请登录异步社区,按书名搜索,进入本书页面,单击"提交勘误",输入勘误信息,单击"提交"按钮即可(见下图)。本书的作者和编辑会对读者提交的勘误进行审核,确认并接受后,读者将获赠异步社区的 100 积分。积分可用于在异步社区兑换优惠券、样书或奖品。

扫码关注本书

扫描下方二维码,读者将会在异步社区微信服务号中看到本书信息及相关的服务提示。

与我们联系

我们的邮箱是 contact@epubit.com.cn。

如果读者对本书有任何疑问或建议,请发邮件给我们,并请在邮件标题中注明本书书名,以便我们更高效地做出反馈。

如果读者有兴趣出版图书、录制教学视频,或参与图书翻译、技术审校等工作,可以发邮件给我们;有意出版图书的作者也可以到异步社区在线提交投稿(直接访问 www.epubit.com/selfpublish/submission 即可)。

如果读者所在的学校、培训机构或企业,想批量购买本书或异步社区出版的其他图书,也可以发邮件给我们。

如果读者在网上发现有针对异步社区出品图书的各种形式的盗版行为,包括对图书全部或部分内容的非授权传播,请读者将怀疑有侵权行为的链接发邮件给我们。读者的这一举动是对作者权益的保护,也是我们持续为读者提供有价值的内容的动力之源。

关于异步社区和异步图书

"**异步社区**"是人民邮电出版社旗下 IT 专业图书社区,致力于出版精品 IT 技术图书和相关学习产品,为作译者提供优质出版服务。异步社区创办于 2015 年 8 月,提供大量精品 IT 技术图书和电子书,以及高品质技术文章和视频课程。更多详情请访问异步社区官网 https://www.epubit.com。

"**异步图书**"是由异步社区编辑团队策划出版的精品 IT 专业图书品牌,依托于人民邮电出版社近 30 年的计算机图书出版积累和专业编辑团队,相关图书在封面上印有异步图书的 LOGO。异步图书的出版领域包括软件开发、大数据、AI、测试、前端、网络技术等。

异步社区　　　　微信服务号

目录

第 1 部分　基础篇

第 1 章　认识 Python 3
- 1.1 Python 简介 3
  - 1.1.1 Python 是什么? 3
  - 1.1.2 Python 能干什么? 4
  - 1.1.3 Python 有什么特点? 5
- 1.2 教程介绍 5
  - 1.2.1 Python 版本 5
  - 1.2.2 初学者关心的问题 6
- 1.3 安装 Python 6
  - 1.3.1 Windows 系统 7
  - 1.3.2 Mac 系统 8
- 1.4 使用 IDLE 9
  - 1.4.1 IDLE 的简单使用 10
  - 1.4.2 保存代码到文件 11
- 1.5 使用 VSCode 13
  - 1.5.1 安装 VSCode 13
  - 1.5.2 安装插件 14
  - 1.5.3 运行代码 15
- 1.6 使用 PyCharm 17
  - 1.6.1 安装 PyCharm 18
  - 1.6.2 安装插件 19
  - 1.6.3 运行代码 20
- 1.7 本章练习 24

第 2 章　语法基础 25
- 2.1 语法简介 25
- 2.2 变量与常量 26
  - 2.2.1 变量 26
  - 2.2.2 常量 29
- 2.3 数据类型 30
  - 2.3.1 数字 30
  - 2.3.2 字符串 31
  - 2.3.3 判断类型 33
- 2.4 运算符 33
  - 2.4.1 算术运算符 34
  - 2.4.2 赋值运算符 35
  - 2.4.3 比较运算符 35
  - 2.4.4 逻辑运算符 36
  - 2.4.5 成员运算符 38
  - 2.4.6 身份运算符 39
- 2.5 表达式与语句 40
- 2.6 类型转换 40
  - 2.6.1 数字转换为字符串 40
  - 2.6.2 字符串转换为数字 41
  - 2.6.3 整数与浮点数互转 42
- 2.7 转义字符 43
- 2.8 注释 44
  - 2.8.1 单行注释 44
  - 2.8.2 多行注释 45
  - 2.8.3 编码注释 46
- 2.9 输出内容：print() 46
  - 2.9.1 语法简介 46
  - 2.9.2 常用参数 47
- 2.10 输入内容：input() 48
- 2.11 运算符优先级 49
  - 2.11.1 优先级介绍 49
  - 2.11.2 最佳实践 51
- 2.12 实战题：交换两个变量的值 ... 52
- 2.13 实战题：交换个位和十位 52

| 2.14 | 本章练习 ·············· 53 |

第 3 章 流程控制 ·············· 55

3.1	流程控制简介 ············· 55
3.1.1	顺序结构 ············ 55
3.1.2	选择结构 ············ 56
3.1.3	循环结构 ············ 56
3.2	选择结构：if ············· 57
3.2.1	单向选择：if ········· 57
3.2.2	双向选择：if...else... ··· 59
3.2.3	多向选择：if...elif...else... ·· 60
3.2.4	if 语句的嵌套 ········ 60
3.3	循环结构：while ·········· 62
3.4	循环结构：for ············ 64
3.4.1	for 循环 ············ 64
3.4.2	range() ············ 65
3.5	break 和 continue ········ 67
3.5.1	break ············· 67
3.5.2	continue ··········· 68
3.6	实战题：找出水仙花数 ······ 69
3.7	实战题：求 0 ~ 100 中的所有质数 ··· 69
3.8	实战题：输出一个图案 ······ 70
3.9	本章练习 ··············· 71

第 4 章 列表与元组 ············ 73

4.1	列表是什么？············· 73
4.2	列表的创建 ············· 74
4.3	基本操作 ··············· 74
4.3.1	获取元素 ············ 74
4.3.2	修改元素 ············ 76
4.3.3	增加元素 ············ 76
4.3.4	删除元素 ············ 78
4.4	获取列表长度：len() ········ 81
4.5	获取元素出现次数：count() ···· 82
4.6	获取元素下标：index() ······ 83
4.7	合并列表：extend() ········ 84
4.8	清空列表 ··············· 85
4.9	截取列表：[m:n] ·········· 85
4.10	遍历列表：for...in... ······ 87
4.10.1	遍历列表中的每一项 ····· 87
4.10.2	获得索引 ··········· 88
4.11	检索列表：in、not in ······ 89
4.12	颠倒顺序：reverse() ······· 89
4.13	大小排序：sort() ········· 90
4.14	数值计算：max()、min()、sum() ·· 91
4.15	将列表转换为字符串：join() ··· 91
4.16	列表运算 ·············· 92
4.17	二维列表 ·············· 93
4.18	元组是什么？············· 94
4.18.1	元组介绍 ··········· 94
4.18.2	元组操作 ··········· 96
4.19	实战题：求列表中的最大值 ···· 97
4.20	实战题：输出星期数 ······· 98
4.21	本章练习 ·············· 99

第 5 章 字符串 ·············· 102

5.1	字符串是什么？············ 102
5.1.1	多行字符串 ·········· 102
5.1.2	原始字符串 ·········· 103
5.2	获取某一个字符 ·········· 104
5.3	获取字符串长度 ·········· 105
5.4	统计字符的个数：count() ····· 106
5.5	获取字符的下标：index() ····· 106
5.6	截取字符串：[m:n] ········· 107
5.7	替换字符串：replace() ······ 109
5.8	分割字符串 ············· 110
5.9	去除首尾符号 ··········· 112
5.10	大小写转换 ············ 112
5.10.1	lower() 和 upper() ······ 112
5.10.2	swapcase() ·········· 113
5.11	检索字符串 ············ 114

5.11.1　find() ·············· 114
　　5.11.2　startswith() 和 endswith() ··· 115
　　5.11.3　深入了解 ·············· 116
5.12　拼接字符串 ·············· 116
　　5.12.1　%s ·············· 117
　　5.12.2　format() ·············· 117
5.13　类型转换 ·············· 118
　　5.13.1　list() ·············· 118
　　5.13.2　tuple() ·············· 119
5.14　字符串的运算 ·············· 120
5.15　实战题：统计单词的个数 ··· 121
5.16　实战题：将首字母转换成大写 ··· 121
5.17　本章练习 ·············· 122

第 6 章　字典与集合 ·············· 124

6.1　字典是什么? ·············· 124
6.2　字典的创建 ·············· 125
6.3　基本操作 ·············· 125
　　6.3.1　获取某个键的值 ·············· 125
　　6.3.2　修改某个键的值 ·············· 126
　　6.3.3　增加键值对 ·············· 126
　　6.3.4　删除键值对 ·············· 127
6.4　获取字典的长度 ·············· 127
6.5　清空字典 ·············· 128
6.6　复制字典 ·············· 128
6.7　检索字典 ·············· 129
6.8　获取键或值 ·············· 129
　　6.8.1　keys() ·············· 130
　　6.8.2　values() ·············· 131
　　6.8.3　items() ·············· 132
6.9　集合是什么? ·············· 133
　　6.9.1　集合介绍 ·············· 133
　　6.9.2　基本操作 ·············· 134
　　6.9.3　集合操作 ·············· 135
　　6.9.4　应用场景 ·············· 136

6.10　实战题：统计数字出现的次数 ··· 137
6.11　实战题：统计出现次数最多的字母 ··· 137
6.12　本章练习 ·············· 138

第 7 章　初识函数 ·············· 140

7.1　函数是什么? ·············· 140
7.2　函数的定义 ·············· 142
　　7.2.1　没有返回值的函数 ·············· 142
　　7.2.2　有返回值的函数 ·············· 143
　　7.2.3　全局变量与局部变量 ·············· 144
7.3　函数的调用 ·············· 145
　　7.3.1　直接调用 ·············· 145
　　7.3.2　在表达式中调用 ·············· 146
7.4　函数参数 ·············· 147
　　7.4.1　形参和实参 ·············· 147
　　7.4.2　参数可以是任何类型 ·············· 147
7.5　嵌套函数 ·············· 148
7.6　内置函数 ·············· 149
　　7.6.1　内置函数介绍 ·············· 149
　　7.6.2　统计函数 ·············· 150
7.7　实战题：判断某一年是否为闰年 ··· 152
7.8　实战题：冒泡排序 ·············· 152
7.9　本章练习 ·············· 153

第 8 章　数学计算 ·············· 155

8.1　数学计算简介 ·············· 155
8.2　求绝对值 ·············· 157
8.3　四舍五入 ·············· 157
8.4　取整运算 ·············· 158
　　8.4.1　向上取整：ceil() ·············· 158
　　8.4.2　向下取整：floor() ·············· 159
8.5　平方根与幂运算 ·············· 160
8.6　圆周率 ·············· 161
8.7　三角函数 ·············· 162
8.8　生成随机数 ·············· 163
　　8.8.1　随机整数 ·············· 164

8.8.2	随机浮点数 ·················	165
8.8.3	随机序列 ·····················	166
8.9	实战题：生成随机验证码 ········	168
8.10	本章练习 ·························	169

第 9 章　日期时间 ················· 171
9.1	日期时间简介 ····················	171
9.2	time 模块 ························	172
	9.2.1　获取日期时间 ············	172
	9.2.2　格式化日期时间 ·········	173
	9.2.3　struct_time 元组 ········	175
9.3	datetime 模块 ··················	177
	9.3.1　获取日期时间 ············	177
	9.3.2　设置日期时间 ············	179
9.4	实战题：自定义日期时间格式 ········	180
9.5	实战题：计算函数执行时间 ··········	181
9.6	本章练习 ·························	182

第 2 部分　提高篇

第 10 章　面向对象 ················· 185
10.1	面向对象是什么? ················	185
10.2	类和对象 ························	186
10.3	构造函数：__init__() ········	188
10.4	类属性和实例属性 ··············	190
10.5	类方法和实例方法 ··············	192
10.6	静态方法 ························	193
10.7	继承 ·····························	194
10.8	实战题：封装一个矩形类 ·····	196
10.9	实战题：封装一个时间类 ·····	197
10.10	本章练习 ························	198

第 11 章　包与模块 ················· 200
11.1	包和模块简介 ····················	200
	11.1.1　包是什么? ··············	200
	11.1.2　模块是什么? ··········	201
11.2	自定义包 ························	201
11.3	自定义模块 ····················	202
11.4	以主程序形式执行 ··············	204

第 12 章　文件操作 ················· 206
12.1	文件操作简介 ····················	206
12.2	文件路径 ························	206
	12.2.1　绝对路径 ················	207
	12.2.2　相对路径 ················	207
12.3	读取文件 ························	208
	12.3.1　读取所有内容：read() ·····	208
	12.3.2　逐行读取内容：readlines() ·····	209
12.4	写入文件 ························	211
	12.4.1　以覆盖方式写入文件 ·····	211
	12.4.2　以追加方式写入文件 ·····	213
12.5	os 模块 ··························	214
	12.5.1　获取工作目录 ··········	214
	12.5.2　改变工作目录 ··········	215
	12.5.3　列举所有文件 ··········	216
	12.5.4　重命名文件 ··············	217
	12.5.5　遍历文件 ················	217
	12.5.6　拼接文件路径 ··········	219
	12.5.7　获取文件大小 ··········	220
	12.5.8　判断文件或文件夹是否存在 ·····	221
	12.5.9　获取文件时间 ··········	222
12.6	异常处理 ························	223
	12.6.1　try...except...finally... 语句 ······	223
	12.6.2　with 语句 ················	224
12.7	shutil 模块 ······················	225
	12.7.1　复制文件与文件夹 ······	225
	12.7.2　移动文件与文件夹 ······	226
	12.7.3　删除文件与文件夹 ······	227
12.8	send2trash 模块 ················	228

12.9　zipfile 模块 …………………… 229
12.9.1　读取文件 …………………… 229
12.9.2　解压文件 …………………… 230
12.9.3　压缩文件 …………………… 231
12.10　实战题：读写 .txt 文件 ………… 233
12.11　实战题：删除某一类型的文件 … 234
12.12　实战题：批量修改文件名 ……… 235
12.13　本章练习 …………………………… 236

第 13 章　文件格式 ……………… 238
13.1　文件格式简介 ……………………… 238
13.2　JSON 文件 ………………………… 238
13.2.1　JSON 介绍 ……………… 238
13.2.2　操作 JSON 数据 ……… 239
13.2.3　操作 JSON 文件 ……… 241
13.3　CSV 文件 …………………………… 243
13.3.1　CSV 介绍 ………………… 243
13.3.2　操作 CSV 文件 ………… 244
13.4　Excel 文件 …………………………… 248
13.4.1　Excel 介绍 ……………… 248
13.4.2　读取 Excel 文件 ……… 248
13.5　实战题：逆序输出 ………………… 253
13.6　本章练习 …………………………… 254

第 14 章　异常处理 ……………… 255
14.1　异常是什么? ………………………… 255
14.1.1　异常介绍 ………………… 255
14.1.2　常见异常 ………………… 255

14.2　处理异常 …………………………… 257
14.2.1　try...except... 语句 …… 257
14.2.2　else 子句 ………………… 261
14.2.3　finally 子句 ……………… 261
14.3　深入了解 …………………………… 263
14.3.1　低级错误 ………………… 263
14.3.2　中级错误 ………………… 263
14.3.3　高级错误 ………………… 264
14.4　本章练习 …………………………… 265

第 15 章　正则表达式 …………… 266
15.1　正则表达式是什么? ………………… 266
15.2　正则表达式的使用 ………………… 267
15.3　元字符 ……………………………… 268
15.4　连接符 ……………………………… 269
15.5　限定符 ……………………………… 270
15.6　定位符 ……………………………… 271
15.7　分组符 ……………………………… 272
15.8　选择符 ……………………………… 273
15.9　转义字符 …………………………… 274
15.10　不区分大小写的匹配 ……………… 275
15.11　贪心与非贪心 ……………………… 275
15.12　sub() ………………………………… 276
15.13　match() 和 search() ……………… 277
15.14　实战题：匹配手机号码 …………… 279
15.15　实战题：匹配身份证号码 ………… 279
15.16　本章练习 …………………………… 280

第 3 部分　应用篇

第 16 章　图像处理 ……………… 285
16.1　应用技术简介 ……………………… 285
16.2　Pillow 库 …………………………… 285
16.2.1　Pillow 库介绍 …………… 285
16.2.2　颜色值 …………………… 286
16.2.3　像素 ……………………… 287

16.2.4　坐标系 …………………… 287
16.3　图片操作 …………………………… 288
16.3.1　创建区域：Image.new() … 290
16.3.2　改变大小：resize() …… 291
16.3.3　切割图片：crop() ……… 291
16.3.4　旋转图片：rotate() …… 292

　　　　16.3.5　翻转图片：transpose() …… 293
　　　　16.3.6　复制和粘贴：copy()、
　　　　　　　　paste() …………………… 294
　16.4　绘制图形 …………………………… 295
　　　　16.4.1　点 ……………………………… 296
　　　　16.4.2　直线 …………………………… 297
　　　　16.4.3　矩形 …………………………… 298
　　　　16.4.4　多边形 ………………………… 299
　　　　16.4.5　圆弧 …………………………… 300
　　　　16.4.6　扇形 …………………………… 302
　　　　16.4.7　圆或椭圆 ……………………… 303
　16.5　绘制文本 …………………………… 305
　　　　16.5.1　文本的绘制方法 ……………… 305
　　　　16.5.2　设置字体 ……………………… 306
　16.6　图片美化 …………………………… 307

第 17 章　数据可视化 ……………… 310
　17.1　数据可视化简介 …………………… 310
　17.2　拆线图 ……………………………… 311
　　　　17.2.1　基本语法 ……………………… 311
　　　　17.2.2　自定义样式 …………………… 314
　17.3　通用设置 …………………………… 319
　　　　17.3.1　定义标题 ……………………… 320
　　　　17.3.2　定义图例 ……………………… 322
　　　　17.3.3　画布样式 ……………………… 323
　　　　17.3.4　坐标轴刻度 …………………… 323
　　　　17.3.5　坐标轴范围 …………………… 326
　　　　17.3.6　网格线 ………………………… 327
　　　　17.3.7　描述文本 ……………………… 329
　　　　17.3.8　添加注释 ……………………… 330
　17.4　通用样式参数 ……………………… 332
　17.5　柱状图 ……………………………… 332
　　　　17.5.1　基本语法 ……………………… 332
　　　　17.5.2　高级绘图 ……………………… 333
　17.6　直方图 ……………………………… 336

　　　　17.6.1　基本语法 ……………………… 336
　　　　17.6.2　自定义样式 …………………… 338
　17.7　饼状图 ……………………………… 339
　　　　17.7.1　基本语法 ……………………… 339
　　　　17.7.2　自定义样式 …………………… 340
　17.8　散点图 ……………………………… 344
　　　　17.8.1　基本语法 ……………………… 344
　　　　17.8.2　自定义样式 …………………… 345
　17.9　面积图 ……………………………… 347
　　　　17.9.1　基本语法 ……………………… 347
　　　　17.9.2　高级绘图 ……………………… 348
　17.10　子图表 ……………………………… 349
　17.11　实战题：从 CSV 文件中读取数据并
　　　　　绘图 ……………………………… 352

第 18 章　数据库操作 ……………… 354
　18.1　数据库简介 ………………………… 354
　18.2　操作 SQLite ………………………… 354
　　　　18.2.1　创建数据库 …………………… 355
　　　　18.2.2　增删查改操作 ………………… 356
　18.3　操作 MySQL ………………………… 360
　　　　18.3.1　安装 MySQL …………………… 360
　　　　18.3.2　安装 Navicat for MySQL ……… 364
　　　　18.3.3　操作数据库 …………………… 368
　18.4　操作 MongoDB ……………………… 370
　　　　18.4.1　安装 MongoDB ………………… 370
　　　　18.4.2　连接 MongoDB ………………… 374
　　　　18.4.3　操作数据库 …………………… 375
　　　　18.4.4　增删查改操作 ………………… 376

第 19 章　GUI 编程 ………………… 384
　19.1　tkinter 简介 ………………………… 384
　19.2　文本与图片 ………………………… 385
　　　　19.2.1　Label 组件介绍 ………………… 385
　　　　19.2.2　Label 组件的样式参数 ………… 387
　　　　19.2.3　使用内置图片 ………………… 388

- 19.3 Button 组件 …………………… 389
- 19.4 复选框 ……………………… 391
- 19.5 单选按钮 …………………… 393
- 19.6 分组框 ……………………… 395
- 19.7 文本框 ……………………… 395
- 19.8 列表框 ……………………… 397

第 20 章 电子邮件 …………………… 398
- 20.1 电子邮件简介 ………………… 398
- 20.2 发送纯文本格式的邮件 ……… 400
- 20.3 发送 HTML 格式的邮件 …… 403
- 20.4 发送带附件的邮件 …………… 405
  - 20.4.1 附件为文本类型 ……… 405
  - 20.4.2 附件为其他类型 ……… 407

- 附录 A　Python 关键字 ……… 410
- 附录 B　数据类型 ……………… 411
- 附录 C　运算符优先级 ………… 412
- 附录 D　列表常用的方法 ……… 413
- 附录 E　字符串常用的方法 …… 414
- 附录 F　字典常用的方法 ……… 415
- 附录 G　数学运算 ……………… 416
- 附录 H　Python 模块 ………… 417
- 后记 …………………………………… 418

第1部分
基础篇

第 1 章 认识 Python

1.1 Python 简介

1.1.1 Python 是什么？

很多人以为 Python 是最近几年才出现的一门编程语言，实际上并非如此。Python 其实是著名的"龟叔"吉多·范罗苏姆（Guido van Rossum）在 1989 年为了打发无聊的节日而编写的。算下来，Python 已经有 30 多年的历史了，现已成为一门非常成熟的编程语言，如图 1-1 所示。

图 1-1

随着这几年云计算、大数据及人工智能的高速发展，Python 已逐渐成为一门主流的编程语言。在 TIOBE 编程语言排行榜上，Python 高居第二，已经超越了 Java，仅次于 C 语言，如图 1-2 所示。

May 2021	May 2020	Change	Programming Language	Ratings	Change
1	1		C	13.38%	-3.68%
2	3	↑	Python	11.87%	+2.75%
3	2	↓	Java	11.74%	-4.54%
4	4		C++	7.81%	+1.69%
5	5		C#	4.41%	+0.12%
6	6		Visual Basic	4.02%	-0.16%
7	7		JavaScript	2.45%	-0.23%
8	14	⇈	Assembly language	2.43%	+1.31%
9	8	↓	PHP	1.86%	-0.63%
10	9	↓	SQL	1.71%	-0.38%

图 1-2

注：TIOBE 是编程界权威的编程语言排行榜。

1.1.2　Python 能干什么？

Python 的应用非常广泛，它就像一个技术润滑剂，大多数互联网公司都会用到它。很多大型网站，如 YouTube、Instagram、知乎、豆瓣等，都是使用 Python 开发的。此外，很多大公司，包括 Google、Facebook（现更名为 Meta）等，都经常使用 Python 开发各种应用，如图 1-3 所示。

图 1-3

Python 是一门"万金油"语言，它几乎可以做你想做的任何事情，其主要用于以下这些方面。

- ▶ 云计算。
- ▶ 大数据。
- ▶ Web 开发。
- ▶ 人工智能。
- ▶ 自动测试。

▶ 网络爬虫。

……

现在的编程语言非常多,每一门语言都有各自的技术特点和使用场景,而 Python 就像空气一样无孔不入,可以帮你解决大大小小、各种各样的问题。

1.1.3 Python 有什么特点?

Python 社区中流行一句话:"Life is Simple, I use Python.",中文可以理解为"人生苦短,我用 Python"。Python 的创始人"龟叔"给 Python 的定位是简洁、优雅、明确,如图 1-4 所示。

Python 是一门非常简洁、非常容易学习的语言。简洁是指它在很大程度上减少了编写代码的成本。例如完成同一个任务,使用 C 语言需要 500 行代码,使用 Java 需要 100 行代码,而使用 Python 可能只需要 20 行代码。

图1-4

易于学习指的是 Python 相对其他编程语言(如 C++、JavaScript 等)来说,简化了很多概念,相对来说更容易学习,在很大程度上降低了我们的学习成本。

由于人工智能的盛行,以及 Python 本身具有简洁、易于学习的特点,很多高校甚至一些中学都已经开设了 Python 编程课。

Python 本身具有"美与哲学"的特点,如果你想通过编程来解决生活中的问题,那么 Python 无疑是最好的选择。如果一个人一生只能选择一门编程语言,我会毫不犹豫地选择 Python。如果你已经掌握了某门编程语言,也强烈推荐你选择 Python 作为第二编程语言。

1.2 教程介绍

1.2.1 Python 版本

Python 有两个主流版本,分别是 Python 2.X 和 Python 3.X,而本书内容是基于 Python 3.X 的。

实际上,Python 2.X 和 Python 3.X 几乎是完全独立的两个大版本,它们各自的很多语法是不兼容的,并且很多基于 Python 2.X 的库在 Python 3.X 中是无法使用的。如果你是一个初学者,那么建议你直接学习 Python 3.X,而不需要太关注 Python 2.X 的语法。

对于本书中的每一句话,我都反复推敲过,尽量把精华呈现给大家,并且注入了很多自己对学习的思考。相信大家在学习的过程中,能够感受到本书的"**美与哲学**",同时也会看到本书跟其他技术书不一样的地方。

1.2.2 初学者关心的问题

1. Python 入门有什么门槛吗？

在众多编程语言中，Python 可以说是非常容易入门的一门语言。即使你之前从来没有接触过编程，也可以很轻松地入门。实际上，现在很多中学都已经开设了 Python 编程课。所以不要总抱怨自己学不会，很可能是你没有足够的信心。

2. 对于 Python 的学习，除了本书，还有什么推荐的吗？

给小伙伴们一个很有用的建议：在学习任何编程语言的过程中，一定要养成查阅 Python 官方文档的习惯，因为这是最权威的参考资料，查阅的同时还能提高自己的英文水平。

当然了，如果想要更深入地学习 Python，小伙伴们可以看一下"从 0 到 1"系列的其他图书，这些书之间有着很强的关联性，可以让你少走很多的弯路。

3. 本书每一章后面的练习题有必要做吗？

本书每一章后面的练习题都是我精心挑选出来的，对提高编程能力有很大的帮助。很多题跟真正的 Python 开发工作直接挂钩，其中不少还是某些公司的面试题。小伙伴们一定要认真地把每一道题都做一遍。

4. 学完本书，能达到什么样的水平呢？

本书旨在让你快速上手 Python。读完本书，你便打下了坚实的基础，也达到了初级开发水平，接下来就可以开始学习更高级的技术，如网络爬虫、数据分析等。

如果你想要成为一名真正的 Python 工程师，想要更深入地学习 Python，那么可以看一下本系列图书的进阶篇《从 0 到 1——Python 进阶之旅》。实际上，这本书是对我在多年开发工作中积累的经验的总结，也是我的作品中含金量最高的一本。

5. 对于学习方法，有什么建议吗？

很多人在接触新技术的时候，喜欢在第一遍学习时就把每一个细节都弄清楚，事实上这是效率最低的学习方法。在第一遍学习时，如果有些知识实在没办法理解，那便直接跳过，等学到后面或看第二遍的时候，自然而然就懂了。

1.3 安装 Python

想要使用 Python 进行编程，先要在自己的计算机上安装 Python。下面针对以下两个不同的操作系统，分别介绍如何安装 Python。

- Windows 系统。
- Mac 系统。

这里要特别提醒一点，小伙伴们一定要根据自己计算机所采用的系统来安装，不然就无法使用

Python 进行编程。

1.3.1 Windows 系统

在 Windows 系统中安装 Python，只需要进行简单的几步操作就可以了。

① **下载 Python**。打开 Python 官网，在主导航栏中依次找到【Downloads】→【Windows】，如图 1-5 所示，然后单击【Python 3.X】按钮。

图 1-5

② **安装 Python**。下载完成后，双击打开安装包。【Add Python 3.X to PATH】这个复选框默认是不勾选的，我们一定要手动将其勾选，不勾选的话会出现很多问题。勾选后单击【Customize installation】，如图 1-6 所示。

图 1-6

单击【Customize installation】后，会看到图 1-7 所示的界面。这里没什么需要注意的，直接单击【Next】按钮即可。

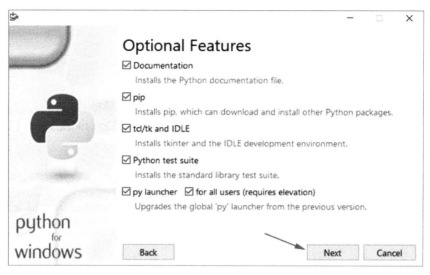

图1-7

接着打开图 1-8 所示的界面，单击【Browse】按钮更改安装目录，然后单击【Install】按钮即可安装 Python。

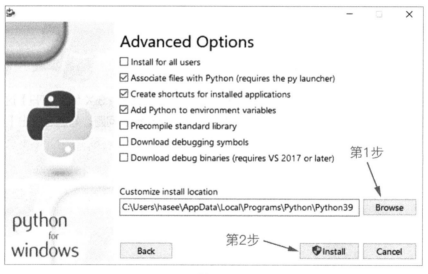

图1-8

至此，Python 在 Windows 系统中就安装成功了。

1.3.2 Mac 系统

Mac 系统自带 Python，只不过是 2.X 版本。因此我们需要额外安装 Python 3.X 版本。在 Mac 系统中安装 Python，与在 Windows 系统中安装 Python 的方法是差不多的，具体如下。

① **下载 Python**。打开 Python 官网，在主导航栏中依次找到【Downloads】→【Mac OS X】，如图 1-9 所示，然后单击【Python 3.X】按钮。

图1-9

② **安装 Python**。下载完成后，双击打开安装包，其初始界面如图 1-10 所示。接下来，像安装普通软件一样进行安装就可以了。

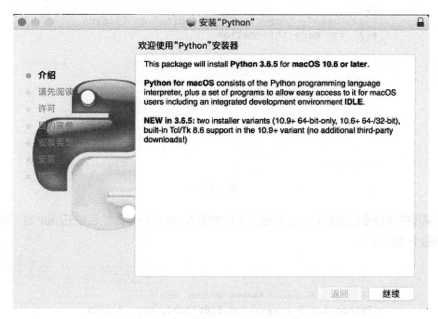

图1-10

最后需要说明的是，Python 可能会不断升级改版，如可能会从 3.10 升级到 3.11。但只要是 3.X 版本，语法就不会变化太大，小伙伴们完全不用担心版本升级会带来问题。

1.4 使用 IDLE

Python 的开发工具比较多，常用的有 IDLE、PyCharm、VSCode、Sublime Text 等。现在公认的最实用的三大 Python 开发工具是 VSCode、PyCharm、Jupyter Notebook。对于开发工具，需要说明以下 3 点。

- Jupyter Notebook 多用于数据分析，可以在接触了数据分析后再学习如何使用。
- 对于初学者来说，VSCode 或 PyCharm 更适用。
- 由于 Python 自带了一个开发工具 IDLE，因此我们也要了解一下如何使用 IDLE。

为了满足不同人群的需求，本书会对 IDLE、VSCode、PyCharm 一一进行介绍。本节先介绍一下 Python 自带的开发工具——IDLE。

1.4.1　IDLE 的简单使用

安装 Python 之后，我们可以在桌面左下角的"开始"菜单中找到【Python 3.X】→【IDLE（Python 3.X 64-bit）】，单击就可以打开 IDLE，如图 1-11 所示。

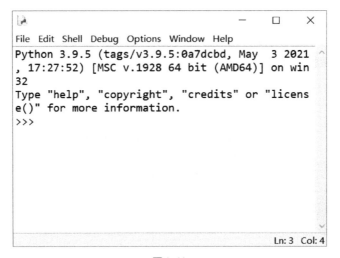

图 1-11

IDLE 采用的是命令行的方式，我们在 IDLE 中输入 print(1+1)，然后按 Enter 键，可以看到输出了 2，如图 1-12 所示。

图 1-12

1.4.2 保存代码到文件

利用上一小节的方法编写代码，由于代码没有保存，关闭 IDLE 窗口后代码就会丢失，以后每次打开 IDLE 还得重新写一遍代码。实际上，我们可以把 Python 代码保存下来，以便下次打开的时候再次使用。

① **新建文件**。在 IDLE 窗口左上角依次选择【File】→【New File】，即可创建一个新文件，如图 1-13 所示。

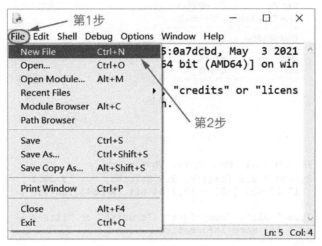

图 1-13

② **保存文件**。在新建的文件中输入代码 print(1+1)，然后在 IDLE 窗口左上角依次选择【File】→【Save As】，即可保存文件，如图 1-14 所示。Python 文件的扩展名是 ".py"。

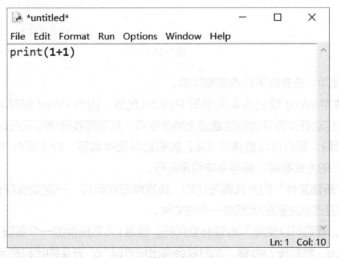

图 1-14

③ **打开文件**。若要打开保存的 Python 文件，在 IDLE 窗口左上角依次选择【File】→【Open】，

即可打开文件，如图 1-15 所示。在打开的 Python 文件中，按 F5 键即可运行文件，运行结果如图 1-16 所示。在菜单栏中选择【Run】→【Run Module】，也可以运行 Python 文件。

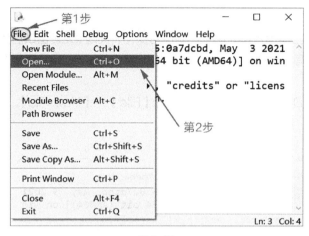

图 1-15

图 1-16

对于 IDLE 的使用，还有以下几点需要说明。
- 绝对不能使用 Word 或记事本来编写 Python 代码，因为 Word 保存的不是纯文本文件，而记事本会自动在文件开始的位置加上特殊字符，从而导致程序在运行时出现错误。
- 对于简单代码，我们可以直接在 IDLE 的初始界面中编写；对于复杂代码，建议大家使用"新建文件"的方式编写，编写完毕后再运行。
- 如果使用"新建文件"的方式编写代码，每次编写代码后，一定要保存代码后再运行代码，否则运行的是改动之前的代码或一个空文件。
- 在 IDLE 中，我们可以使用 Tab 键补全代码。这是 IDLE 提供的一个很强大的代码提示功能。例如，输入 p，然后按 Tab 键，此时就会弹出所有以"p"开头的代码提示，如图 1-17 所示。

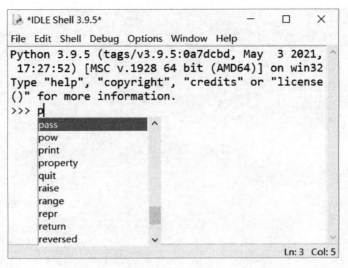

图 1-17

最后需要特别说明的是，IDLE 是 Python 自带的开发工具，可以快速启动及运行代码。如果你是一个初学者，可以尝试使用 IDLE。不过它的功能实在是太简单了，在真实的工作中，我们使用得更多的是 VSCode 和 PyCharm。

1.5 使用 VSCode

VSCode 是现在非常热门的一款主流开发编辑器，它的功能非常强大，不仅可以用于 Python 开发，还可以用于前端开发、后端开发等。如果想要使用 VSCode 进行 Python 开发，我们需要完成以下 3 步。

- ▶ 安装 VSCode。
- ▶ 安装插件。
- ▶ 运行代码。

1.5.1 安装 VSCode

不管是 Windows 系统还是 Mac 系统，VSCode 的下载和安装方法都是一样的，只需要进行简单的两步操作就可以完成了。

① **下载 VSCode**。打开 VSCode 官网，在首页找到【Download for XXX】按钮，单击就可以自动下载 VSCode 了，如图 1-18 所示。

② **安装 VSCode**。VSCode 的安装非常简单，只需要像安装普通软件那样安装它就可以了。但这里并不建议把 VSCode 安装在 C 盘，而是推荐将其安装到其他盘中。安装完成之后，打开 VSCode，其主界面如图 1-19 所示。

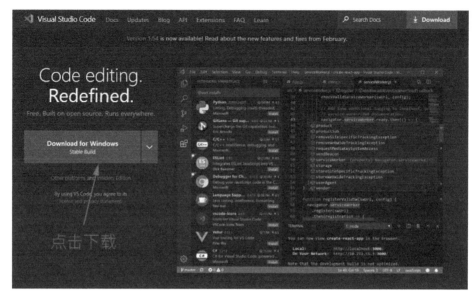

图 1-18

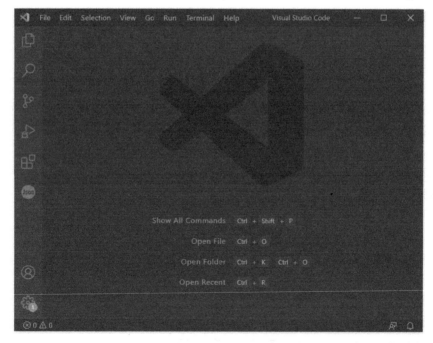

图 1-19

1.5.2 安装插件

VSCode 是一个非常自由的开发工具,所以在默认情况下它是非常简洁的,并不会额外安装太多的插件。但是它的可定制化程度非常高,我们可以根据自己的需要安装一些插件。

如果想要使用 VSCode 编写 Python 代码,则需要安装下面 3 个插件。

▸ Chinese (Simplified) Language：简体中文包。
▸ Python：必备标准库。
▸ Code Runner：用于运行代码。

在VSCode中，所有插件的安装步骤都是一样的。首先单击"Extension（扩展）"（即插件商店）按钮，然后搜索你想要的插件的名称（一般是英文名），最后单击"Install（安装）"按钮就可以了，如图1-20所示。需要注意的是，如果插件没有生效，一定要重启一下VSCode。

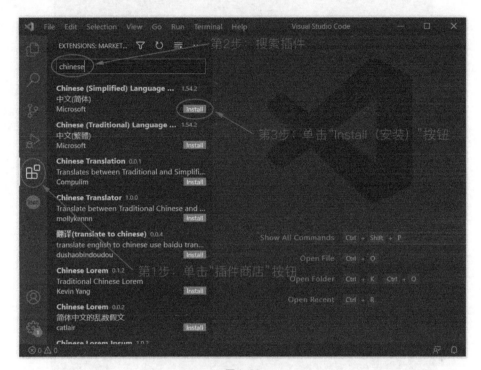

图1-20

除了上面这些插件，小伙伴们还可以搜索一些关于Python的有用的插件，然后自行安装。

1.5.3 运行代码

本小节介绍如何在VSCode中编写和运行Python代码。

① **创建项目**。首先在任意一个磁盘中创建一个名为"python-test"的文件夹，然后在VSCode窗口的左上角依次选择【文件】→【打开文件夹】，打开刚刚创建的"python-test"，如图1-21所示。一个文件夹就相当于一个项目。

② **创建文件**。将鼠标指针移到窗口左侧面板的空白处，单击鼠标右键，在弹出的快捷菜单中选择【新建文件】，新建一个名为"test.py"的文件，如图1-22所示。其中，".py"是Python代码文件的扩展名。

图 1-21

图 1-22

③ **编写代码**。在 test.py 中编写一段 Python 代码，如图 1-23 所示。编写完代码之后，一定要记得保存，一定要记得保存代码。很多初学者会忘记保存代码，从而出现了一堆乱七八糟的问题。

④ **运行代码**。在 VSCode 窗口顶部依次选择【终端】→【新终端】，打开一个终端窗口。这个终端窗口非常重要，不管你是进行 Python 开发，还是进行前端开发、C/C++ 开发等，都会用到这个终端窗口。

在终端窗口中输入"python test.py"（注意空格），按 Enter 键开始执行代码，会得到输出结果"3"（也就是 1+2 的和），如图 1-24 所示。

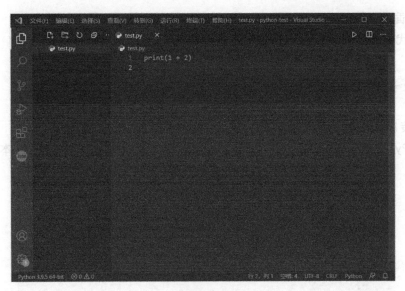

图 1-23

图 1-24

最后需要注意的是,每次修改 test.py 中的代码后,一定要先保存再运行代码,不然改动就无法生效。

1.6 使用 PyCharm

PyCharm 是现在功能最强大的一个 Python IDE(集成开发环境),它具备完善的开发功能及跨平台的特点。如果想要使用 PyCharm 编写 Python 代码,则需要进行以下 3 步。

- 安装 PyCharm。

- 安装插件。
- 运行代码。

1.6.1 安装 PyCharm

想要安装 PyCharm，只需要进行简单的两步操作就能完成。

① **下载 PyCharm**。首先打开 JetBrains 的官网，可以看到 PyCharm 有两个版本，如图 1-25 所示。

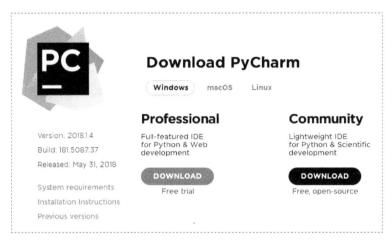

图 1-25

Professional 是付费版本，Community 是免费版本，这里下载 Community 版本。

② **安装 PyCharm**。下载完成后，只需要像平常安装软件那样安装 PyCharm 就可以了，如图 1-26 所示。

图 1-26

1.6.2 安装插件

默认情况下，PyCharm 的界面是英文的，不过可以通过安装插件的方式将其界面语言设置成中文。在 PyCharm 中，所有插件的安装步骤都是一样的，只需要进行以下两步操作即可。

① **安装插件**。在 PyCharm 的界面中选择【Plugins】，如图 1-27 所示。

图 1-27

然后搜索"chinese"，选择【Chinese(Simplified) Language Pack/ 中文语言包】，单击【Install】按钮就可以自动安装该插件了，如图 1-28 所示。

图 1-28

② **重启 PyCharm**。插件安装完成之后，必须重启 PyCharm 插件才能生效。这里单击【Restart IDE】按钮重启 PyCharm，如图 1-29 所示。

图 1-29

1.6.3 运行代码

如果想要使用 PyCharm 来编写 Python 代码，只需要进行下面几步操作就可以轻松实现。
① **新建项目**。在 PyCharm 的界面中依次选择【项目】→【新建项目】，如图 1-30 所示。

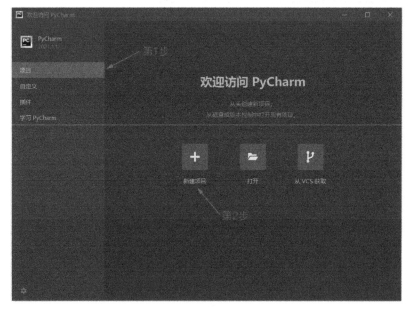

图 1-30

② **选择项目的存放路径**。在弹出的对话框中选择项目的存放路径，然后单击【创建】按钮，如图 1-31 所示。接下来就会成功创建一个新的 Python 项目。

图 1-31

③ **新建 Python 文件**。在 PyCharm 窗口左侧的面板中，单击【python-test】，然后单击鼠标右键，在弹出的快捷菜单中依次选择【新建】→【Python 文件】，如图 1-32 所示。

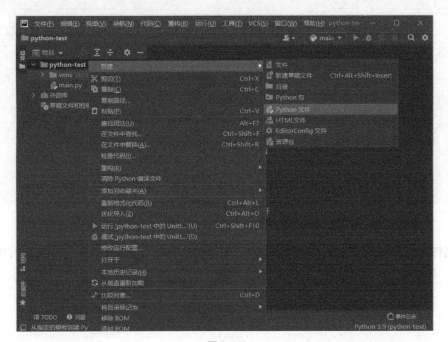

图 1-32

在弹出的对话框中输入文件名,然后按 Enter 键,就可以创建一个新的 Python 文件了,如图 1-33 所示。

图 1-33

④ **编写代码**。在刚刚创建好的 test.py 文件中编写一段代码,如图 1-34 所示。编写完代码之后,一定要先保存代码。如果运行代码后没有得到想要的结果,可能就是因为没有保存文件。

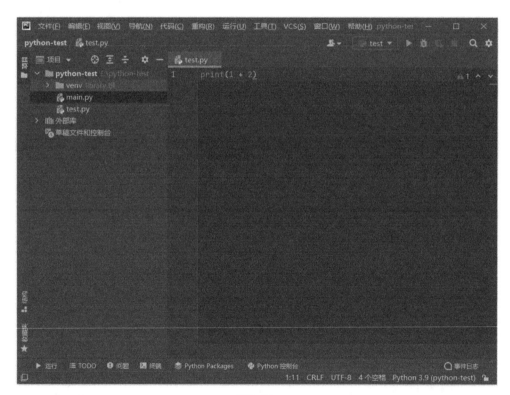

图 1-34

⑤ **运行代码**。在 PyCharm 窗口上方的工具栏中依次选择【运行】→【运行 'test' 】,以运行当前的代码,如图 1-35 所示。

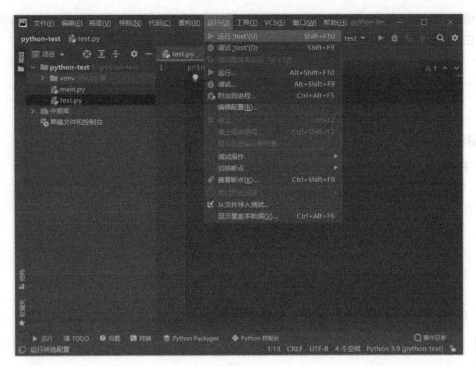

图 1-35

运行代码之后,会弹出一个控制台面板,里面有代码的运行结果,如图 1-36 所示。

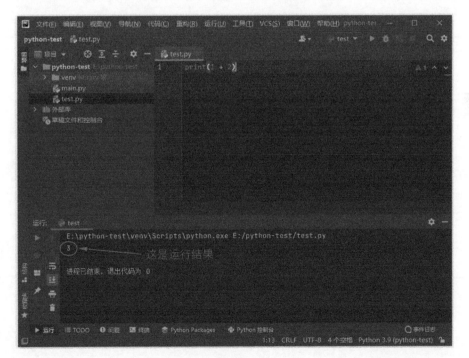

图 1-36

最后对于 Python 的开发工具,还需要特别说明一下:如果你的目的仅是学习本书内容,我更推荐使用 VSCode，因为 VSCode 的启动速度非常快，功能足够强大，并且使用起来也非常方便；如果是在实际工作中，那么 VSCode 或 PyCharm 都可以。

1.7 本章练习

选择题

1. Python 的主要应用领域不包括（　　）。
   A. 人工智能　　　　　　　　　　B. 大数据
   C. 网络爬虫　　　　　　　　　　D. 安卓开发
2. 下面有关 Python 的说法中，正确的是（　　）。
   A. Python 是近几年才出现的一门语言
   B. Python 主要用于人工智能、大数据及云计算方面
   C. 在 C 语言、Java、Python 中，运行速度最快的是 Python
   D. Python 2.X 和 Python 3.X 可以相互兼容

第 2 章

语法基础

2.1 语法简介

我们经常在电影（如《速度与激情 8》《碟中谍 5》）中看到黑客飞快地敲着键盘，仅用几秒就控制了整栋大楼的系统，或化解了一次重大危机。在惊讶之余，你有没有想过自己以后也能学会"编程"这一"神奇"的技能呢？

从这一章开始，我们就正式步入"编程"的学习之旅，学习怎么使用"编程"的方式改变这个世界。

现实世界中有非常多的语言，如中文、英语、法语等。实际上，计算机的世界中也有很多语言，如 C 语言、C++、Java、Python 等。简单来说，Python 就是众多计算机语言（也叫编程语言）中的一门语言。计算机语言有一些共性，例如对于某些功能，我们可以将 Python 代码转换为 Java 代码，这就像将英语翻译成中文一样，虽然语言不一样了，但它们表达的意思是一样的。

一旦我们把 Python 学会，再去学另外一门语言（如 C 语言、Java 等），就会变得非常容易，因为两门计算机语言之间有非常多的共性。因此，认真学习 Python，以后再学习其他计算机语言就会变得非常轻松。

我们都知道，学习任何一门语言，都得学习这门语言的词汇、语法、结构等。同样，想要学习一门计算机语言，也需要学习类似的。只不过这些内容在计算机语言中不叫词汇、语法、结构，而叫变量、表达式、运算符等。

本章主要从以下 7 个方面介绍 Python 的语法。

- ▶ 常量与变量。
- ▶ 数据类型。
- ▶ 运算符。
- ▶ 表达式与语句。
- ▶ 类型转换。
- ▶ 转义字符。

- 注释。

学习 Python，就是学习一门能够与计算机交流的语言。在讲解的过程中，我尽量将每一个知识点都跟人类语言的特点进行类比，这样学习起来就会非常简单。当然，计算机语言与人类语言有很多不一样的地方，因此我们需要严格遵循它的规则（也就是语法）。

此外，如果小伙伴们之前学习过其他计算机语言，也建议你认真学一遍本书。因为本书的讲解独树一帜，会让你对计算机语言有更深入的理解。

2.2 变量与常量

先问大家一个问题：要学习一门语言，最先要了解的是什么？当然是词汇。就像学英语一样，即使是非常简单的一句话，我们也得先弄清楚其中的一个单词是什么意思，然后才能知道这句话的意思。学习 Python 也是如此。下面先来看一行代码：

```
a = 10
```

语言都是一句一句地表述的，上面这行代码就相当于 Python 中的"一句话"，又称为"**语句**"。每一条语句都有它特定的功能，这跟人类语言中的每一句话都有它所要表达的意思是一样的道理。

在 Python 中，变量与常量就像人类语言中的词汇，上面代码中的 a 就是 Python 中的变量。

2.2.1 变量

在 Python 中，变量指的是一个可以改变的量，也就是说，变量的值在程序运行过程中是可以改变的。

1. 变量的命名

想要使用变量，就得先给它起一个名字（命名），就像每个人都有自己的名字一样。当别人叫你的名字时，你就知道别人叫的是你，而不是其他人。当 Python 程序需要使用一个变量时，我们只需要使用这个变量的名字就行了。

变量的名字一般是不会变的，但是它的值是可以变的。这就像人一样，名字一般都是固定的，但是每个人都会改变，都会从小孩成长为青年，然后再从青年慢慢变成老人。

在 Python 中给一个变量命名时，需要遵循以下两个原则。
- 变量名由英文字母、下划线（_）或数字组成，并且第一个字符必须是英文字母或下划线。
- 变量名不能是 Python 关键字（又称关键词）。

上面的两个原则很简单，却非常重要，一定要仔细理解。从第 1 个原则可以知道，变量只可以包含英文字母（大写和小写都行）、下划线或数字，不能包含这 3 种字符之外的其他字符（如空格、%、-、*、/ 等）。因为其他字符都已经被 Python 当成运算符来使用了。

对于第 2 个原则，Python 关键字指的是 Python 本身"**已经在使用**"的名字，因此在给变量命名的时候不能使用这些名字（因为 Python 已经占用了这些名字，所以我们不能用）。

表 2-1 所示为 Python 中常见的关键字，这里只是为了方便大家查询才列出的，并不是让大家

记忆。实际上，对于这些关键字，等大家学了后面的内容，自然而然就会记住。就算记不住，等需要的时候再回到这里查一下就可以了，不需要浪费时间去记忆。

表 2-1 Python 中常见的关键字（保留字）

关键字	关键字	关键字	关键字	关键字
True	False	None	and	as
assert	break	class	continue	def
del	elif	else	except	finally
for	from	global	if	import
in	is	lambda	nonlocal	not
or	pass	raise	return	try
while	with	yield		

▌ **举例：正确的命名**

```
i
lvye_study
_lvye
n123
```

▌ **举例：错误的命名**

```
123n           # 不能以数字开头
-study         # 不能使用短横线
continue       # 不能跟关键字相同
my+title       # 不能包含除了数字、英文字母和下划线以外的字符
```

此外，在为变量命名时一定要区分大小写，如 name 与 Name 在 Python 中就是两个不同的变量。

2. 变量的使用

在 Python 中，对于变量的声明，大家要记住：**所有变量都不需要声明，因为 Python 会自动识别数据类型**。在这一点上，Python 跟 C 语言、Java 等是不同的。

▌ **语法：**

变量名 = 值

▌ **说明：**

有关变量的说明如图 2-1 所示。

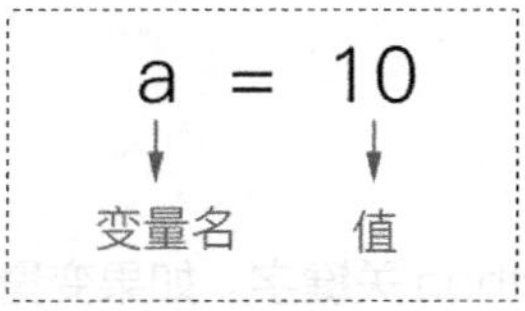

```
a = 10
↓   ↓
变量名 值
```

图 2-1

▌举例：

```
a = 10
print(a)
```

输出结果如下：

```
10
```

▌分析：

这个例子中定义了一个变量，该变量的名称为 a，值为 10。然后使用 print() 函数输出了这个变量的值。print() 是专门用来输出内容的一个函数，后面会详细介绍。

变量一定不能使用中文名，而应该使用一些有意义的英文名或英文缩写。当然，为了讲解方便，本书中有些变量的名称可能比较简单。不过在实际工作中，变量的名称应尽量规范一些。

▌举例：

```
a = 10
a = 12
print(a)
```

输出结果如下：

```
12
```

▌分析：

咦？a 的值不是 10 吗？怎么输出的是 12 呢？大家别忘了，a 是一个变量。变量，简单来说就是一个值会变的量。因此，后面的 a=12 会覆盖前面的 a=10。我们再来看一个例子，就会有更深入的理解了。

▌举例：

```
a = 10
a = a + 1
print(a)
```

输出结果如下：

```
11
```

▌分析：

a=a+1 表示 a 的最终值是在原来的值的基础上加 1 后的值，因此 a 的最终值为 11（10+1）。在下面的代码中，a 的最终值是 5，小伙伴们可以思考一下为什么。

```
a = 10
a = a + 1
a = a - 6
```

前文已经说过，变量名不能是 Python 关键字。如果变量名是 Python 关键字，程序就会报错，请看下面的例子。

▼ **举例：变量名不能为 Python 关键字**

```
for = "绿叶学习网"
print(for)
```

代码运行后的结果如图 2-2 所示。

图 2-2

▼ **分析：**

上面的例子将"for"作为变量名，而"for"是 Python 的关键字，因此 VSCode 会报错。

2.2.2 常量

在 Python 中，常量指的是一个值不能改变的量。也就是说，常量的值从一开始就是固定的，一直到程序运行结束都不会改变。

常量就像千百年来约定俗成的名称。这个名称是固定下来的，不能随便改变。

需要注意的是，Python 中的常量本质上还是变量，只不过我们不会刻意去修改它的值。一般情况下，常量名全部大写，让人一看就知道这个值很特殊，有特殊用途，示例如下：

```
DEBUG = 1
```

初学者简单了解常量即可，暂时不需要深入学习。

【常见问题】

在实际开发中，如果忘了 Python 的关键字都有哪些，有什么简单快捷的查询方法吗？

在 Python 中，我们可以使用 keyword 模块的 kwlist 属性查看当前 Python 中的所有关键字。

▼ **举例：**

```
import keyword
print(keyword.kwlist)
```

输出结果如下：

```
["False", "None", "True", "__peg_parser__", "and", "as", "assert", "async", "await",
"break", "class", "continue", "def", "del", "elif", "else", "except", "finally", "for",
"from", "global", "if", "import", "in", "is", "lambda", "nonlocal", "not", "or", "pass",
"raise", "return", "try", "while", "with", "yield"]
```

模块的使用方法后面会详细介绍，这里简单了解一下即可。

2.3 数据类型

数据类型就是图2-3所示的"值"的类型。Python中有6种数据类型：数字、字符串、列表、元组、字典、集合。

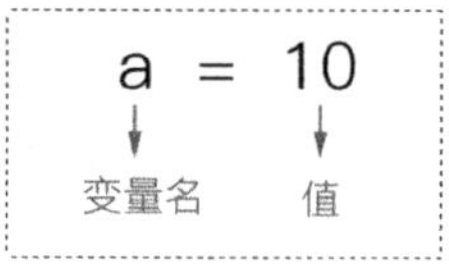

```
a = 10
↓   ↓
变量名 值
```

图2-3

本节先介绍数字和字符串这两种数据类型，其他的数据类型后面会逐一介绍。

2.3.1 数字

在 Python 中，数字是最基本的数据类型。数字指的就是数学中所说的数字，如 10、-10、3.14 等。在 Python 中，数字有以下 4 种不同的类型。

- 整数（int）。
- 浮点数（float）。
- 复数（complex）。
- 布尔值（bool）。

1. 整数

在 Python 中，整数指的就是数学中所说的整数，如 666、-666 等。

▼ 举例：

```
a = 2077
print(a)
```

输出结果如下：

```
2077
```

2. 浮点数

在 Python 中，浮点数由"整数"和"小数"两个部分组成，如 66.66、-0.66 等。

▼ 举例：

```
a = 6.0
print(a)
```

输出结果如下：

```
6.0
```

▼ **分析：**

虽然 6.0 与 6 类似，但由于 6.0 有小数部分，因此它属于浮点数而不是整数。

3. 复数

在 Python 中，复数由"实数"和"虚数"两个部分组成，可以用 a+bj 或 complex(a, b) 表示。其中，复数的实部 a 和虚部 b 都是浮点数。

由于复数在初学阶段几乎用不到，因此我们只需要简单了解一下即可，不需要深入研究。

4. 布尔值

在 Python 中，整数、浮点数、复数这 3 种数字类型的值可以有无数个，但是布尔类型的值只有两个：True 和 False。True 表示"真"，False 表示"假"。

有些小伙伴们可能会觉得很奇怪，为什么这种数据类型叫"布尔值"呢？这个名字是怎么来的呢？实际上，布尔是 bool 的音译词，是以英国数学家、布尔代数的奠基人乔治·布尔（George Boole）的名字来命名的。

布尔值最大的用途就是进行选择结构的条件判断。对于选择结构，下一章会详细介绍，这里小伙伴们只需要简单了解一下即可。

▼ **举例：**

```
a = 10
b = 20
if a < b:
print("a小于b")
```

输出结果如下：

a小于b

▼ **分析：**

上面这个例子先定义了两个数字类型的变量：a、b。然后在 if 语句中对 a 和 b 进行了大小比较，如果 a 小于 b，则使用 print() 输出一个字符串："a 小于 b"。其中，if 语句是用来进行条件判断的，下一章会详细介绍，这里小伙伴们不需要太过纠结。

此外，对于 Python 中的布尔值，还有以下两点需要说明。

▶ True 和 False 的首字母必须大写，这一点跟其他编程语言不太一样。
▶ Python 中的布尔型数据属于"数字"这一数据类型，这一点跟其他编程语言也不一样。其中，True 等价于 1，False 等价于 0。

2.3.2 字符串

在 Python 中，并非所有内容都能用数字表示，如一个名字、一句诗、一首歌等。如果想要在 Python 中表示一段文字，则需要用到"字符串"这种数据类型。

字符串就是一串字符。在 Python 中，字符串都是用英文单引号或英文双引号（注意都是英文）引起来的。此外，字符串中的字符可以是 0 个（即空字符），也可以是一个或多个。

- 单引号引起来的一个或多个字符：

'我'
'绿叶学习网'

- 双引号引起来的一个或多个字符：

"我"
"绿叶学习网"

- 单引号引起来的字符串中可以包含双引号：

'我来自"绿叶学习网"'

- 双引号引起来的字符串中可以包含单引号：

"我来自'绿叶学习网'"

▌ 举例：

```
string = "绿叶学习网，给你初恋般的感觉"
print(string)
```

输出结果如下：

绿叶学习网，给你初恋般的感觉

▌ 分析：

如果把字符串两边的引号去掉，VSCode 就会报错，小伙伴们可以自己试一试。因此，在实际开发中，一定要为字符串加上引号，单引号或双引号都可以。

上面的这个例子，也可以直接用下面的一行代码实现，因为 print() 这个函数本身就是用来输出内容的。

```
print("绿叶学习网，给你初恋般的感觉")
```

▌ 举例：

```
string = '绿叶学习网，给你"初恋"般的感觉'
print(string)
```

输出结果如下：

绿叶学习网，给你"初恋"般的感觉

▌ 分析：

单引号引起来的字符串中不能含有单引号，可以含有双引号。同理，双引号引起来的字符串中不能含有双引号，可以含有单引号。

为什么要这么规定呢？我们看看下面这个字符串，它含有 4 个双引号，此时 Python 判断不出来哪两个双引号是一对。

"绿叶学习网，给你"初恋"般的感觉"

▼ **举例**：

```
n = "2077"
print(n)
```

输出结果如下：

```
2077
```

▼ **分析**：

如果为数字加上双引号，Python 就会把这个数字当成字符串来处理，而不是当成数字处理。我们都知道，数字是可以进行运算的，但是加上双引号的数字一般是不可以直接进行运算的，因为这个时候它不再是数字，而是被当成字符串了。示例如下：

```
1001                    # 这是一个数字
"1001"                  # 这是一个字符串
```

2.3.3 判断类型

在 Python 中，我们可以使用 type() 函数来判断一个变量属于什么类型。

▼ **语法**：

```
type(变量名)
```

▼ **举例**：

```
a = 1001
b = "1011"
print(type(a))
print(type(b))
```

输出结果如下：

```
<class "int">
<class "str">
```

▼ **分析**：

从输出结果可以看出，a 属于 int 类型，也就是数字；b 属于 str 类型，也就是字符串。

最后，经过这一节的学习，我们已清楚地知道"数据类型"是什么了。实际上，数据类型就是值的类型。

2.4 运算符

在 Python 中，要完成各种各样的运算，是离不开运算符的。运算符一般用于将一个或几个值进行计算，从而得出运算结果，就像数学中的运算也需要运算符一样。不过对 Python 来说，则需要遵循计算机语言的一套运算规则。

在 Python 中，运算符指的是对"变量"或"值"进行运算操作的符号，如图 2-4 所示。在

Python 中，常见的运算符有以下 7 种。

- 算术运算符。
- 赋值运算符。
- 比较运算符。
- 逻辑运算符。
- 成员运算符。
- 身份运算符。
- 位运算符。

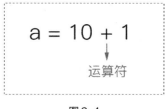

图 2-4

位运算符在初学阶段用得比较少，因此在这一节中不做详细介绍。小伙伴们只需要认真掌握前 6 种运算符就可以了。

2.4.1 算术运算符

在 Python 中，算术运算符一般用于实现数学运算，包括加、减、乘、除等。常用的算术运算符如表 2-2 所示。

表 2-2　常用的算术运算符

运算符	说明	举例	
+	加	10 + 5	# 返回 15
-	减	10 - 5	# 返回 5
*	乘	10 * 5	# 返回 50
/	除	10 / 5	# 返回 2
%	求余	10 % 4	# 返回 2
**	求幂	2 ** 3	# 返回 8
//	取整除，即返回商的整数部分	9 // 2	# 返回 4

在 Python 中，乘号是 *，而不是 ×；除号是 /，而不是 ÷。为什么要这样定义呢？这是因为 Python 语言的开发者希望尽量使用键盘已有的符号来表示这些运算符。大家可以看一下自己的键盘，是不是只有 * 和 /，而没有 × 和 ÷。

▌ 举例：

```
a = 1
b = 2
c = 3
print(a + b * c)
```

输出结果如下：

7

▌ 分析：

在这个例子中，print(a+b*c) 等价于 print(1+2*3)，因此输出结果为 7。

2.4.2 赋值运算符

在 Python 中，赋值运算符用于将等号右边表达式的值保存到等号左边的变量中。常用的赋值运算符如表 2-3 所示。

表 2-3　常用的赋值运算符

运算符	举例
=	name = "绿叶学习网"
+=	a += b 等价于 a = a + b
-=	a -= b 等价于 a = a - b
*=	a *= b 等价于 a = a * b
/=	a /= b 等价于 a = a / b
%=	a %= b 等价于 a = a % b

上表中只列举了常用的赋值运算符，不常用的就没有列出来。在这本书中，不常用的知识简单讲解或略过，重要的知识则会多次强调，以减轻小伙伴们的记忆负担。

a+=b 其实就是 a=a+b 的简化形式。+=、-=、*= 及 /= 这几个运算符，其实就是为了简化代码而出现的，大多数有经验的开发人员都喜欢用这种简写形式。对初学者来说，还是要熟悉一下这种写法，以免看不懂其他人的代码。

▌ 举例：

```
a = 10
b = 5
a += b
b += a
print(a)
print(b)
```

输出结果如下：

```
15
20
```

▌ 分析：

上例中将变量 a 的值定义为 10，变量 b 的值定义为 5。当执行 a+=b 后，a 的值为 15（10+5），b 的值没有变化，依旧是 5。

程序是从上而下地执行的，当执行 b+=a 时，由于之前 a 的值已经变为 15 了，因此执行后，a 的值为 15，b 的值为 20（即 15+5）。

这里要注意一点：a 和 b 都是变量，它们的值会随着程序的执行而变化。

2.4.3 比较运算符

在 Python 中，比较运算符用于将运算符两边的值或表达式进行比较。如果比较结果是对的，则返回 True；如果比较结果是错的，则返回 False。True 和 False 是布尔值，前面已经介绍过了。常用的比较运算符如表 2-4 所示。

表 2-4 常用的比较运算符

运算符	说明	举例
>	大于	2 > 1 # 返回 True
<	小于	2 < 1 # 返回 False
>=	大于等于	2 >= 2 # 返回 True
<=	小于等于	2 <= 2 # 返回 True
==	等于	1 == 2 # 返回 False
!=	不等于	1 != 2 # 返回 True

等号（=）是赋值运算符，用于将其右边的值赋给左边的变量。双等号（==）是比较运算符，用于比较其左右两边的值是否相等。因此，如果想要比较两个值是否相等，写成 a=b 就是错误的，正确写法应该是 a==b。初学者很容易犯这个错误。

▌ **举例**：

```
a = 10
b = 5
result1 = (a > b)
result2 = (a == b)
result3 = (a != b)
print(result1)
print(result2)
print(result3)
```

输出结果如下：

```
True
False
True
```

▌ **分析**：

每一条赋值语句，都是先运算右边，然后再将右边的结果赋给左边的变量。

2.4.4 逻辑运算符

在 Python 中，逻辑运算符用于执行布尔值的运算。逻辑运算符经常和比较运算符结合在一起使用。逻辑运算符只有 3 种，如表 2-5 所示。

表 2-5 逻辑运算符

运算符	说明
and	与运算
or	或运算
not	非运算

1. 与运算

在 Python 中，与运算用"and"表示。如果 and 两边的值都为 True，则返回 True；如果有一边的值为 False 或两边的值都为 False，则返回 False。

真 and 真 → 真
真 and 假 → 假
假 and 真 → 假
假 and 假 → 假

▶ **举例：**

```
a = 10
b = 5
c = 5
result = (a < b) and (b == c)
print(result)
```

输出结果如下：

```
False
```

▶ **分析：**

result=(a<b) and (b==c) 等价于 result=(10<5) and (5==5)，由于 (10<5) 返回 False，而 (5==5) 返回 True，因此 result=(a<b) and (b==c) 最终等价于 result=False and True。根据与运算的规则，result 最终的值为 False。

2. 或运算

在 Python 中，或运算用"or"表示。如果 or 两边的值都为 False，则返回 False；如果有一边的值为 True 或两边的值都为 True，则返回 True。

真 or 真 → 真
真 or 假 → 真
假 or 真 → 真
假 or 假 → 假

▶ **举例：**

```
a = 10
b = 5
c = 5
result = (a < b) or (b == c)
print(result)
```

输出结果如下：

```
True
```

▶ **分析：**

result=(a<b) or (b==c) 等价于 result=(10<5) or (5==5)，由于 (10<5) 返回 False，而 (5==5)

返回 True，因此 result=(a<b) or (b==c) 最终等价于 result= False or True。根据或运算的规则，result 最终的值为 True。

3. 非运算

在 Python 中，非运算用"not"表示。非运算跟与运算、或运算不太一样，非运算的操作对象只有一个。当 not 右边的值为 True 时，最终结果为 False；当 not 右边的值为 False 时，最终结果为 True。

not 真→假
not 假→真

非运算其实很简单，直接取反就行了。

▌ **举例**：

```
a = 10
b = 5
c = 5
result = not(a < b) and not(b == c)
print(n)
```

输出结果如下：

```
False
```

▌ **分析**：

result=not(a<b) and not(b==c) 等价于 result=not(10<5) and not(5==5)，也就是 result=not(False) and not(True)。由于 not(False) 的值为 True，not(True) 的值为 False，因此原代码最终等价于 result=True and False，也就是 False。

当我们把 result= not(a<b) and not(b==c) 这句代码中的"and"换成"or"后，返回 True，小伙伴们可以自行尝试一下。此外，我们也不要被这些看起来很复杂的运算吓到了。实际上，再复杂的运算，一步步分解后也是非常简单的。

对于与、或、非这 3 种逻辑运算，我们可以总结出以下 3 点。

▸ True 的 not 为 False，False 的 not 为 True。
▸ A and B：A、B 全为 True 时，结果为 True，否则结果为 False。
▸ A or B：A、B 全为 False 时，结果为 False，否则结果为 True。

下面将介绍成员运算符和身份运算符。由于这两种运算符涉及后面介绍的序列及对象，因此小伙伴们这里可以先跳过，等学到后面时再回头看一下即可。

2.4.5 成员运算符

在 Python 中，成员运算符用于判断某个值是否存在于序列（列表、元组、字符串）中。成员运算符只有两种，如表 2-6 所示。

表 2-6 成员运算符

运算符	说明
in	判断某个值是否"存在"于序列中。如果存在,返回 True;如果不存在,返回 False
not in	判断某个值是否"不存在"于序列中。如果存在,返回 False;如果不存在,返回 True

▌ **举例:列表**

```
a = 10
b = 5
nums = [1, 2, 3, 4, 5]          # 定义一个列表
print(a in nums)
print(b in nums)
```

输出结果如下:

```
False
True
```

▌ **分析:**

由于 a 不存在于列表 nums 中,因此 a in nums 返回 False。由于 b 存在于列表 nums 中,因此 b in nums 返回 True。小伙伴们可以把"in"改为"not in",然后再来看看输出结果。

▌ **举例:元组**

```
a = 10
b = 5
nums = (1, 2, 3, 4, 5)          # 定义一个元组
print(a in nums)
print(b in nums)
```

输出结果如下:

```
False
True
```

▌ **举例:字符串**

```
string = "Python"               # 定义一个字符串
print("th" in string)
print("on" in string)
```

输出结果如下:

```
True
True
```

2.4.6 身份运算符

在 Python 中,身份运算符用于判断两个变量的引用对象是否是同一个。身份运算符只有两种,如表 2-7 所示。

表 2-7 身份运算符

运算符	说明
is	判断两个变量的引用对象是否相同。如果相同，返回 True；如果不同，返回 False
is not	判断两个变量的引用对象是否不同。如果相同，返回 False；如果不同，返回 True

特别注意一点，is 用于判断两个变量的"引用对象"是否相同，而 == 用于判断两个变量的"值"是否相等。引用对象这个概念比较复杂，初学者不用纠结太多，学到后面便会慢慢理解。

▶ 举例：

```
a = 10
b = 5
print(a is b)
print(a is not b)
```

输出结果如下：

```
False
True
```

2.5 表达式与语句

一个表达式包含"操作数"和"操作符"。操作数可以是变量，也可以是常量。操作符指的就是前文介绍的运算符。每一个表达式都会产生一个值。

一条语句，如常见的赋值语句，包括"表达式"和"赋值"两部分。在图 2-5 中，10+1 是一个表达式，而 a=10+1 就是一条语句，这条语句实现了将 10+1 的结果赋值给 a。特别注意一点：Python 语句是不需要加分号的，这一点跟其他计算机语言不一样。

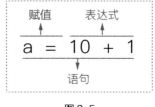

图 2-5

初学者不用纠结什么是表达式，什么是语句，我们可以简单地认为语句就是 Python 中的一句话，而表达式就是一句话的一部分。

2.6 类型转换

类型转换指的是将一种数据类型转换为另一种数据类型。数据类型在"2.3 数据类型"这一节中已经介绍过了。本节来介绍一下"数字"与"字符串"这两种类型的数据是怎么互相转换的。

2.6.1 数字转换为字符串

在 Python 中，我们可以使用 str() 函数将一个数字转换为一个字符串。

▶ 语法：

```
str(数字)
```

▎举例：

```
result = "今年是" + 2077
print(result)
```

输出结果如下：

报错

▎分析：

本例希望使用字符串拼接的方式，使输出结果为"今年是2077"，但是运行程序后发现报错了。这是为什么呢？原因很简单：字符串不能与数字相加。在这个例子中，"今年是"为字符串，而2077是数字。

如果想要将字符串与数字拼接成字符串，可以使用 str() 函数将数字转换为字符串，正确代码如下：

```
result = "今年是" + str(2077)
print(result)
```

2.6.2 字符串转换为数字

在 Python 中，我们可以使用 int() 函数将数字型字符串（只能是整数）转换为整数，也可以使用 float() 将数字型字符串（可以是整数，也可以是浮点数）转换为浮点数。

那什么是数字型字符串呢？像 "123" "3.1415" 等这种只有数字的字符串就是数字型字符串，而 "hao123" "163com" 等就不是数字型字符串。

▎语法：

```
int(字符串)
float(字符串)
```

▎举例：int()

```
a = int("123")
print(a)
b = int("3.1415")
print(b)
c = int("hao123")
print(c)
```

输出结果如下：

123
报错
报错

▎分析：

从这个例子可以看出，int() 函数只能将整数字符串转换为整数。如果该字符串是浮点数字符串或包含其他字符，则会直接报错。

▌ 举例：float()

```
a = float("123")
print(a)
b = float("3.1415")
print(b)
c = float("hao123")
print(c)
```

输出结果如下：

```
123.0
3.1415
报错
```

▌ 分析：

从这个例子可以看出，float() 函数可以将整数字符串或浮点数字符串转换为浮点数。不过如果该字符串包含其他字符，则会直接报错。

2.6.3 整数与浮点数互转

在 Python 中，我们可以使用 int() 函数将浮点数转换为整数，也可以使用 float() 函数将整数转换为浮点数。

▌ 语法：

```
int(浮点数)
float(整数)
```

▌ 举例：

```
a = float(123)
b = int(3.1415)
print(a)
print(b)
```

输出结果如下：

```
123.0
3
```

▌ 举例：

```
a = int(3.6)
b = int(-3.4)
print(a)
print(b)
```

输出结果如下：

```
3
-3
```

▼ **分析**：

int() 函数将浮点数转换为整数时，不会进行四舍五入处理，只会简单地截取整数部分。换句话说，我们可以使用 int() 函数获取一个浮点数的整数部分。

2.7 转义字符

在学习转义字符之前，先看一个例子：

```
string = "不经风雨，怎见彩虹"
print(string)
```

运行结果如下：

不经风雨，怎见彩虹

如果想要使输出结果为：不经风雨，怎见"彩虹"。这个时候该怎么实现呢？可能不少小伙伴们首先想到的是使用下面的代码来实现：

```
string = "不经风雨，怎见"彩虹""
print(string)
```

然而这样会报错。其实大家仔细观察一下就知道，双引号都是成对出现的，这句代码中有 4 个双引号，Python 无法判断哪两个双引号是一对。

为了避免上述情况发生，Python 引入了转义字符。常用的转义字符如表 2-8 所示。

表 2-8　常用的转义字符

转义字符	说明
\'	英文单引号
\"	英文双引号
\n	换行符

实际上，Python 中的转义字符有很多种，但是我们只需要记住上面 3 种就可以了。在 Python 中，转义字符是一种特殊的字符，引入转义字符的目的有以下两个。

- 用于表示无法"看见"的字符，如换行符 \n。
- 用于表示与语法冲突的字符，如 \' 和 \"。

▼ **举例**：\n

```
string = "不经风雨\n怎见彩虹"
print(string)
```

输出结果如下：

不经风雨
怎见彩虹

▼ **分析**：

"\"会和后面的"n"配对成一个"\n"。

▶ 举例：\' 和 \"

```
string = "不经风雨,怎见\"彩虹\""
print(string)
```

输出结果如下：

不经风雨,怎见"彩虹"

▶ 分析：

对于这个例子来说，下面两种方式是等价的：

```
# 方式1
string = "不经风雨,怎见\"彩虹\""
```

```
# 方式2
string = '不经风雨,怎见"彩虹"'
```

也就是说，想要输出带有引号的字符串，有上面这两种方法。不过在实际开发中，建议小伙伴们使用"单引号包含双引号"或"双引号包含单引号"的方式，而不使用转义字符。因为用转义字符的话会让代码多增加一个或几个字符，并且会让代码的格式不美观。

2.8 注释

在 Python 中，给一些关键代码写上注释是非常有必要的。注释的好处有很多，如方便理解、方便查找及方便项目组里的其他开发人员理解你的代码，而且也方便你以后对自己的代码进行修改。

2.8.1 单行注释

当注释的内容比较少，只有一行时，可以使用单行注释的方式。

▶ 语法：

```
# 单行注释
```

▶ 说明：

单行注释使用的是"#"号。注意，并不是任何地方都需要加上注释，一般情况下，只需要对一些关键的代码进行注释。为了确保代码的美观，"#"号与注释内容之间一般有一个空格。

▶ 举例：单行注释

```
# 定义两个变量
a = 10
b = 5
# 输出a+b的结果
print(a + b)
```

输出结果如下：

```
15
```

▶ 分析：

注释一般是给编程人员看的，而不是给系统看的，因此编辑器在运行程序时，碰到注释了的内容就会直接忽略掉。也就是说，从"#"号开始到这一行的末尾的内容，编辑器都会直接忽略掉。

▶ 举例：代码间注释

```
a = 10              # 定义变量a
b = 5               # 定义变量b
print(a + b)        # 输出a+b的结果
```

输出结果如下：

```
15
```

▶ 分析：

代码间注释跟单行注释非常相似，从"#"号开始到这一行的末尾的内容，编辑器都会直接忽略掉。

2.8.2 多行注释

当注释的内容比较多，用一行展示不完时，可以使用多行注释的方式。

▶ 语法：

```
'''
多行注释
多行注释
多行注释
'''
```

▶ 说明：

多行注释使用的是三引号。三引号可以是 3 对英文单引号，也可以是 3 对英文双引号。三引号之间的内容会被视为注释内容。

▶ 举例：多行注释

```
'''
这是多行注释
这是多行注释
这是多行注释
'''
a = 10
b = 5
print(a + b)
```

输出结果如下：

```
15
```

▼ **分析：**

当然，如果注释内容只有一行，也可以用多行注释的方式。

2.8.3 编码注释

在查看他人代码或官方文档时，我们可能会经常看到下面这样的代码：

```
# coding=utf-8
```
或
```
# -*- coding:utf-8 -*-
```

这种代码叫作"编码注释"，一般放在 .py 文件的开头，用于指定文件的编码格式。不过需要清楚的是，这种编码注释主要是为了解决 Python 2.X 不支持直接输入中文的问题。在 Python 3.X 中，已经不再需要加上这样的代码了。

在这里提及这个知识点是为了避免大家看不懂别人的代码，不过只需要简单了解一下就可以了，不需要刻意记忆。

2.9 输出内容：print()

2.9.1 语法简介

在 Python 中，print() 函数不仅可以输出一个变量，还可以同时输出多个变量。

▼ **语法：**

```
print(变量1, 变量2, ..., 变量n)
```

▼ **举例：输出多个变量**

```
name = "Jack"
age = 24
print(name, age)
```

输出结果如下：

```
Jack 24
```

▼ **分析：**

使用 print() 输出多个变量时，两个变量之间有一个空格。

▼ **举例：字符串拼接**

```
name = "Jack"
```

```
age = 24
print("姓名：", name,"，年龄：", age)
```

输出结果如下：

```
姓名： Jack ，年龄： 24
```

2.9.2 常用参数

实际上，print() 函数还有很多丰富的功能，这些功能都是通过它的参数定义的。

▼ **语法：**

print(值列表, sep="分割符", end="结束符", file=文件对象)

▼ **说明：**

print() 函数后面的 3 个参数都是可选的。参数 sep 用于设置分割符，默认分割符为空格。参数 end 用于设置结束符，默认结束符是"\n"（换行）。参数 file 用于指定将结果输出到哪一个文件中。

此外，sep 是"seperation"（分离）的缩写。了解其英文意思，更能帮助我们理解和记忆它。

▼ **举例：分割符**

```
name = "Jack"
age = 24
print(name, age, sep="*")
```

输出结果如下：

```
Jack*24
```

▼ **分析：**

如果不需要分割符，则可以直接设置 sep=""。特别注意，seq="" 和 seq=" " 是不一样的，前者是一个空字符串，后者是包含一个空格的字符串。

▼ **举例：换行符**

```
print(10, end="")
print(20, end="")
print(30, end="")
```

输出结果如下：

```
102030
```

▼ **分析：**

end="" 表示设置结束符为一个空字符串，也就是输出结果后不换行。

▼ **举例：指定输出文件**

```
file = open("D:\\hello.txt", "w", encoding="utf-8")
print("从0到1", file=file)
```

```
print("系列图书", file=file)
file.close()
```

▌ **分析**：

在这个例子中，需要先在 D 盘下创建一个 hello.txt 文件，然后再运行代码才会有效果。open() 函数用于打开 hello.txt 这个文件，两个 print() 函数用于将字符串依次写入该文件中，close() 函数用于关闭文件。

上面这种方法在实际开发中用得极少，这里小伙伴们简单了解一下即可。对于文件操作，"第 12 章 文件操作"中会详细介绍。

2.10 输入内容：input()

在 Python 中，我们可以使用 input() 函数来输入内容。input() 函数的作用非常简单，用一句话来说就是：**通过键盘输入内容，从而给某一个变量赋值。**

▌ **语法**：

```
变量名 = input()
```

▌ **说明**：

通过 input() 函数输入的内容，本质上都是字符串。

▌ **举例**：

```
a = input()
print(type(a))
```

▌ **分析**：

当运行代码之后，控制台中的光标会卡顿，如图 2-6 所示。为什么会卡顿呢？这是为了等待用户输入内容。当用户输入内容之后，按 Enter 键，系统才会继续执行下面的代码。

在这个例子中，无论我们输入什么内容，如 10、3.14、abc，输出结果都是一样的，如下所示：

```
<class 'str'>
```

实际上，通过 input() 函数输入的内容全部都会被当作一个字符串。不过我们可以通过类型转换函数将其转换成自己想要的类型。

图 2-6

▌ **举例**：

```
a = input()
result = int(a) + 2077
print(result)
```

运行代码之后，输入"10"，其输出结果如下：

```
2087
```

▶ **分析：**

因为 a 本身是一个字符串，这里使用 int() 方法将其转换成一个整数。这里问大家一个问题：上面的代码有什么弊端呢？

上面的代码运行后，控制台中的光标只会卡顿，并不会提示我们需要输入什么内容。实际上 input() 方法可以接收一个字符串当作参数。请看下面的例子。

▶ **举例：添加提示**

```
a = input("请输入一个整数：")
print(a)
```

运行代码之后，输入"2077"，其输出结果如下：

```
2077
```

▶ **分析：**

从输出结果可以看出，input() 方法内部的字符串只起到提示作用，并不会作为值的一部分。

▶ **举例：**

```
a = input("输入第1个整数：")
b = input("输入第2个整数：")
result = int(a) + int(b)
print(result)
```

运行代码之后，依次输入"10"和"20"，其输出结果如下：

```
30
```

▶ **分析：**

从 VSCode 的终端控制台可以看出来，使用 print() 函数添加提示内容之后，代码的运行效果就直观多了，如图 2-7 所示。

图 2-7

2.11 运算符优先级

2.11.1 优先级介绍

运算符的优先级决定运算的先后顺序。我们都知道，数学中的加减乘除运算是有一定优先级的。例如有括号就得先算括号内的，然后进行乘除运算，最后才进行加减运算。

在 Python 中，运算符也是有优先级的，规则很简单：**优先级高的先运算，优先级低的后运算；优先级相同的，从左到右依次进行运算**。若想了解各种运算符的优先级，小伙伴们可以查看本书的附录 C。

Python 中的运算符比较多，优先级也比较复杂，我们不需要都记住，而只需要关注常见运算符的优先级就可以了。

- 对于算术运算来说，乘除运算比加减运算的优先级高。另外，求余运算和乘除运算的优先级相同。
- 对于逻辑运算来说，非（not）＞与（and）＞或（or）。
- 对于赋值运算来说，赋值运算符的优先级都非常低，所以在一个表达式中，往往最后才进行赋值操作。

▌举例：求余和乘除

```
result = 20 % 11 / 3
print(result)
```

输出结果如下：

```
3.0
```

▌分析：

% 和 / 的优先级是相同的，运算方向是从左到右，所以 20 % 11 / 3 等价于 (20 % 11) / 3。

▌举例：逻辑运算

```
x = 10
y = 0
z = 20
if not x and y or z:
    print("Good")
else:
    print("Bad")
```

输出结果如下：

```
Good
```

▌分析：

逻辑运算符的优先级为非（not）＞与（and）＞或（or）。所以 not x and y or z 等价于 ((not x) and y) or z。上面的 if...else 用于实现条件判断，在第 3 章中会详细介绍。

▌举例：比较运算

```
x = 10
y = 10
z = 20
if x == y and z > x:
    print("Good")
else:
    print("Bad")
```

输出结果如下：

```
Good
```

▌ **分析：**

比较运算符的优先级比逻辑运算符的高，所以 x==y and z>x 等价于 (x==y) && (z>x)。如果小伙伴们不清楚运算符的优先级，建议还是加上"()"，这样可以使代码的可读性更高。

2.11.2 最佳实践

在实际开发中，优先级可以很好地控制运算的执行顺序，但是如果仅仅依赖优先级，那么代码的可读性可能会很差，我们先来看一个例子。

▌ **举例：**

```
x = 10
y = 10
z = 20
if not x == y and z > x or z < y:
    print("Good")
else:
    print("Bad")
```

输出结果如下：

```
Bad
```

▌ **分析：**

已知逻辑运算符的优先级为非（not）＞与（and）＞或（or）。另外，比较运算符的优先级又比所有逻辑运算符的优先级高，所以 not x == y and z > x or z < y 等价于下面的代码：

```
((not(x == y) and (z > x)) or (z < y)
```

不仅是初学者，即使是工作多年的工程师，都会觉得 not x == y and z > x or z < y 这种代码的可读性是比较差的，有时并不能一下就看出其中的运算的执行顺序。在实际开发中，建议加上一些必要的"()"，这样可以让代码的可读性更高。在大型项目中，代码的可读性和可维护性是非常重要的两个指标。

最后需要说明的是，很多初学者喜欢用奇怪的语法来"炫技"，故意把代码写得很难懂，其实这样是完全没有必要的。在真实的开发工作中，程序的运行速度、代码的可读性、代码的可维护性等才是最重要的。在保证运行速度的情况下，把代码写得越好懂，后面维护起来才会越容易。

语法本身就没有太多可以"炫技"的东西。对于有多年开发经验的工程师来说，不管你用多难懂的语法来写代码，在别人眼里也都只是"小儿科"而已。真正能体现你技术水平的应该是算法设计、功能实现等，而不是两三句看起来很难懂的代码。

2.12 实战题：交换两个变量的值

在实际开发中，交换两个变量的值是经常用到的一种操作，这一节就来介绍一下这种操作。
实现代码如下：

```
a = 10
b = 20
temp = a
a = b
b = temp
print("a=", a)
print("b=", b)
```

输出结果如下：

```
a=20
b=10
```

▌ **分析：**

为什么这里要定义一个 temp 变量呢？使用下面这种方法不也一样可以交换两个变量的值吗？

```
a = 10
b = 20
a = b
b = a
```

其实这种方法是行不通的。原因很简单，a 和 b 都是变量，执行了 a=b 之后，a 的值是 20，b 的值也是 20。由于此时 a 的值变成了 20，再执行下一步的 b=a 时，a 的值还是 20，b 的值也是 20。

因为 a=b 会修改 a 的值，所以为了交换两个变量的值，我们需要定义一个中间变量来"暂时保存"a 的值。

很多初学者可能会反思自己怎么没想到上面这种方法，其实大家不必自责，刚开始学编程都是这样的。对于常用的算法操作，我们尽量都记一下，代码写得多了慢慢就掌握了。

2.13 实战题：交换个位和十位

请输入一个两位整数，然后将它的个位数和十位数互换，使其变成一个新的整数，最后输出这个新的整数。
实现代码如下：

```
n = input("请输入一个两位整数：")
n = int(n)
```

```
a = n % 10              # 获取个位数
b = int(n/10)           # 获取十位数
result = a * 10 + b     # 组合成新的整数
print(result)
```

运行代码之后，输入 84，其输出结果如下：

48

2.14 本章练习

一、选择题

1. 下面的 Python 变量名中，合法的是（   ）。
   A. 666variable   B. my_variable
   C. def   D. -variable
2. float("123") 返回的值是（   ）。
   A. 123   B. 123.0
   C. "123"   D. 程序报错
3. 下面不属于"数字"这一数据类型的是（   ）。
   A. 整数   B. 浮点数
   C. 布尔值   D. 分数
4. （多选）下面的选项中，属于正确的注释方式的是（   ）。
   A. # 注释内容   B. ''' 注释内容 '''
   C. // 注释内容   D. /* 注释内容 */
5. print("\" 复仇者 \" 联盟 ") 这一句代码的输出结果是（   ）。
   A. 复仇者联盟   B. " 复仇者 " 联盟
   C. \" 复仇者 \" 联盟   D. 语法有误，程序报错
6. 下面这段 Python 程序的输出结果是（   ）。

   ```
   school = "101中学"
   print(int(school))
   ```

   A. None   B. 101
   C. 101 中学   D. 程序报错
7. 下面哪一个表达式会返回 False？（   ）
   A. not(3 <= 1)   B. (4 >= 4) and (5 <= 2)
   C. ("a" == "a") and ("c" != "d")   D. (2 < 3) or (3 < 2)
8. 下面有一段 Python 程序，运行后变量 c 的值为（   ）。

   ```
   a = "2"
   b = str(2)
   c = a + b
   ```

A. 4　　　　　B. "4"　　　　C. 22　　　　D. "22"

9. 下面有关变量和常量的说法中，正确的是（　　）。

    A. book 和 BOOK 是两个相同的变量名

    B. 修改一个常量的值后，程序会报错

    C. 变量名可以以数字开头

    D. 变量名可以以下划线开头

10. 在 Python 中，表达式 5%2、5/2 的结果是（　　）。

    A. 1、1　　　　　　　　　　　　B. 1、2

    C. 1、2.5　　　　　　　　　　　D. 2.5、2.5

二、编程题

1. 请使用 print() 函数输出这样一个字符串：hello \n "python"。注意，这个字符串中有特殊字符。

2. 输入一个圆的半径，然后分别求出它的周长和面积，并输出结果。其中，π 的值取 3.14。

3. 模拟超市抹零结账：输入 3 个浮点数，计算它们的总和，然后去除总和的小数部分，输出结果。

4. 输入一个浮点数，要求保留小数点后两位，并且对第 3 位小数进行四舍五入处理，最后输出这个浮点数。

第 3 章 流程控制

3.1 流程控制简介

流程控制是任何一门计算机语言都有的一种语法。所谓流程控制,指的是控制程序按照怎样的顺序执行。在 Python 中,共有以下 3 种流程控制方式。
- 顺序结构。
- 选择结构。
- 循环结构。

3.1.1 顺序结构

在 Python 中,顺序结构是最基本的结构,它使代码按照从上到下、从左到右的顺序执行,如图 3-1 所示。

▶ **语法:**

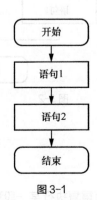

图 3-1

▌ **举例**：

```
str1 = "绿叶学习网"
str2 = "Python"
str3 = str1 + str2
print(str3)
```

输出结果如下：

绿叶学习网Python

▌ **分析**：

按照"从上到下、从左到右"的原则，Python 代码会按照以下顺序执行。

① 执行：str1 = "绿叶学习网"。
② 执行：str2 = "Python"。
③ 执行：str3 = str1 + str2。
④ 执行：print(str3)。

Python 在一般情况下就是按照顺序结构来执行代码的。不过在其他特殊场合，只用顺序结构就没法解决问题了，此时需要引入选择结构和循环结构。

3.1.2 选择结构

在 Python 中，选择结构指的是根据判断条件来决定执行哪一段代码。选择结构有单向选择、双向选择及多向选择 3 种，如图 3-2 所示。但是无论是哪一种，Python 都只会执行其中的一个分支。

▌ **语法**：

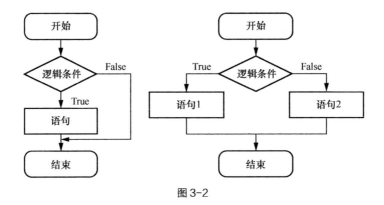

图 3-2

3.1.3 循环结构

循环结构指的是根据条件来判断是否重复执行某一段程序。若条件为 True，则继续循环；若条件为 False，则退出循环。循环结构如图 3-3 所示。

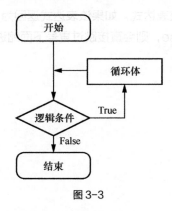

图 3-3

下面介绍这 3 种流程控制方式在编程中是怎么使用的。

3.2 选择结构：if

在 Python 中，if 语句主要包括以下 4 种。
- 单向选择：if...。
- 双向选择：if...else。
- 多向选择：if...elif...else。
- if 语句的嵌套。

3.2.1 单向选择：if

单向选择的流程图如图 3-4 所示。

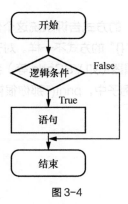

图 3-4

▌ **语法：**

```
if 条件：
    ...
```

▌ 说明：

这个"条件"一般是一个比较表达式。如果该表达式返回为 True，则会执行冒号下面缩进的代码块；如果该表达式返回为 False，则会直接跳过冒号下面缩进的代码块，然后按照顺序执行后面的程序。

▌ 举例：

```
score = 100
if score > 60:
    print("那你很棒")
print("欢迎来到绿叶学习网")
```

输出结果如下：

```
那你很棒
欢迎来到绿叶学习网
```

▌ 分析：

由于变量 score 的值为 100，score>60 返回 True，因此会执行冒号下面缩进的代码块。

▌ 举例：

```
score = 100
if score < 60:
    print("那你很棒")
print("欢迎来到绿叶学习网")
```

输出结果如下：

```
欢迎来到绿叶学习网
```

▌ 分析：

由于 score<60 返回 False，因此 Python 会跳过冒号下面缩进的代码，然后直接执行最后一个 print()。

在 Python 中，一般使用"缩进"的方式告诉系统这个代码块属于哪一个 if、else 或 while，这一点跟 C、C++ 等语言使用大括号"{}"的方式不一样。对于缩进，一般是按 4 次空格（Space）键或按一次 Tab 键。当然了，某些编辑器（如 VSCode 等）会自动缩进。

有一点要特别注意：在上面这个例子中，print("那你很棒") 属于 if 语句，而 print("欢迎来到绿叶学习网") 却不属于。

▌ 举例：

```
if True == 1:
    print("True等价于1")
if False == 0:
    print("False等价于0")
```

输出结果如下：

```
True等价于1
False等价于0
```

▼ 分析：

从这个例子可以看出，True 和 1 是等价的，False 和 0 是等价的。这里强调一点，**布尔值本质上属于数字类型**。

3.2.2 双向选择：if...else...

双向选择的流程图如图 3-5 所示。

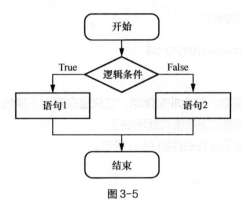

图 3-5

▼ 语法：

```
if条件：
    ...
else:
    ...
```

▼ 说明：

if...else... 相对 if... 来说仅多了一个选择。当条件表达式返回为 True 时，会执行 if 后面的代码块；当条件表达式返回为 False 时，会执行 else 后面的代码块。

▼ 举例：双向选择

```
score = 100
if score < 60:
    print("补考！")
else:
    print("通过！")
```

输出结果如下：

通过！

▼ 分析：

由于变量 score 的值为 100，而 score<60 返回 False，因此会执行 else 后面的代码块。

3.2.3 多向选择：if...elif...else...

多向选择就是在双向选择的基础上增加了一个或多个选择分支。

▼ 语法：

```
if 条件1:
    # 当条件1为True时执行的代码
elif 条件2:
    # 当条件2为True时执行的代码
else:
    # 当条件1和条件2都为False时执行的代码
```

▼ 说明：

多向选择的语法看似很复杂，其实非常简单，它只是在双向选择的基础上增加了一个或多个选择分支。小伙伴们对比一下两者的语法格式就明白了。

elif 指的是"else if"，表示带有条件的 else 子句。

▼ 举例：

```
time = 21
if time < 12:
    print("早上好! ")
elif time >= 12 and time < 18:
    print("下午好! ")
else:
    print("晚上好! ")
```

输出结果如下：

晚上好!

▼ 分析：

对于多向选择，程序会从第 1 个 if 语句开始判断，如果第 1 个 if 语句的条件不满足，则判断第 2 个 if 语句的条件……直到满足为止。一旦满足，就会退出整个 if 结构。

3.2.4 if 语句的嵌套

在 Python 中，if 语句是可以嵌套使用的。

▼ 语法：

```
if 条件1:
    if 条件2:
        # 当条件1和条件2都为True时执行的代码
```

```
        else:
            # 当条件1为True、条件2为False时执行的代码
    else:
        if条件2:
            # 当条件1为False、条件2为True时执行的代码
        else:
            # 当条件1和条件2都为False时执行的代码
```

▶ **说明**：

对于这种结构，我们不需要死记硬背，只需要从外到内根据条件一个个地进行判断就可以了。

之前也说过了，Python 中是用"缩进"的方式来表示某一个代码块属于哪一个 if 或 else 的。此外，我们还要根据缩进来认真判断哪两个 if 和 else 是一对。

▶ **举例**：

```
gendar = "女"
height = 172
if gender == "男":
    if height > 170:
        print("高个子男生")
    else:
        print("矮个子男生")
else:
    if height > 170:
        print("高个子女生")
    else:
        print("矮个子女生")
```

输出结果如下：

高个子女生

▶ **分析**：

在这个例子中，外层 if 语句的判断条件 gender=="男" 返回 False，因此会执行 else 语句。我们可以看到 else 语句内部还有一个 if 语句，这个内层 if 语句的判断条件 height>170 返回的是 True，所以最终输出的内容为"高个子女生"。

实际上，if 语句的嵌套也是很好理解的，就是在 if 或 else 内部再增加一层判断条件。对于 if 语句的嵌套，一层一层从外到内地进行判断就可以了，就像剥洋葱一样（见图 3-6），非常简单。我们再来看一个例子。

▶ **举例**：

```
x = 4
y = 8
if x < 5:
    if y < 5:
        print("x小于5,y小于5")
    else:
        print("x小于5,y大于5")
```

图 3-6

```
    else:
        if y < 5:
            print("x大于5,y小于5")
        else:
            print("x大于5,y大于5")
```

输出结果如下：

```
x小于5,y大于5
```

▶ **分析：**

对于 if 语句，还有以下 3 点需要说明。

- ▶ Python 使用的是 elif，而不是 else if。
- ▶ Python 中 if 的后面不需要加括号。
- ▶ Python 只有 if 语句，没有 switch 语句，这一点和其他语言不同。

【常见问题】

为什么 Python 不使用"{}"来实现代码块的包裹，而使用缩进的方式呢？

Python 每条语句的末尾不需要加分号，也不使用大括号"{}"来实现代码块的包裹，这些其实都是考虑到了一点：在大型项目的开发中，问题往往由一些小细节导致，如多了一个分号或少了一个大括号等。

因此，Python 舍弃了这些方式，而使用更为简洁的方式，这也体现了 Python"美与哲学"的特点。

3.3 循环结构：while

循环语句指的是在满足某个条件的情况下循环反复地执行某些语句。这就很有趣了，像 1+2+3+...+100、1+3+5+...+99 这种计算就可以通过循环语句来轻松实现。

在 Python 中，循环语句有两种：while 语句和 for 语句。这一节先来介绍一下 while 语句。

▶ **语法：**

```
while条件：
    ...
```

▶ **说明：**

如果条件表达式返回为 True，则执行冒号后的代码块。当执行完冒号后的代码块后，会再次判断条件。如果条件表达式依旧返回 True，则会重复执行代码块……如此循环执行，直到条件表达式返回 False 才结束整个循环，然后才会接着执行 while 循环结构后面的程序。

▶ **举例：计算 1+2+3+...+100 的值**

```
n = 1
sum = 0
```

```
while n <= 100:
    sum += n                    # 等价于sum = sum + n
    n += 1                      # 等价于n = n + 1
print(sum)
```

输出结果如下:

```
5050
```

▌ 分析:

变量 n 用于递增(也就是循环加1),其初始值为1。sum 用于求和,其初始值为0。对于上述 while 循环,下面一步步地给大家分析一下。

第1次执行 while 循环之后,sum=0+1,n=2。
第2次执行 while 循环之后,sum=0+1+2,n=3。
第3次执行 while 循环之后,sum=0+1+2+3,n=4。
……
第100次执行 while 循环之后,sum=0+1+...+100,n=101。

记住,每一次执行 while 循环之前,程序都需要判断条件是否满足。如果满足,则继续执行 while 循环;如果不满足,则退出 while 循环。

当第101次执行 while 循环时,由于 n=101,而判断条件 n<=100 返回 False,此时 while 循环不再执行(也就是退出了 while 循环)。退出了 while 循环后,接下来就不会再执行 while 中的程序,而是执行后面的 print(sum) 了。

▌ 举例:计算 1+3+5 +...+99 的值

```
n = 1
sum = 0
while n < 100:
    sum += n                    # 等价于sum = sum + n
    n += 2                      # 等价于n = n + 2
print(sum)
```

输出结果如下:

```
2500
```

▌ 分析:

在这个例子中,将 while 循环的条件 n<100 改为 n<=99 效果是相同的,因为这两个条件是等价的。当然,上一个例子 n<=100 等价于 n<101。大家可以思考一下为什么。

此外,sum+=n 等价于 sum=sum+n,而 n+=2 等价于 n=n+2。在实际开发中,一般使用简写形式,所以大家一定要熟悉赋值运算符的这种简写形式。至于 while 循环具体是怎么进行的,小伙伴们可以对比上一个例子的具体流程,自己整理一下思路,慢慢消化一下。

最后对于 while 语句,还需要特别说明以下两点。
- ▶ 循环内部的语句一定要缩进,即使只有一条语句。
- ▶ 循环内部的语句中一定要有可以结合判断条件来让循环退出的语句。如果没有判断条件和退出语句,循环就会一直运行下去,变成一个"死循环"。

▶ **举例：死循环**

```
while True:
    print("我也是醉了")
```

输出结果如下：

```
我也是醉了
我也是醉了
……
```

▶ **分析：**

这就是最简单的"死循环"，判断条件一直为 True，因此会一直执行 while 循环，然后不断地输出内容。如果想要在 VSCode 中停止"死循环"，可以按 Ctrl+C 快捷键。在实际开发中，一定要避免"死循环"的出现，因为这是一个很低级的错误。

最后，还有一点要跟大家说的就是，**Python 中只有 while 语句，没有 do...while 语句。**

3.4 循环结构：for

3.4.1 for 循环

在 Python 中，除了 while 语句，还可以使用 for 语句来实现循环。

▶ **语法：**

```
for i in range(正整数):
    ...
```

▶ **说明：**

for 语句一般都是结合 range() 函数来实现循环的。i 只是一个普通的变量名，当然你也可以使用 n、a 等来代替它。

▶ **举例：**

```
for i in range(5):
    print(i)
```

输出结果如下：

```
0
1
2
3
4
```

▶ **分析：**

要特别注意一点：i 是从 0 开始的，而不是从 1 开始的。每执行一次 for 循环，i 的值都会自动加 1。range(5) 表示循环的次数是 5，由于 i 是从 0 开始的，因此最终输出结果为：0、1、2、3、4。

当然，这个例子也可以使用 while 语句来实现。因为程序是"活的"，不是"死的"。想要实现某一个功能，方法是多种多样的。使用 while 语句实现的代码如下：

```
i = 0
while i < 5:
    print(i)
    i += 1
```

▌ 举例：字符串拼接

```
for i in range(5):
    result = "这是第" + str(i+1) + "次循环"
    print(result)
```

输出结果如下：

这是第 1 次循环
这是第 2 次循环
这是第 3 次循环
这是第 4 次循环
这是第 5 次循环

▌ 分析：

i+1 本质上是一个数字，必须使用 str() 函数将数字转换为字符串，才可以进行字符串的拼接。对于 str() 函数，"2.6 类型转换"一节中已经详细介绍过了。

3.4.2 range()

在 Python 中，我们还可以使用 range() 函数的不同参数来定义各种类型的 for 循环。

▌ 语法：

```
for i in range(开始值，结束值，步长)
```

▌ 说明：

当 range() 函数只有 1 个参数时，表示只有结束值，此时循环是从 0 开始的。

当 range() 函数有 2 个参数时，表示只有开始值和结束值，此时循环是从"开始值"开始的。

当 range() 函数有 3 个参数时，表示有开始值、结束值和步长。所谓步长（也叫"间隔"），指的是每次循环后变量增加或减小的值。

▌ 举例：只有结束值

```
for i in range(5):
    print(i)
```

输出结果如下：

```
0
1
2
3
4
```

▎ **分析：**

range(5) 表示循环的结束值为 5。从输出结果可以看出，结束值是不被包含进去的，也就是说不管 range() 函数的参数是怎样的形式，结束值都不会被包含进去。

下面 3 个语句是等价的，小伙伴们可以思考一下为什么。

```
range(5)
range(0, 5)
range(0, 5, 1)
```

▎ **举例：设置初始值**

```
for i in range(2, 5):
    print(i)
```

输出结果如下：

```
2
3
4
```

▎ **分析：**

range(2, 5) 表示循环的开始值为 2，结束值为 5，也就是其取值范围为 [2, 5)。

▎ **举例：设置步长（正数）**

```
for i in range(0, 5, 2):
    print(i)
```

输出结果如下：

```
0
2
4
```

▎ **分析：**

range(0, 5, 2) 表示循环的开始值为 0，结束值为 5，步长为 2，也就是说，每次循环 i 不再加 1，而是加 2。

▎ **举例：设置步长（负数）**

```
for i in range(5, 0, -1):
    print(i)
```

输出结果如下：

```
5
4
3
2
1
```

▎ **分析**：

range(5, 0, -1) 表示循环的开始值为 5，结束值为 0，步长为 -1，也就是说，每次循环 i 的值就减 1。使用这种方式可以实现递减效果。

最后有一点要说明的是，很多没有编程基础的初学者会感到很难理解 for 循环，其实照着例子多练习几次，自然就理解了。

3.5　break 和 continue

在 Python 中，我们可以使用 break 和 continue 这两种语句来控制循环的执行。break 和 continue 语句也叫作"中断语句"。

3.5.1　break

在 Python 中，我们可以使用 break 语句来退出"本层"循环，也就是直接退出整个循环。break 只能用于循环语句，而不能用于其他地方。

▎ **举例**：

```
while True:
    print("绿叶学习网")
    break
```

输出结果如下：

绿叶学习网

▎ **分析**：

这里的 while 循环是一个死循环，本来应该不断重复执行 print(" 绿叶学习网 ")。但是由于加上了 break，因此执行完一次 print() 之后，程序遇到 break 就直接退出 while 循环了。

对于循环中的 break 语句，其前面一般有一个 if 判断条件，当满足某个条件之后，就会退出循环。请看下面的例子。

▎ **举例**：

```
n = 5
for i in range(1, 11):
    if i == n:
        break
```

```
    print(i)
```

输出结果如下：

```
1
2
3
4
```

> **分析：**

i 的取值范围是 1 ~ 10（注意不包括 11），所以循环应该执行 10 次才对。但是当执行第 5 次循环时，i 的值为 5，此时判断条件 i==n 返回 True，因此会执行 break 语句，此时就会直接退出整个循环，并且也不会执行当次循环后面的 print(i) 了。

需要注意的是，如果有多层循环（即嵌套循环），那么 break 语句只会退出"本层"循环，而不会退出所有层的循环。

3.5.2 continue

在 Python 中，我们可以使用 continue 语句来退出"本次"循环。

> **举例：**

```
n = 5
for i in range(1, 11):
    if i == n:
        continue
    print(i)
```

输出结果如下：

```
1
2
3
4
6
7
8
9
10
```

> **分析：**

i 的取值范围是 1 ~ 10（注意不包括 11），所以循环应该执行 10 次才对。当执行第 5 次循环时，i 的值为 5，此时 i==n 返回 True，然后执行 continue 语句，此时就会直接退出"本次"循环。

continue 语句只会退出"本次"循环，并不会退出"本层"循环，此时还会执行后面的循环，所以输出结果中并没有 5。

对于 break 和 continue，可以用一句话来总结：**break 是退出"本层"循环，continue 是退出"本次"循环。**

3.6 实战题：找出水仙花数

在希腊神话中，年青貌美的那喀索斯（narcissus）爱上了水中自己的倒影，他去世后就化作了水仙花，如图 3-7 所示。所以水仙花数也称为自恋数或自幂数，它是指一个 3 位数，其各位上的数字的立方和等于该数本身。例如，153 就是一个水仙花数，因为 $153 = 1^3 + 5^3 + 3^3$。

找出水仙花数的代码如下：

```
# 定义一个空字符串，用来保存水仙花数
result = ""
# 初始化i值
i = 100

while i < 1000:
    a = i % 10            # 提取个位数
    b = (i/10) % 10       # 提取十位数
    b = int(b)            # 舍弃小数部分
    c = i / 100           # 提取百位数
    c = int(c)            # 舍弃小数部分
    if i == a**3 + b**3 + c**3:
        result = result + str(i) + ","
    i = i + 1
print(result)
```

图 3-7

输出结果如下：

```
153, 370 ,371, 407,
```

▌ 分析：

小伙伴们可以思考一下：如果只想获取第 1 个水仙花数，应该怎么实现呢（提示：break 语句）？

3.7 实战题：求 0 ~ 100 中的所有质数

质数也叫作"素数"，它指的是只能被 1 和它本身整除的正整数。需要注意的是，1 不是质数。求 0 ~ 100 中的所有质数的代码如下：

```
result = ""
for i in range(2, 101):
    # 定义一个变量flag作为标识,flag=True表示该数为质数,flag=False表示该数不是质数
    flag = True
    for j in range(2, i-1):
        # 如果i可以整除j,flag为False,也就是该数是非质数
        if i % j == 0:
            flag = False
```

```
            break
    if flag == True:
        result += str(i) + ", "
print(result)
```

输出结果如下：

2, 3, 5, 7, 11, 13, 17, 19, 23, 29, 31, 37, 41, 43, 47, 53, 59, 61, 67, 71, 73, 79, 83, 89, 97,

▶ **分析**：

如果想要判断一个正整数 i 是否为质数，只需要让 2、3、…、i-1 去除 i 就可以了。只要有一个数能整除它，那么 i 就不是质数。如果没有一个数能整除它，则 i 就是质数。

这个算法非常简单，用两层 for 循环即可实现。第 1 层 for 循环用于逐个拿出 2～100 的整数 i，第 2 层 for 循环用于逐个拿出 2～i-1（i 为当前整数）的整数 j，然后判断 i%j 是否等于 0。一旦发现 i%j 的值等于 0，就表示当前整数不是一个质数。

需要清楚的是，break 退出的是"本层"循环，而不是退出所有层的循环。在循环中如果遇到了 break，不仅会退出"本层"循环，循环中 break 后面的代码也不会被执行。实际上，break 本身包含了 continue 的功能，也会跳出"本次"循环。

3.8 实战题：输出一个图案

本节尝试编写一个程序来实现输出一个平行四边形图案，如图 3-8 所示。实现的思路很简单：使用两层 for 循环，一层用于控制行数，另一层用于控制每一行字符的个数。

```
        * * * * *
         * * * * *
          * * * * *
           * * * * *
```
图 3-8

实现代码如下：

```
# 控制行数
for i in range(1, 5):
    # 控制每一行前面的空格
    for j in range(1, i):
        print(" ", end="")
    # 控制每一行星号的输出
    for j in range(1, 6):
        print("* ", end="")
        # 换行
        if j == 5:
            print("\n", end="")
```

输出结果如下：

```
* * * * *
 * * * * *
  * * * * *
   * * * * *
```

▶ 分析：

可能有些小伙伴们会想到使用下面这种方式来输出图案。虽然它们的效果是一样的，但是这种实现方式其实没什么意义。因为它不具备扩展性，也无法体现你的编程水平。假如改一下题目，将行数改为 n，其中 n 是需要手动输入的，此时使用下面这种方式就无法实现图案的输出了。

```
# 不推荐的方式
print("* * * * *");
print("  * * * * *");
print("    * * * * *");
print("      * * * * *");
```

3.9 本章练习

一、选择题

1. 下面有关循环结构的说法中，不正确的是（   ）。
   A. 在实际开发中，我们应该避免"死循环"
   B. "for i in range(1, 10)"这句代码中，循环次数为 10
   C. "while i==1"可以等价于"while i==True"
   D. Python 中有两种循环结构，一种是 while 循环，另一种是 for 循环

2. 下面有一个 Python 程序，其中 while 循环执行的次数是（   ）。
   ```
   sum = 0
   i = 1
   while i != 1:
       sum += 1
   ```
   A. 一次也不执行　　　B. 执行一次　　C. 无数次　　D. 有语法错误，不能执行

3. 下面有一个 Python 程序，运行之后变量 n 的值为（   ）。
   ```
   n = 8
   for i in range(1, 100):
       n += 1
   print(n)
   ```
   A. 9　　　　　　B. 100　　　　C. 107　　　　D. 108

4. 下面的语句中，格式正确的是（   ）。
   A. if score > 60:
   　　print("通过")
   　　else:
   　　print("补考")

   B. if score > 60:
   　　print("通过")
   　　else:
   　　print("补考")

   C. if score > 60:

   D. if score > 60:

```
        print("通过")                          print("通过")
    else:                                  else:
        print("补考")                          print("补考")
```

5. 下面有一个 Python 程序，其运行结果是（　　）。

```
a = 24
b = 12
c = 36
result = 0
if a > b:
    result = a
else:
    result = b
if result < c:
    result = c
print(result)
```

  A. 0   B. 12   C. 24   D. 36

二、编程题

1. 请使用两种循环结构来计算 1+2+3+...+100 的值。
2. 请计算 1-3+5-7+...+97-99 的值。
3. 计算 0 ~ 1000 中，个位数字是 6 的所有整数的和。
4. 编写一个 Python 程序，输出图 3-9 所示的图案。

```
        *
      * * *
    * * * * *
  * * * * * * *
* * * * * * * * *
```

图 3-9

5. 输出九九乘法表，格式如下：

```
1 * 1 = 1
1 * 2 = 2    2 * 2 = 4
1 * 3 = 3    2 * 3 = 6    3 * 3 = 9
...
```

6. 用键盘依次输入语文、数学、英语三科的成绩（都是整数），然后计算它们的平均分，接着判断平均分所在的范围。如果平均分 ≥ 90，就输出"A"；如果平均分 < 90 并且 ≥ 80，就输出"B"；如果平均分 < 80 并且 ≥ 70，就输出"C"；如果平均分 < 70，就输出"D"。

7. 编写程序，开发一个小型计算器，让用户用键盘输入两个数字和一个运算符，根据运算符（+、-、*、/）进行相应的数学运算。如果输入的不是这 4 种运算符，则输出提示"输入符号有误"。

8. 请输入两个整数，然后分别求它们的最大公约数和最小公倍数，并输出结果。

第 4 章 列表与元组

4.1 列表是什么?

通过之前的学习,我们知道一个变量可以存储一个值。如果想要存储一个字符串"红",可以这样写:

```
color = "红"
```

如果要用变量来存储"红"、"橙"、"黄"、"绿"、"蓝"5个字符串,这个时候应该怎么写呢?很多小伙伴们立刻就写下了这段代码:

```
color1 = "红"
color2 = "橙"
color3 = "黄"
color4 = "绿"
color5 = "蓝"
```

使用这种方法时,假如要存储十几个甚至几十个字符串,那就要为每个字符串都定义一个变量,太麻烦了。在 Python 中,我们可以使用列表来存储一组数据。回到这个例子中,上面的一堆变量可以使用列表存储。示例如下:

```
colors = ["红", "橙", "黄", "绿", "蓝"]
```

简单来说,我们可以用一个列表来存储多个值。如果想要获取列表中的某一项,如"黄"这一项,可以使用 colors[2] 来获取。当然,该语法的具体知识在接下来这几节中会详细介绍。

实际上,列表属于序列的一种。**在 Python 中,序列有 3 种:列表、元组和字符串**。这3 种序列的很多操作都是相似的,大家在学习的过程中一定要多加对比,这样才能加深理解和记忆。

4.2 列表的创建

在 Python 中,我们可以使用中括号 "[]" 来创建一个列表。

▎ **语法**:

列表名 = [元素1, 元素2, ... , 元素n]

▎ **说明**:

创建列表时,用中括号把一堆数据括起来就可以了,数据之间用英文逗号隔开。有一点要特别注意:不要使用"list"作为列表名,因为它跟 Python 内置的 list() 函数冲突,可能会引起一些难以发现的问题。

列表中的元素可以是不同的数据类型,这一点跟 C#、Java 等语言中的数组不太一样。此外,列表元素还可以是列表,Python 将这种列表称为"嵌套列表"。

▎ **举例**:

```
items = []                              # 创建一个空列表
items = ["红", "绿", "蓝"]              # 创建一个包含3个元素的列表
items = [1, 2, "python", True, False]   # 列表元素可以是不同的数据类型
items = [[1, 2], [3, 4], [5, 6]]        # 列表元素还可以是列表
```

【常见问题】

为什么 Python 把这种数据结构叫作列表,而不叫作数组呢?

Python 中其实也存在一种叫作"数组"的数据结构。列表和数组非常相似,它们的大多数操作也是相同的,但是它们存在以下两个区别。

▶ 数组元素的数据类型必须相同,但是列表元素不需要。
▶ 数组可以进行四则运算,但是列表不可以。

在 Python 中,列表是自带的,数组却需要引入 numpy 模块才能使用。numpy 是数据分析中必备的一个模块。对数据分析感兴趣的小伙伴们,可以看一下本系列的《从 0 到 1——Python 数据分析》。

4.3 基本操作

在 Python 中,对列表元素的操作主要有以下 4 种。
▶ 获取元素。
▶ 修改元素。
▶ 增加元素。
▶ 删除元素。

4.3.1 获取元素

在 Python 中,如果想要获取列表中某一项的值,一般使用"下标"的方式。

```
colors = ["红", "绿", "蓝"]
```

上面的代码创建了一个名为 colors 的列表，该列表中有 3 个元素（都是字符串）："红"、"绿"、"蓝"。如果想要获取列表 colors 中某一项的值，就可以使用下标的方式。其中，colors[0] 表示获取第 1 项的值，也就是 "红"；colors[1] 表示获取第 2 项的值，也就是 "绿"；以此类推。

这里要重点说一下：**列表元素的下标是从 0 开始的，而不是从 1 开始的**。如果你以为获取列表的第 1 项应该用 colors[1]，那就错了。初学者很容易犯这种低级错误，一定要特别注意。

▶ 举例：正数下标

```
items = ["中国", "广东", "广州", "天河", "暨大"]
print(items[3])
```

输出结果如下：

天河

▶ 分析：

注意，items[3] 表示获取列表 items 中的第 4 个元素，而不是第 3 个元素，如图 4-1 所示。

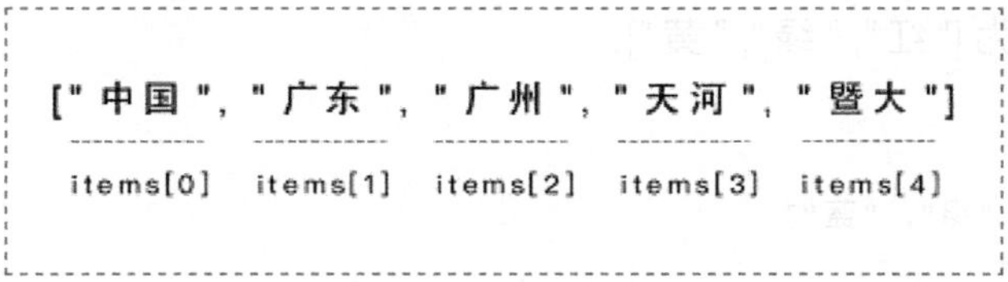

```
["中国",  "广东",  "广州",  "天河",  "暨大"]
 items[0] items[1] items[2] items[3] items[4]
```

图 4-1

在 Python 中，列表的下标虽然从 0 开始，但也可以使用负整数作为元素的下标。例如，-1 表示列表最后一个元素的下标，-2 表示列表倒数第 2 个元素的下标，以此类推。

▶ 举例：负数下标

```
items = ["中国", "广东", "广州", "天河", "暨大"]
print(items[-3])
```

输出结果如下：

广州

▶ 分析：

对上面这个例子的分析如图 4-2 所示。

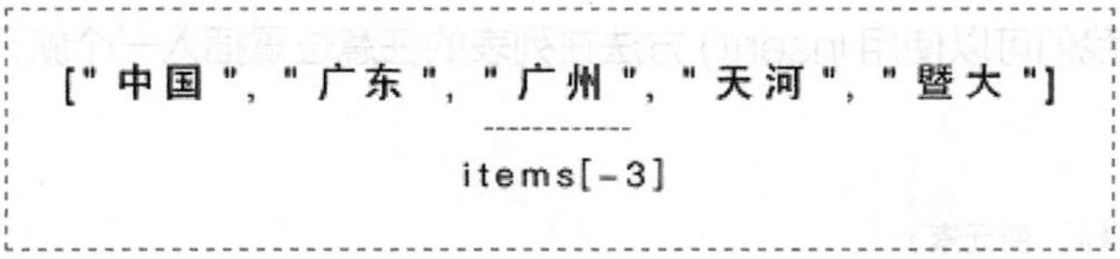

```
["中国", "广东", "广州", "天河", "暨大"]
                items[-3]
```

图 4-2

4.3.2 修改元素

如果想要给某一个元素赋一个新的值,又该怎么做呢?其实也是通过元素下标来实现的。

▶ **语法**:

列表名[i] = 新值

▶ **举例**:

```
colors = ["红", "绿", "蓝"]
colors[2] = "黄"
print(colors)
```

输出结果如下:

```
["红", "绿", "黄"]
```

▶ **分析**:

在这里,colors[2]="黄"表示将 colors[2] 重新定义为 "黄",也就是 "蓝" 被替换成了 "黄"。此时,列表 colors 变为 ["红","绿","黄"]。

▶ **举例**:

```
colors = ["红", "绿", "蓝"]
colors[3] = "黄"
print(colors)
```

输出结果如下:

报错

▶ **分析**:

对于列表来说,我们不能使用下标的形式为一个不存在的元素赋值,否则程序就会报错。如果想要为列表增加新的元素,可以使用下面介绍的 insert() 方法和 append() 方法。

4.3.3 增加元素

在 Python 中,如果想要往一个列表中加入一个新元素,有两种方法:insert() 和 append()。

1. insert()

在 Python 中,我们可以使用 insert() 方法在列表的任意位置插入一个新元素。

▶ **语法**:

列表名.insert(下标,新元素)

▶ **举例**：

```
colors = ["红", "绿", "蓝"]
colors.insert(0, "黄")
print(colors)
```

输出结果如下：

```
["黄", "红", "绿", "蓝"]
```

▶ **分析**：

colors.insert(0, "黄") 表示在下标为 0 处，也就是在列表的开始处插入一个新元素。

▶ **举例**：

```
colors = ["红", "绿", "蓝"]
colors.insert(0, "黄")
colors.insert(0, "橙")
print(colors)
```

输出结果如下：

```
["橙", "黄", "红", "绿", "蓝"]
```

▶ **分析**：

上面这个例子，其实就是在列表的开始处连续插入两个新元素。

2. append()

在 Python 中，我们可以使用 append() 方法在列表的末尾处增加一个新元素。

▶ **语法**：

```
列表名.append(新元素)
```

▶ **举例**：

```
colors = ["红", "绿", "蓝"]
colors.append("黄")
print(colors)
```

输出结果如下：

```
["红", "绿", "蓝", "黄"]
```

▶ **分析**：

实际上，如果想要在一个列表的末尾处添加一个新元素，下面两种方式是等价的：

```
# 方式1
colors.append("黄")

# 方式2
colors.insert(3, "黄")
```

既然 insert() 方法也可以在列表末尾处添加新元素，那么是不是意味着 append() 方法没有存在的意义呢？其实不是这样的。使用 insert() 方法的前提是需要知道列表中有多少个元素，这样才能获取最后一个元素的下标。如果不知道列表中有多少个元素，就没法使用 insert() 方法来为列表添加新元素。

但使用 append() 方法就不需要知道列表有多少个元素，而可以直接在列表的最后添加新元素。在实际开发中，append() 方法比 insert() 方法有用得多，所以我们更常使用的是 append() 方法。

▼ **举例：往字符串列表中添加数字**

```
letters = ["a", "b", "c"]
letters.append(100)
print(letters)
```

输出结果如下：

```
["a", "b", "c", 100]
```

▼ **分析：**

从上面的例子可以看出，我们可以往字符串列表中添加一个数字。当然，也可以往数字列表中添加字符串。因为列表的元素可以是不同的数据类型。

▼ **举例：添加多个元素**

```
letters = ["a", "b", "c"]
letters.append("d")
letters.append("e")
letters.append("f")
print(letters)
```

输出结果如下：

```
["a", "b", "c", "d", "e", "f"]
```

▼ **分析：**

若想要为列表添加多个元素，可以多次使用 append() 方法来实现。

4.3.4 删除元素

在 Python 中，如果想要删除列表中的某个元素，可以使用 3 种方式：del、pop()、remove()。

1. del

在 Python 中，我们可以使用 del 关键字来删除列表中的某一个元素。del 关键字是通过下标来删除元素的。

▼ **语法：**

```
del 列表名[n]
```

▌ **说明：**

n 是列表元素的下标，从 0 开始。需要注意的是，del 会修改原列表。

▌ **举例：**

```
colors = ["红", "橙", "黄", "绿", "蓝"]
del colors[2]
print(colors)
```

输出结果如下：

```
["红", "橙", "绿", "蓝"]
```

▌ **分析：**

del 关键字的用法非常简单，它直接通过列表元素的下标来删除对应的元素。

2. pop()

在 Python 中，我们可以使用 pop() 方法删除列表中的某一个元素（默认是最后一个元素），并且返回该元素的值。

▌ **语法：**

```
列表名.pop(n)
```

▌ **说明：**

n 是列表元素的下标，从 0 开始。当省略 n 时，表示删除的是列表的最后一个元素；当不省略 n 时，表示删除下标为 n 的元素。需要注意的是，pop() 方法会修改原列表。

▌ **举例：省略 n**

```
colors = ["红", "橙", "黄", "绿", "蓝"]
colors.pop()
print(colors)
```

输出结果如下：

```
["红", "橙", "黄", "绿"]
```

▌ **分析：**

当然，我们也可以多次使用 pop() 方法来删除列表末尾的多个元素。

▌ **举例：不省略 n**

```
colors = ["红", "橙", "黄", "绿", "蓝"]
colors.pop(2)
print(colors)
```

输出结果如下：

```
["红", "橙", "绿", "蓝"]
```

▌分析：

可能有些小伙伴们会疑惑，既然使用 del 关键字也能删除列表元素，为什么 Python 还多此一举地提供 pop() 方法呢？

在实际开发中，当不知道列表元素的个数，也就是不知道列表最后一个元素的下标时，如果要删除列表的最后一个元素，使用 del 关键字就做不到了，必须使用 pop() 方法。

3. remove()

在 Python 中，我们还可以使用 remove() 方法来删除列表中的某一个元素。remove() 方法是通过"值"来删除元素的。

▌语法：

列表名.remove(值)

▌说明：

如果列表中存在多个相同的元素，那么 remove() 方法只会删除匹配到的第 1 个元素。remove() 方法会修改原列表。

▌举例：

```
colors = ["红", "橙", "黄", "绿", "红"]
colors.remove("红")
print(colors)
```

输出结果如下：

```
["橙", "黄", "绿", "红"]
```

▌分析：

列表 colors 中存在 2 个"红"，因此 colors.remove("红") 只会删除第 1 个"红"，也就是匹配到的第 1 个元素。

使用 remove() 方法删除元素时，如果指定的元素不存在，程序就会报错。为了避免这种情况发生，最好先判断元素是否存在。

▌举例：

```
colors = ["红", "橙", "黄", "绿", "红"]
if "红" in colors:
    colors.remove("红")
print(colors)
```

输出结果如下：

```
["橙", "黄", "绿", "红"]
```

▌分析：

如果想要把列表中某个相同的元素全部删除，应该怎么实现呢？最简单的方法就是使用 for 循环。

▼ 举例：把某个相同的元素全部删除

```
colors = ["红", "橙", "黄", "绿", "红"]
result = []
for i in range(len(colors)):
    if colors[i] != "红":
        result.append(colors[i])
print(result)
```

输出结果如下：

```
["橙", "黄", "绿"]
```

▼ 分析：

这个例子中定义了一个空列表 result，它主要用于保存结果。for 循环用于对列表进行遍历，如果当前元素不是"红"，就使用 append() 方法将其添加到 result 中。此外，len(colors) 用于获取 colors 的长度，下一节会介绍 len() 方法。

最后总结一下删除元素的方法，有以下 4 点需要注意。

- del、pop()、remove() 这 3 个方法都会修改原列表。
- 如果知道想要删除的元素的下标，可以使用 del 关键字和 pop() 方法。
- 如果不知道想要删除的元素的下标，只知道具体元素，可以使用 remove() 方法。
- 如果不知道列表中元素的个数，却想要删除列表的最后一个元素，可以使用 pop() 方法。

4.4 获取列表长度：len()

在 Python 中，我们可以使用 len() 函数获取列表的长度。列表长度就是列表中元素的个数。

▼ 语法：

```
len(列表名)
```

▼ 举例：

```
nums1 = []
nums2 = [1, 2, 3, 4, 5]
print(len(nums1))
print(len(nums2))
```

输出结果如下：

```
0
5
```

▼ 说明：

nums1=[] 表示创建一个名为 nums1 的列表，由于该列表内没有任何元素，所以其长度为 0。

▼ 举例：

```
colors = []
```

```
print(len(colors))

colors.append("红")
colors.append("绿")
colors.append("蓝")
print(len(colors))
```

输出结果如下:

```
0
3
```

▍ 分析:

这里先使用 colors=[] 创建了一个名为 colors 的列表,此时该列表的长度为 0。但是后面用 append() 方法为 colors 添加了 3 个元素,因此该列表的最终长度为 3。

4.5 获取元素出现次数:count()

在 Python 中,我们可以使用 count() 方法来统计某个元素在列表中出现的次数。

▍ 语法:

列表名.count(元素)

▍ 说明:

方法,简单来说就是基于某个对象的函数。方法跟函数很相似,都可以传入参数,但是它们也有不同。函数在调用时,前面一般不需要加上对象名,但是方法在调用时,前面都需要加上对象名。方法的调用格式如下:

对象名.方法名()

有关函数及对象的知识,后续章节中会详细介绍,这里小伙伴们先简单了解一下即可。

▍ 举例:

```
nums = [2, 1, 2, 3, 4, 2, 5]
n = nums.count(2)
print(n)
```

输出结果如下:

```
3
```

▍ 分析:

由于"2"在列表中出现了 3 次,因此 nums.count(2) 返回 3。

▍ 举例:

```
colors = ["红", "绿", "蓝", "红"]
n = colors.count("红")
print(n)
```

输出结果如下：

```
2
```

▊ **分析**：

由于"红"在列表中出现了2次，因此 colors.count("红") 返回2。

4.6 获取元素下标：index()

在 Python 中，我们可以使用 index() 方法来获取列表中某个元素的下标。

▊ **语法**：

```
列表名.index(元素)
```

▊ **说明**：

如果列表中存在重复的元素，就返回它第1次出现时的下标；如果查找的元素不存在，程序就会报错。

▊ **举例：没有重复元素**

```
colors = ["红", "橙", "黄", "绿", "蓝"]
n = colors.index("绿")
print(n)
```

输出结果如下：

```
3
```

▊ **举例：有重复元素**

```
nums = [3, 8, 32, 8, 59]
n = nums.index(8)
print(n)
```

输出结果如下：

```
1
```

▊ **分析**：

列表 nums 中有两个"8"，但是使用 index() 方法只会返回第1个"8"的下标。

▊ **举例：查找的元素不存在**

```
items = ["Python", "Java", "Go"]
n = items.index("Rust")
print(n)
```

输出结果如下：

报错

▌ **分析：**

使用 index() 方法是存在一定隐患的，因为如果查找的元素不存在，整个程序就会报错。

4.7 合并列表：extend()

在 Python 中，我们可以使用 extend() 方法来合并两个列表。

▌ **语法：**

```
A.extend(B)
```

▌ **说明：**

A.extend(B) 表示将列表 B 合并到列表 A 中，最终会改变列表 A。

▌ **举例：extend()**

```
nums1 = [1, 2, 3]
nums2 = [4, 5, 6]
nums1.extend(nums2)
print(nums1)
print(nums2)
```

输出结果如下：

```
[1, 2, 3, 4, 5, 6]
[4, 5, 6]
```

▌ **分析：**

nums1.extend(nums2) 表示将列表 nums2 合并到列表 nums1 中，最后列表 nums1 会改变，但是列表 nums2 不会改变。

▌ **举例：相加（+）**

```
nums1 = [1, 2, 3]
nums2 = [4, 5, 6]
result = nums1 + nums2
print(nums1)
print(result)
```

输出结果如下：

```
[1, 2, 3]
[1, 2, 3, 4, 5, 6]
```

▌ **分析：**

从上面两个例子可以看出，如果想要合并两个列表，可以使用两种方式：一个是 extend() 方法，另一个是将两个列表相加。但是这两种方式也有本质上的区别。

- extend() 方法会修改原列表，例如第 1 个例子中的 nums1 就被修改了，最终返回的是合并后的列表。
- 将两个列表相加不会修改原列表,例如第 2 个例子中的 nums1 就没有被修改。如果想要得到合并后的列表,则需要使用一个新的变量来保存列表。

4.8 清空列表

在 Python 中,我们可以使用 clear() 方法来清空一个列表。

▶ **语法**:

```
列表名.clear()
```

▶ **举例**:

```
colors = ["红", "绿", "蓝"]
colors.clear()
print(colors)
```

输出结果如下:

```
[]
```

4.9 截取列表:[m:n]

在 Python 中,我们可以使用"切片"的方式来截取列表的某一部分。

▶ **语法**:

```
列表名[m:n]
```

▶ **说明**:

m 是开始下标,n 是结束下标。m 和 n 可以是正数,也可以是负数,不过 n 一定要大于 m。list[m:n] 表示截取范围为 [m, n),也就是包含 m 但不包含 n。其中 m 和 n 都可以省略。
- 当省略 n 时,截取的范围为从 m 到列表末尾位置。
- 当省略 m 时,截取的范围为从列表起始位置到 n。
- 当同时省略 m 和 n 的,截取范围为整个列表。

▶ **举例:正数下标**

```
colors = ["红", "橙", "黄", "绿", "蓝"]
print(colors[0:3])
print(colors[2:5])
```

输出结果如下:

```
["红", "橙", "黄"]
["黄", "绿", "蓝"]
```

其实现原理如图 4-3 所示。

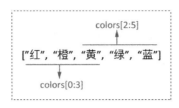

图 4-3

▌举例：负数下标

```
colors = ["红", "橙", "黄", "绿", "蓝"]
print(colors[-3:-1])
print(colors[-5:-2])
```

输出结果如下：

```
["黄", "绿"]
["红", "橙", "黄"]
```

其实现原理如图 4-4 所示。

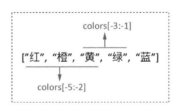

图 4-4

▌举例：[m:]

```
colors = ["红", "橙", "黄", "绿", "蓝"]
print(colors[2:])
print(colors[-2:])
```

输出结果如下：

```
["黄", "绿", "蓝"]
["绿", "蓝"]
```

▌举例：[:n]

```
colors = ["红", "橙", "黄", "绿", "蓝"]
print(colors[:2])
print(colors[:-2])
```

输出结果如下：

```
["红", "橙"]
["红", "橙", "黄"]
```

▌ 举例：[:]

```
colors = ["红", "橙", "黄", "绿", "蓝"]
print(colors[:])
print(colors[:] == colors)
```

输出结果如下：

```
["红", "橙", "黄", "绿", "蓝"]
True
```

▌ 分析：

[:] 表示同时省略 m 和 n，此时 list[:] 返回列表本身。

▌ 举例：[m:n] 和 [n]

```
colors = ["红", "橙", "黄", "绿", "蓝"]
part = colors[0:1]
item = colors[0]

print(type(part))
print(type(item))
```

输出结果如下：

```
<class "list">
<class "str">
```

▌ 分析：

需要注意一点：list[m:n] 返回的是一个列表，而 list[m] 返回的是一个元素。在这个例子中，colors[0:1] 返回的是 ["红"]，colors[0] 返回的是 "红"。虽然 ["红"] 中只有一个元素，但它依然是一个列表。这是一个很细的知识点，大家一定要特别注意。

4.10　遍历列表：for...in...

4.10.1　遍历列表中的每一项

在 Python 中，若想要遍历列表中的每一项，可以使用 for 循环来实现。

▌ 语法：

```
for item in 列表名：
    ...
```

▌ 说明：

item 表示当前遍历的列表元素（也可以使用其他名称）。

▶ 举例：

```
colors = ["红", "橙", "黄", "绿", "蓝"]
for color in colors:
    print(color)
```

输出结果如下：

红
橙
黄
绿
蓝

▶ 分析：

对这个例子来说，下面两种方式是等价的，不过方式 1 比方式 2 简单很多：

```
# 方式1
colors = ["红", "橙", "黄", "绿", "蓝"]
for color in colors:
    print(color)


# 方式2
colors = ["红", "橙", "黄", "绿", "蓝"]
for i in range(len(colors)):
    print(colors[i])
```

4.10.2 获得索引

如果想要在遍历列表时，同时获得每一个元素的索引，应该怎么做呢？这个时候可以借助 enumerate() 函数来实现。

▶ 语法：

```
for index, item in enumerate(列表):
    ...
```

▶ 说明：

enumerate() 是 Python 内置的一个函数，它接收一个列表作为参数。此外，index 表示元素的索引，item 表示元素的值。

▶ 举例：

```
colors = ["红", "橙", "黄", "绿", "蓝"]
for i, color in enumerate(colors):
    print(i, color)
```

输出结果如下：

0 红
1 橙

```
2 黄
3 绿
4 蓝
```

▼ 分析：

对这个例子来说，下面两种方式是等价的：

```
# 方式1
colors = ["红", "橙", "黄", "绿", "蓝"]
for i, color in enumerate(colors):
    print(i, color)


# 方式2
colors = ["红", "橙", "黄", "绿", "蓝"]
for i in range(len(colors)):
    print(i, colors[i])
```

4.11 检索列表：in、not in

在 Python 中，我们可以使用 in 运算符来判断某个值是否"存在"于列表中，也可以使用 not in 运算符来判断某个值是否"不存在"于列表中。

▼ 语法：

```
item in list
item not in list
```

▼ 说明：

in 和 not in 这两个运算符会返回一个布尔值。实际上，这两个运算符在 "2.4 运算符" 一节中已经介绍过了。

▼ 举例：

```
a = 10
b = 5
nums = [1, 2, 3, 4, 5]
print(a in nums)
print(b not in nums)
```

输出结果如下：

```
False
False
```

4.12 颠倒顺序：reverse()

在 Python 中，我们可以使用 reverse() 方法来颠倒列表元素的顺序。reverse 是 "反向" 的意思。

▌语法：

列表名.reverse()

▌举例：

```
nums = [1, 2, 3, 4, 5]
nums.reverse()
print(nums)
```

输出结果如下：

```
[5, 4, 3, 2, 1]
```

4.13 大小排序：sort()

在 Python 中，我们可以使用 sort() 方法对列表中的所有元素进行大小比较，然后将它们按"升序"或"降序"的方式进行排列。

▌语法：

列表名.sort(reverse=False或True)

▌说明：

当 reverse=False 时，表示升序（从小到大）排列；当 reverse=True 时，表示降序（从大到小）排列。如果 sort() 方法参数，则默认使用的是 reverse=False。

▌举例：升序排列

```
nums = [3, 9, 1, 12, 50, 21]
nums.sort()
print(nums)
```

输出结果如下：

```
[1, 3, 9, 12, 21, 50]
```

▌分析：

nums.sort() 等价于 nums.sort(reverse=False)。在实际开发中，一般采用 nums.sort() 这种简写方式。

▌举例：降序排列

```
nums = [3, 9, 1, 12, 50, 21]
nums.sort(reverse=True)
print(nums)
```

输出结果如下：

```
[50, 21, 12, 9, 3, 1]
```

▌举例：对字符串进行排序

```
animals = ["cat", "ant", "badger", "elephant", "dog"]
animals.sort()
print(animals)
```

输出结果如下：

```
["ant", "badger", "cat", "dog", "elephant"]
```

▌分析：

sort() 函数不仅可以对数字进行排序，还可以对字符串进行排序。当对字符串进行排序时，比较的是字符的 ASCII。首先，比较字符串的第 1 个字符，如果第 1 个字符的 ASCII 相等，再比较第 2 个字符的 ASCII，以此类推。ASCII 的相关知识，小伙伴们可以自行搜索一下，这里就不详细介绍了。

4.14 数值计算：max()、min()、sum()

在 Python 中，如果一个列表是数值型的，则可以使用 max()、min()、sum() 这 3 个函数对其进行计算。

▌语法：

```
max(列表)
min(列表)
sum(列表)
```

▌说明：

max() 函数用于获取列表中的最大值，min() 函数用于获取列表中的最小值，sum() 函数用于计算所有列表元素之和。

▌举例：

```
nums = [3, 9, 1, 12, 50, 21]
print("最大值: ", max(nums))
print("最小值: ", min(nums))
print("元素和: ", sum(nums))
```

输出结果如下：

```
最大值: 50
最小值: 1
元素和: 96
```

4.15 将列表转换为字符串：join()

在 Python 中，使用 join() 方法可以将列表中的所有元素连接成一个字符串。

▌语法：

```
"连接符".join(列表)
```

▼ 说明：

连接符是可选参数，表示连接元素的符号。

▼ 举例：

```
colors = ["红", "橙", "黄", "绿", "蓝"]
result1 = "".join(colors)
result2 = ",".join(colors)
print(result1)
print(result2)
```

输出结果如下：

```
红橙黄绿蓝
红,橙,黄,绿,蓝
```

▼ 分析：

"".join(colors) 表示不用符号来连接各元素，",".join(colors) 表示将","作为连接符。此外需要注意的是，join() 要求列表中的每一个元素都是字符串，否则就会报错。

▼ 举例：

```
nums = [1, 2, 3, 4, 5]
result = ",".join(nums)
print(result)
```

输出结果如下：

报错

▼ 分析：

要解决上面这种问题，只需要将列表中的每一个元素转换为字符串就可以了，实现代码如下：

```
nums = [1, 2, 3, 4, 5]
strs = []
for item in nums:
    strs.append(str(item))
result = ",".join(strs)
print(result)
```

4.16 列表运算

在 Python 中，列表也可以进行运算，但是列表只有加法和乘法运算，没有减法和除法运算。

▼ 举例：加法

```
result1 = [1, 2, 3] + [4, 5, 6]
result2 = ["红", "橙", "黄"] + ["绿", "蓝"]
result3 = ["红", "橙", "黄"] + [1, 2, 3]
```

```
print(result1)
print(result2)
print(result3)
```

输出结果如下：

```
[1, 2, 3, 4, 5, 6]
["红", "橙", "黄", "绿", "蓝"]
["红", "橙", "黄", 1, 2, 3]
```

▼ **分析**：

将两个列表相加，其实就是合并这两个列表。当然我们也可以使用之前介绍的 extend() 方法来合并两个列表。

▼ **举例：乘法**

```
result1 = [1, 2] * 3
print(result1)

result2 = ["红", "橙"] * 3
print(result2)

result3 = [1, 2] * ["红", "橙"]
print(result3)
```

输出结果如下：

```
[1, 2, 1, 2, 1, 2]
["红", "橙", "红", "橙", "红", "橙"]
报错
```

▼ **分析**：

列表只能与正整数相乘，表示将其重复对应的次数，但是列表不能与另外一个列表相乘。

4.17 二维列表

前面介绍的都是一维列表，在实际开发中，很多时候会遇到二维甚至多维的列表，不过常见的还是二维列表。

一维列表中的元素只有 1 个下标，二维列表中的元素有两个下标。当然了，n 维列表中的元素就有 n 个下标。下面介绍二维列表。

▼ **举例**：

```
nums = [[10, 20, 30], [40, 50, 60]]
print(nums[0][0])
print(nums[1][0])
```

输出结果如下：

```
10
40
```

▼ **分析：**

nums[0][0] 表示获取第 1 行的第 1 个元素，nums[1][0] 表示获取第 2 行的第 1 个元素。

实际上，二维列表可以看作由一维列表嵌套而成。对于二维列表来说，它的每一个元素本身又是一个一维列表。

▼ **举例：计算二维列表中所有元素之和**

```
nums = [[2, 4, 6, 8], [10, 12, 14, 16], [18, 20, 22, 24]]
result = 0
for i in range(3):
    for j in range(4):
        result += nums[i][j]
print(result)
```

输出结果如下：

```
156
```

▼ **分析：**

对于一维列表来说，我们只需要用 1 层 for 循环就可以遍历完其中的元素。但是对于二维列表来说，则需要用两层 for 循环才能遍历完其中的元素：第 1 层用于控制"行数"的变化，第 2 层用于控制"列数"的变化。对于多维列表来说，其有多少维，就应该使用多少层 for 循环。

这个例子还可以使用另外一种方式来实现。建议小伙伴们好好对比一下这两种方式，可以让你对列表有更深刻的理解。

```
nums = [[2, 4, 6, 8], [10, 12, 14, 16], [18, 20, 22, 24]]
result = 0
for row in nums:
    for item in row:
        result += item
print(result)
```

4.18 元组是什么？

4.18.1 元组介绍

在 Python 中，元组是一种与列表非常相似的数据类型。我们都知道，列表是使用中括号"[]"来创建的，而元组是使用小括号"()"来创建的。

▼ **语法：**

元组名 = (元素1, 元素2, ..., 元素n)

▼ **说明：**

创建元组时，用小括号将数据括起来就可以了，数据之间用英文逗号隔开。有一点要特别注意："不要使用"tuple"作为元组的变量名，因为它与 Python 内置的 tuple() 函数冲突，这可能会引发一些难以发现的问题。

元组与列表非常相似，两者的很多操作都是相同的，但是它们之间也有着本质上的区别（也是两者间唯一的区别）：**元组中的元素不能修改，而列表中的元素可以修改**。或者，你可以把元组看成一种特殊的列表。

▌ 举例：判断类型

```
items1 = [1, 2, 3]
items2 = (1, 2, 3)
print(type(items1))
print(type(items2))
```

输出结果如下：

```
<class "list">
<class "tuple">
```

▌ 分析：

从输出结果可以看出，列表的类型为"list"，而元组的类型为"tuple"，两者是完全不同的数据类型。

▌ 举例：不能修改元组

```
colors = ("red", "orange", "yellow", "green", "blue")
print(colors[2])

colors[2] = "purple"
print(colors[2])
```

输出结果如下：

```
yellow
报错
```

▌ 分析：

我们可以使用下标的方式来获取元组中的某一个元素。但是元组一经定义，其内部的元素是不可以修改的，如果修改就会报错，这一点与列表不一样。

▌ 举例：定义一个空元组

```
field = ()
print(type(field))
```

输出结果如下：

```
<class "tuple">
```

▌ 分析：

在 Python 中，我们可以使用小括号"()"来定义一个空元组。

▌举例：定义只有一个元素的元组

```
a = (123)
b = (123, )
print(type(a))
print(type(b))
```

输出结果如下：

```
<class "int">
<class "tuple">
```

▌分析：

我们都知道，小括号"()"可以用于确定数学运算的顺序，也可以用于定义元组。为了避免歧义，如果想要定义只有一个元素的元组，则必须在元素后加面上一个英文逗号。

4.18.2 元组操作

在 Python 中，元组的大多数操作与列表的相关操作是相同的。但是由于元组一经定义，其内部的元素就不可修改了，因此在元组中不能增加元素、删除元素、修改元素，不能进行加法和乘法运算，也不能颠倒元组元素的顺序和为元组元素排序。总而言之：**凡是会改变元组内部元素的操作都不被允许**。

下面介绍元组的各种操作，小伙伴们可以顺便复习一下列表的相关操作。

▌举例：获取某一个元素

```
colors = ("red", "orange", "yellow", "green", "blue")
print(colors[0])
```

输出结果如下：

```
red
```

▌举例：切片

```
colors = ("red", "orange", "yellow", "green", "blue")
print(colors[0: 3])
print(colors[-3: -1])
print(colors[2:])
```

输出结果如下：

```
("red", "orange", "yellow")
("yellow", "green")
("yellow", "green", "blue")
```

▌举例：遍历元组

```
field = (1, 2, 3)
for item in field:
    print(item)
```

输出结果如下：

1
2
3

▼ 举例：获取元素的下标

```
colors = ("red", "orange", "yellow", "green", "blue")
print(colors.index("green"))
```

输出结果如下：

3

▼ 举例：获取元素的个数

```
nums = (2, 1, 2, 3, 4, 2, 5)
print(nums.count(2))
```

输出结果如下：

3

▼ 举例：找出最大值和最小值

```
nums = (1, 2, 3, 4, 5)
print("最大值：", max(nums))
print("最小值：", min(nums))
```

输出结果如下：

最大值：5
最小值：1

【常见问题】

Python 中已经有列表了，为什么还要提供元组呢？

大型项目都是团队合作开发的，而不是由一个人完成的。对于团队合作的项目来说，元组这种不可改变的数据类型是非常有优势的。因为一旦有人修改了这些数据，程序就会马上报错，根本无法运行。这样可以避免存在一些隐藏的错误。

因此，如果我们希望某个数据不能被修改，那么使用元组比使用列表更合适，也更安全。在实际开发中，我们应该根据实际情况来判断，如果数据的长度并不固定，那么可能用列表更好。

4.19 实战题：求列表中的最大值

请编写一个 Python 程序，要求：输入任意 5 个整数到一个列表中，然后求出该列表中的最大值，并且输出这个最大值。另外，不允许使用 sum() 函数。

实现代码如下：

```python
nums = []
# 输入数据
for i in range(5):
    a = input("请输入第" + str(i + 1) + "个整数:")
    a = int(a)
    nums.append(a)

# 获取最大值
result = None
for i in range(5):
    if result == None:
        result = nums[0]
    elif result < nums[i]:
        result = nums[i]

print("最大值:", result)
```

运行代码之后，输入 5 个整数：12、9、3、50、15。此时输出结果如下：

```
50
```

▌ 分析

实现 5 个整数的输入很简单，只需要使用一个 for 循环即可。判断列表中的最大值的方法为：先定义一个变量 result，它的初始值为 None；接下来使用一个 for 循环遍历后面的每一个元素，每一次都将 result 存储的数与遍历到的数进行对比，然后将更大的值保存到 result 中；等到遍历完成，result 保存的就是列表中的最大值了。

小伙伴们可以思考一下，如果想要获取列表中的最小值，又应该怎么实现呢？

4.20 实战题：输出星期数

输入一个数字（1 ~ 7），然后输出对应的星期数。例如输入 1，就应该输出"星期一"；输入 2，就应该输出"星期二"，以此类推。

实现代码如下：

```python
weekdays = ["星期一", "星期二", "星期三", "星期四", "星期五", "星期六", "星期日"]
n = input("请输入一个1~7的数字:")
n = int(n)
result = weekdays[n - 1]
print(result)
```

运行代码之后，输入 3，此时输出结果如下：

```
星期三
```

▌ 分析：

本例的实现思路很简单，只需要用一个列表来保存输出结果，然后根据输入的数字从中获取对应元素的下标就可以了。

4.21 本章练习

一、选择题

1. 在 Python 中，序列这个类型不包括（　　）。
   A. 字符串　　　　　　　　　　　B. 字典
   C. 列表　　　　　　　　　　　　D. 元组
2. 下面有关列表的说法中，正确的是（　　）。
   A. 构成列表的所有元素的数据类型必须相同
   B. 列表元素的下标依次是 1、2、3…
   C. 列表支持 in 运算符
   D. 可以使用 append() 在列表的起始位置添加新元素
3. 下面有关列表和元组的说法中，正确的是（　　）。
   A. 列表可以添加新的元素，而元组不可以
   B. 可以使用大括号"{}"来定义一个空元组
   C. 列表的类型为"tuple"，元组的类型为"list"
   D. 所有能用于列表的方法或函数，同样也能用于元组
4. （多选）如果某个列表中的所有元素都是数字，那么下面的说法中正确的是（　　）。
   A. list[m:n] 返回的结果是一个列表
   B. list[m:n] 返回的结果是一个数字
   C. list[m:] 返回的结果是一个数字
   D. list[m] 返回的结果是一个数字
5. 如果想要对列表中的元素进行降序（即从大到小）排列，sort() 的参数 reverse 的取值应该是（　　）。
   A. True　　　　　　　　　　　　B. true
   C. False　　　　　　　　　　　　D. false
6. 下面的选项中，哪一个不是合法的元组？（　　）
   A. (123,)　　　　　　　　　　　B. ("绿叶学习网")
   C. ()　　　　　　　　　　　　　D. (123,"绿叶学习网")
7. 下面有一个列表，该列表中最小的数值和最大的数值的下标分别是（　　）。

   ```
   nums = [3, 9, 1, 12, 36, 50]
   ```

   A. 2,5　　　　　　　　　　　　B. 3,6
   C. 2,6　　　　　　　　　　　　D. 3,5
8. 下面有一段 Python 代码，其最终得到的数组 colors 中的第 1 个元素是（　　）。

   ```
   colors = ["red", "green", "blue"]
   colors[1] = "yellow"
   ```

A. "red" B. "green"
C. "yellow" D. "blue"

9. 下面有一段 Python 代码，其运行结果是（　　）。

```
nums = [1, 2, 3, 4, 5]
result = 0
for i in range(1, len(nums)):
    result += nums[i]
print(result)
```

A. 15 B. 14
C. 12345 D. 2345

10. 下面有一段 Python 代码，其运行结果是（　　）。

```
nums = [1, 2, 3, 4, 5]
result = nums[1:3]
print(result)
```

A. [1,2] B. [2,3]
C. [3,4] D. [1,2,3]

11. 下面有一段 Python 代码，其运行结果是（　　）。

```
items = ["Python", "Java", "Go"]
print(items[-1])
```

A. "Python" B. "Java"
C. "Go" D. 报错

12. 下面有一段 Python 代码，其运行结果是（　　）。

```
nums = [1, 2, 3, 4, 5, 6, 7, 8, 9, 10]
print(nums[-3:])
```

A. [8, 9] B. [9, 10]
C. [8, 9, 10] D. [7, 8, 9]

13. 下面有一段 Python 代码，其运行结果是（　　）。

```
colors = ["red", "green", "blue"]
print(colors[0] == colors[0:1])
```

A. True B. False
C. None D. 报错

二、简答题

请简单说明列表和元组的区别。

三、填空题

下面的代码实现的效果是将列表 data 中"以字母 A 开头"或"以字母 B 开头"的元素都添加

到列表 note 中。

```
note = []
data = ["A10", "C24", "B32", "D11", "B04"]
for i in data:
    if _____:
        note.append(i)
print(note)
```

四、编程题

1. 求出 100～200 不能被 3 整除的整数，要求以每行 5 个数字的格式输出（提示：使用列表来保存输出结果）。

2. 输入 10 个整数到一个列表中，然后分别统计其中正数、负数和 0 的个数，并输出结果。

3. 输入 5 个整数到一个元组中，然后分别求出元组的最大值、最小值和平均数，并输出结果。

4. 输入 5 个整数到一个列表中，然后将其中的最小值和第 1 个数交换，并输出交换后的列表的所有元素。

5. 将 "red"、"orange"、"yellow"、"green"、"blue" 这 5 个字符串依次输入一个列表中（注意是依次），最后得到的列表是：["red", "orange", "yellow", "green", "blue"]。请使用两种方式来实现。

6. 下面有两个列表，请获取这两个列表中相同的元素，并把输出结果存放到一个新的列表中。

```
list1 = [11, 22, 33, 44]
list2 = [22, 44, 66, 88]
```

7. 数字 1、2、3、4 能组成多少个互不相同且无重复数字的 3 位数？请将所有情况保存到一个列表中，并输出结果。

8. 将一个二维列表的行和列的元素互换，然后存到另一个二维列表中，最后输出结果。示例如下：

$$a = \begin{bmatrix} 1 & 2 & 3 \\ 4 & 5 & 6 \end{bmatrix} \rightarrow b = \begin{bmatrix} 1 & 4 \\ 2 & 5 \\ 3 & 6 \end{bmatrix}$$

第 5 章 字符串

5.1 字符串是什么？

我们都知道，序列有 3 种：列表、元组和字符串。前面已经介绍过列表和元组了，本章将介绍字符串。事实上，这 3 种序列的很多操作都是相同的，因此在本章的学习中，小伙伴们应该多加对比，这样更能加深对相关知识的理解和记忆。

5.1.1 多行字符串

一般情况下，代码里面的字符串是不能分行写的，但是为了增强代码的可读性，我们往往会将字符串截断后分行显示。

在 Python 中，我们可以使用三引号来表示多行字符串。这个三引号可以是 3 对英文单引号，也可以是 3 对英文双引号。

▶ **举例**：

```
string = """
绿叶学习网
绿叶学习网
绿叶学习网
"""
print(type(string))
```

输出结果如下：

```
<class "str">
```

▶ **分析**：

实际上，除了三引号，我们还可以在每一行的末尾加上反斜杠（\），以表示多行字符串，代

码如下:

```
string = "\
绿叶学习网\
绿叶学习网\
绿叶学习网\
"
print(type(string))
```

在第 2 章的 "2.8 注释" 一节中提到,三引号是用来实现多行注释的,为什么还可以用来实现多行字符串呢?实际上,三引号既可以用来实现多行注释,也可以用来实现多行字符串。

当三引号用来实现多行注释时,不需要使用变量来保存。当三引号用来实现多行字符串时,一般都会使用一个变量来保存。在实际开发中,我们可以根据这一点来区分其用途。

5.1.2 原始字符串

在 Python 中,我们可以在字符串前面加一个 "r" 或 "R",以表示这是一个原始字符串。那么原始字符串究竟有什么用呢?先来看一个简单的例子。

▼ 举例:

```
string = "C:\northwest\northwind"
print(string)
```

输出结果如下:

```
C:
orthwest
orthwind
```

▼ 分析:

这个例子本来想输出一个文件的路径,但是输出结果跟预期不一样。其实这是因为 Python 把 "\n" 看成一个转义字符了。想要解决这个问题,我们可以使用转义字符来实现:

```
string = "C:\\northwest\\northwind"
print(string)
```

但是上面这种方式并不直观,那么还有没有更好的解决方法呢?这个时候原始字符串就派上用场了,实现代码如下:

```
string = r"C:\northwest\northwind"
print(string)
```

在一个字符串前面加上 "r" 或 "R" 后,表示这不是一个普通字符串,而是一个原始字符串。所谓 "原始字符串",就是你看到的字符串是怎样的,最终输出时它就是怎样的,Python 不会对这个字符串进行转义。例如你看到的是反斜杠,最终就会输出反斜杠,Python 不会把 "\n" 看成一个转义字符。

当一个字符串中有很多会被 Python 转义的字符时,如果每一个都用反斜杠(\)来取消转义,这是一件很麻烦的事情。在这种情况下,使用原始字符串就会更加方便、直观。

对于字符串，最后有一点要特别说明：无论在哪个领域进行编程，字符串的操作都是极其重要的。建议小伙伴们在学习这一章的时候，尽量把每一节的内容都理解透，并且还要记住。

【常见问题】

在对字符串命名时，我们能不能使用"str"作为变量名呢？

str 并不属于 Python 关键字，因此是可以用作变量名的，但是并不建议这样做。为什么呢？这是因为 Python 中有一个全局函数 str()，如果使用 str 作为变量名，就有可能覆盖 str() 这个函数的功能。

▌ 举例：

```
str = "绿叶学习网"
n = 2077
print(str(n))
```

输出结果如下：

（报错）TypeError: "str" object is not callable

▌ 分析：

在这个例子中，由于将一个值赋给了 str 这个变量，因此全局函数 str() 失效了，程序就会报错。但是以 str1、str2 这样的方式命名变量就不会有任何问题。

在实际开发中并不建议使用 str、list、tuple、dict、set 等作为变量名，虽然它们不属于 Python 关键字，但是与 Python 内置的函数同名了，这样可能会导致很多问题。

5.2 获取某一个字符

在 Python 中，我们可以使用"下标"的方式来获取字符串中的某一个字符。

▌ 语法：

字符串名[n]

▌ 说明：

n 是整数，表示字符串中的第 n+1 个字符。注意，字符串中第 1 个字符的下标是 0，第 2 个字符的下标是 1，……，第 n 个字符的下标是 n-1，以此类推。这与之前学过的列表下标是一样的。

▌ 举例：获取某一个字符

```
string = "Hello lvye!"
print("第1个字符是：", string[0])
print("第7个字符是：", string[6])
```

输出结果如下：

第1个字符是：H
第7个字符是：l

▶ **分析**：

需要注意的是，在字符串中，空格也是一个字符。

▶ **举例：找出字符串中小于某个字符的所有字符**

```
string = "how are you doing?"
# 定义一个空字符串，用来保存结果
result = ""
for item in string:
    if (item < "s"):
        result += item + ","
print(result)
```

输出结果如下：

```
h,o, ,a,r,e, ,o, ,d,o,i,n,g,?,
```

▶ **分析**：

这里定义了两个字符串：string 和 result。string 表示最初字符串；result 是一个空字符串，用于保存结果。接着用 for 循环遍历 string，变量 item 表示当前字符，将 item 与"s"比较。如果当前字符小于"s"，则将其保存到 result 中。

两个字符之间比较的是它们 ASCII 码的大小。对于 ASCII 码，小伙伴们可以自行搜索一下。注意，空格在字符串中也是被当成一个字符来处理的。

5.3 获取字符串长度

在 Python 中，我们可以使用 len() 函数来获取字符串的长度，也就是字符的个数。

▶ **语法**：

```
len(字符串名)
```

▶ **说明**：

所有序列（列表、元组、字符串）都可以使用 len() 函数来获取长度。

▶ **举例：获取字符串长度**

```
string = "I love Python!"
print(len(string))
```

输出结果如下：

```
14
```

▶ **分析**：

由于空格也是一个字符，因此 string 的长度不是 12，而是 14。

▶ **举例：获取整数的长度**

```
n = 5201314
length = len(str(n))
```

```
result = str(n) + "是" + str(length) + "位数"
print(result)
```

输出结果如下：

```
5201314是7位数
```

▼ **分析**：

len() 函数只能用来获取序列（列表、元组、字符串）的长度，不能用来获取数字的长度。不过我们可以先使用 str() 函数将数字转换为字符串，然后再使用 len() 函数来获取其长度。

5.4 统计字符的个数：count()

在 Python 中，我们可以使用 count() 方法来统计字符串中某个字符的个数。实际上，所有的序列（列表、元组、字符串）都有 count() 方法。

▼ **语法**：

```
字符串名.count(字符)
```

▼ **举例**：

```
string = "I love Python!"
n = string.count("o")
print(n)
```

输出结果如下：

```
2
```

▼ **分析**：

由于字符"o"在字符串中出现了两次，因此 string.count("o") 返回 2。

5.5 获取字符的下标：index()

在 Python 中，我们可以使用 index() 方法来获取某个子字符串在字符串中首次出现时的下标。

▼ **语法**：

```
字符串名.index(string)
```

▼ **说明**：

string 是一个子字符串，它可以包含一个字符，也可以包含多个字符。如果字符串中存在重复的字符，就返回它第 1 次出现时的下标。

▼ **举例：单个字符**

```
string = "Hello Lvye!"
print(string.index("e"))
```

输出结果如下：

1

▼ 分析：

字符串中有两个"e"，但是使用 index() 方法只会返回第 1 个"e"的下标。实际上，index() 方法不仅可以用于检索单个字符，还可以用于检索多个字符。

▼ 举例：多个字符

```
string = "Hello Lvye!"
print(string.index("Lvye"))
print(string.index("lvye"))
print(string.index("Lvyer"))
```

输出结果如下：

6
报错
报错

▼ 分析：

对于 string.index（"Lvye"），由于 string 中包含"Lvye"，因此返回"Lvye"首次出现时的下标。注意，字符串的下标是从 0 开始的。

对于 string.index（"lvye"），由于 string 中不包含"lvye"，因此会报错。

对于 string.index（"Lvyer"），由于 string 中不包含"Lvyer"，因此会报错。特别注意一下，本例的 string 中包含"Lvye"，但不包含"Lvyer"。

5.6 截取字符串：[m:n]

在 Python 中，所有的序列（列表、元组、字符串）都可以使用"切片"的方式来截取其中的一部分。本节我们来介绍一下字符串的"切片"方式。

▼ 语法：

字符串名[m:n]

▼ 说明：

m 是起始字符的下标，n 是结束字符的下标。m 和 n 可以是正数，也可以是负数，不过 n 一定要大于 m。

string[m:n] 表示截取范围为 [m, n)，也就是包含 m 但不包含 n。其中 m 和 n 都可以省略。

- 当省略 n 时，截取的范围为从 m 到字符串结尾位置。
- 当省略 m 时，截取的范围为从字符串起始位置到 n。
- 当同时省略 m 和 n 时，截取范围为整个字符串。

▌举例：正数下标

```
string = "绿叶，给你初恋般的感觉"
print(string[5:7])
```

输出结果如下：

初恋

▌分析：

string[5:7] 表示截取范围为 [5, 7)，也就是包含 5 但不包含 7。一定要注意，截取的下标是从 0 开始的，也就是说 0 表示第 1 个字符，1 表示第 2 个字符，以此类推。实际上，在字符串的各种操作中，凡是涉及下标的，都是从 0 开始的，这与列表的下标是一样的。

这个例子的分析如图 5-1 所示。

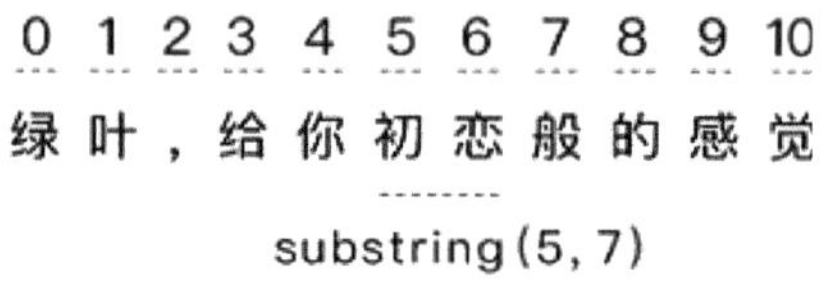

```
 0 1 2 3 4 5 6 7 8 9 10
 绿 叶 ，给 你 初 恋 般 的 感 觉
           substring(5,7)
```

图 5-1

▌举例：负数下标

```
string = "绿叶，给你初恋般的感觉"
print(string[-6: -4])
```

输出结果如下：

初恋

▌举例：[m:]

```
string = "绿叶，给你初恋般的感觉"
print(string[5:])
```

输出结果如下：

初恋般的感觉

▌举例：[:n]

```
string = "绿叶，给你初恋般的感觉"
print(string[:2])
print(string[:-2])
```

输出结果如下：

绿叶
绿叶，给你初恋般的

▌举例：[:]

```
string = "绿叶，给你初恋般的感觉"
print(string[:])
print(string [:]== string)
```

输出结果如下：

绿叶，给你初恋般的感觉
True

▶ 举例：str[m: n] 中的 n 超出字符串长度

```
string = "Hello Python"
print(string[6:11])
print(string[6:12])
print(string[6:15])
print(string[6:20])
print(string[6:])
```

输出结果如下：

```
Pytho
Python
Python
Python
Python
```

▶ 分析：

从这个例子可以看出，当 str[m:n] 中的 n 超出字符串长度时，输出结果与 str[m:] 一样，它们截取的范围都是从 m 到字符串结尾位置。像上面这种情况，我们在写代码的时候不会碰到，也不会这样去写代码。但是在面试的时候，总会碰到各种奇奇怪怪的问题，因此这个知识点还是要了解一下。

有些小伙伴可能会问：Python 提供 str[m:n] 这一种方式不就够了吗，为什么还要提供 str[m:]、str[:n]、str[-m: -n] 这样的方式呢？想要知道为什么，先来看一个例子：

```
string = "Hello java C# php ruby python"
```

对于上面这一句代码，如果想要截取 "python"，单纯使用正数下标就非常麻烦了，因为需要从左到右一个个地数字符的个数。但是使用负数下标（str[-m: -n]）就简单多了。再者，如果想要截取 "java C# php ruby python"，单纯使用正数下标也非常麻烦，使用 str[m:] 这种方式却非常简单。

5.7　替换字符串：replace()

在 Python 中，我们可以使用 replace() 方法来用一个字符串替换另一个字符串中的某一部分。

▶ 语法：

```
字符串名.replace(old, new, n)
```

▶ 说明：

old 是必选参数，表示 "原字符串"。new 也是必选参数，表示 "替换字符串"。n 是一个可选参数，表示替换次数不超过 n。

▶ 举例：

```
string = "I love java!"
result = string.replace("java", "python")
print(result)
```

输出结果如下:

```
I love python!
```

▌分析：

string.replace("java","python") 表示用"python"来替换 string 中的"java"。

▌举例：

```
string = "I love java java java!"
result = string.replace("java", "python")
print(result)
```

输出结果如下:

```
I love python python python!
```

▌分析：

默认情况下，replace() 方法会将字符串中所有符合条件的字符都替换掉，如果只想替换第 1 个或前 n 个字符串，可以使用 replace() 方法的第 3 个参数，修改后的代码如下：

```
string = "I love java java java!"
result = string.replace("java", "python", 1)
print(result)
```

此时输出结果如下:

```
I love python java java!
```

5.8 分割字符串

在 Python 中，我们可以使用 split() 方法把一个字符串分割成一个列表，这个列表中存放的是原字符串的所有字符。有多少个字符，该列表中就有多少个元素。

▌语法：

```
字符串名.split("分割符")
```

▌说明：

split() 方法可以不接收任何参数，也可以接收参数。当它接收分割符作为参数时，分割符可以是一个字符或多个字符。此外，分割符并不作为返回列表的一部分。

▌举例：split(" 分割符 ")

```
string = "红,绿,蓝"
colors = string.split(",")
print(colors)
```

输出结果如下:

```
["红", "绿", "蓝"]
```

▶ 分析：

string.split(",") 表示使用英文逗号作为分割符，最后会得到一个列表 ["红","绿","蓝"]。再把这个列表赋给变量 colors 保存起来。

为什么要将字符串分割成一个列表呢？这是因为很多时候字符串提供的方法能力有限。将其分割为列表之后，我们就可以借助列表的方法来对其进行操作了。

▶ 举例：split()

```
string = "红  绿  蓝"
colors = string.split()
print(colors)
```

输出结果如下：

```
["红", "绿", "蓝"]
```

▶ 分析：

当 split() 方法不接收参数时，默认空格为分割符，而且空格的个数不限。换句话说，split() 方法会把连续的非空格字符当成一个元素来处理。我们再来看两个例子就很好理解了。

▶ 举例：

```
string = "  红**绿  蓝  "
colors = string.split()
print(colors)
```

输出结果如下：

```
["红**绿", "蓝"]
```

▶ 举例：

```
string = "红,绿,蓝"
colors = string.split()
print(colors)
```

输出结果如下：

```
["红,绿,蓝"]
```

▶ 分析：

在这个例子中，string 中没有空格，因此字符串会被当成一个整体，作为列表中的唯一元素。返回的结果就是只有一个元素的列表。这个方法可以很方便地把一个字符串转换为一个列表。

split() 方法在实际开发中用得非常多，小伙伴们一定要重点掌握。当然，在后面的章节中也会大量使用这个方法。

5.9 去除首尾符号

在 Python 中，我们可以使用 strip() 方法去除字符串首尾的指定字符。

▌ **语法：**

字符串名.strip(指定字符)

▌ **说明：**

当 strip() 方法的参数省略时，表示去除字符串首尾的空白符（如空格、换行符等）。当 strip() 方法的参数不省略时，表示去除指定的字符。

如果仅想去除字符串左侧的空白符，可以使用 lstrip() 方法。如果仅想去除字符串右边的空白符，则可以使用 rstrip() 方法。

▌ **举例：strip() 不带参数**

```
title = "  绿叶学习网  "
print("修改前的长度: ", len(title))
result = title.strip()
print("修改后的长度: ", len(result))
```

输出结果如下：

```
修改前的长度: 9
修改后的长度: 5
```

▌ **分析：**

对于 title 这个字符串，"绿叶学习网"首尾都各有两个空格，因此其修改前的长度为 9。

▌ **举例：strip() 带参数**

```
title = "***绿叶学习网***"
print("修改前的长度: ", len(title))
result = title.strip("*")
print("修改后的长度: ", len(result))
```

输出结果如下：

```
修改前的长度: 11
修改后的长度: 5
```

5.10 大小写转换

5.10.1 lower() 和 upper()

在 Python 中，我们可以使用 lower() 方法将字符串中的大写字母转换为小写字母，也可以使用 upper() 方法将字符串中的小写字母转换为大写字母。

▼ **语法**：

字符串名.lower()
字符串名.upper()

▼ **说明**：

lower() 和 upper() 这两个方法不会修改原来的字符串，而是返回一个新的字符串。

▼ **举例**：

```
string = "Hello Python"
result1 = string.lower()
result2 = string.upper()

print("正常:", string)
print("小写:", result1)
print("大写:", result2)
```

输出结果如下：

```
正常: Hello Python
小写: hello python
大写: HELLO PYTHON
```

5.10.2　swapcase()

在 Python 中，我们可以使用 swapcase() 方法将字符串中的大写字母转换为小写字母，同时将字符串中的小写字母转换为大写字母。

▼ **语法**：

字符串名.swapcase()

▼ **说明**：

swapcase() 方法不会修改原来的字符串，而是返回一个新的字符串。

▼ **举例**：

```
string = "Hello Python"
result = string.swapcase()

print("转换前:", string)
print("转换后:", result)
```

输出结果如下：

```
转换前: Hello Python
转换后: hELLO pYTHON
```

5.11 检索字符串

在 Python 中，如果想要判断一个字符串中是否包含另一个字符串，可以使用 3 种方法，如表 5-1 所示。

表 5-1 检索字符串的方法

方法	说明
A.find(B)	判断 A 中是否包含 B
A.startswith(B)	判断 A 是否以 B 开头
A.endswith(B)	判断 A 是否以 B 结尾

5.11.1 find()

在 Python 中，我们可以使用 find() 方法来判断一个字符串中是否包含另一个字符串。

▼ **语法**：

```
A.find(B)
```

▼ **说明**：

使用 find() 方法检索字符串时，如果找到了子字符串，则返回子字符串起始位置的下标；如果没有找到子字符串，则返回 –1。也就是说，如果 find() 方法返回的值不等于 –1，就表示该字符串中包含这个子字符串。

▼ **举例**：

```
title = "绿叶，给你初恋般的感觉"
if title.find("绿叶") != -1:
    print("包含")
else:
    print("不包含")
```

输出结果如下：

```
包含
```

▼ **分析**：

find() 和 index() 这两个方法非常相似，它们都可以获取某个子字符串在字符串中出现的位置。但是两者也有细微的区别：当子字符串不存在时，find() 方法不会报错，而是返回 –1；而 index() 方法则会报错，并且会影响程序的正常执行。

实际上，判断一个字符串中是否包含另一个字符串还有一种更简单的方式：使用 in 运算符。示例如下：

```
title = "绿叶，给你初恋般的感觉"
if "绿叶" in title:
```

```
        print("包含")
else:
        print("不包含")
```

▶ **举例**：

```
string = "I love Python"
print(string.find("python"))
print(string.find("Python"))
print(string.find("Java"))
```

输出结果如下：

```
-1
7
-1
```

▶ **分析**：

对于 string.find("python")，由于 string 中不包含 "python"，因此返回 -1。
对于 string.find("Python")，由于 string 中包含 "Python"，因此返回 "Python" 首次出现时的下标。
对于 string.find("Java")，由于 string 中不包含 "Java"，因此返回 -1。

▶ **举例**：

```
string = "I love Python Java Python"
print(string.find("Python"))
```

输出结果如下：

```
7
```

▶ **分析**：

使用 find() 方法时，如果字符串中有多个符合条件的子字符串，则只会返回其第 1 次出现时的下标。

5.11.2　startswith() 和 endswith()

在 Python 中，我们可以使用 startswith() 方法来判断一个字符串是否以另一个字符串 "开头"，也可以使用 endswith() 方法来判断一个字符串是否以另一个子字符串 "结尾"。

▶ **语法**：

```
A.startswith(B)
A.endswith(B)
```

▶ **说明**：

startswith() 和 endswith() 这两种方法返回的都是布尔值，也就是 True 或 False。

▶ **举例**：

```
string = "Rome wasn't built in a day"
```

```
print(string.startswith("Rome"))
print(string.startswith("rome"))

print(string.endswith("Day"))
print(string.endswith("day"))
```

输出结果如下:

```
True
False
False
True
```

5.11.3 深入了解

实际上，find()、startswith()、endswith() 这 3 种方法还可以接收另外两个参数，它们的完整语法如下。

▶ **语法：**

```
A.find(B, start, end)
A.startwith(B, start, end)
A.startwith(B, start, end)
```

▶ **说明：**

start 和 end 都属于可选参数，start 表示开始下标，end 表示结束下标。如果这两个参数都省略，则表示检索整个字符串。

由于 start 和 end 这两个参数很少用到，因此一般情况下我们只需要记住 A.find(B) 这样的形式就可以了，这样可以大大减轻我们的记忆负担（非常有用）。

▶ **举例：**

```
string = "I love Python Java Python"
print(string.find("Python", 10))
print(string.find("Python", 5, 20))
```

输出结果如下:

```
19
7
```

▶ **分析：**

string.find("Python", 10) 表示检索的范围为从下标 10 到结束下标。string.find("Python", 5, 20) 表示检索的范围为 [5, 20)。在实际开发中，一般很少用到 find() 方法后面的两个参数。

5.12 拼接字符串

在之前的学习中，对于字符串的拼接，大多数情况下是使用 "+" 来实现的。实际上，还有另外两种实现字符串拼接的方式：一种是使用"%s"，另一种是使用 format() 方法。

5.12.1　%s

在 Python，我们可以使用"%s"来实现字符串的拼接，也就是字符串的格式化。

▼ 举例：

```
print("绿叶学习网成立于%s年"%2015)
```

输出结果如下：

绿叶学习网成立于2015年

▼ 分析：

对于这个例子，我们一步步地分析。"绿叶学习网成立于 %s 年"是一个字符串，不过这个字符串中使用了"%s"作为占位符，这个占位符在格式化字符串时会被后面的 2015 填充。注意,"绿叶学习网成立于 %s 年"和 2015 之间要用一个"%"隔开。

▼ 举例：

```
a = 10
b = 5
result = a + b
print("10 + 5 = %s"%result)
```

输出结果如下：

10 + 5 = 15

▼ 分析：

字符串的格式化看似复杂，其实非常简单。小伙伴们只要认真把这两个例子琢磨透，就可以理解了。

5.12.2　format()

format() 是 Python 中新增的一个方法，那么它与 %s 相比，有什么优势呢？下面来详细讲解一下。

▼ 语法：

```
字符串名.format()
```

▼ 举例：

```
print("绿叶学习网成立于{year}年".format(year = 2015))
```

输出结果如下：

绿叶学习网成立于2015年

▎举例：

```
print("{name}成立于{year}年".format(name = "绿叶学习网", year = 2015))
```

输出结果如下：

绿叶学习网成立于2015年

▎分析：

从上面的两个例子中可以很直观地看出，format() 方法是和占位符"{}"结合使用的，然后把 format() 方法中对应参数的内容插入占位符中，如图 5-2 所示。跟 %s 相比，format() 方法更加直观，也更加灵活。

图 5-2

对于上面这个例子，如果我们不想使用变量，也可以像下面这样写：

```
print("{0}成立于{1}年".format("绿叶学习网", 2015))
```

5.13 类型转换

类型转换在"2.6 类型转换"一节中已经介绍过了。不过在 2.6 节中我们只学习了数字和字符串、整数和浮点数之间的转换。在这一节中，我们来学习一下 3 种序列（列表、元组和字符串）之间是怎么相互转换的。

对于序列之间的类型转换，Python 提供了两个函数：list() 和 tuple()。

5.13.1 list()

在 Python 中，我们可以使用 list() 函数将元组或字符串转换为列表。

▎语法：

```
list(seq)
```

▎说明：

seq 可以是序列名，可以是元组名，也可以是字符串名。

▎举例：将元组转换为列表

```
tup = (3, 1, 2, 5, 4)
```

```
result = list(tup)
print(result)
print(type(result))
```

输出结果如下:

```
[3, 1, 2, 5, 4]
<class "list">
```

▼ 举例：将字符串转换为列表

```
string = "Python"
result = list(string)
print(result)
print(type(result))
```

输出结果如下:

```
["P", "y", "t", "h", "o", "n"]
<class "list">
```

▼ 分析：

使用 list() 函数将字符串转换为列表时，字符串的每一个字符会被拆分为列表的一个元素。如果想要把字符串当成一个整体，然后转换成只有一个元素的列表，可以像下面这样做。

▼ 举例：

```
string = "Python"
result = string.split()
print(result)
```

输出结果如下:

```
["Python"]
```

5.13.2 tuple()

在 Python 中，我们可以使用 tuple() 函数将列表或字符串转换为元组。

▼ 语法：

```
tuple(seq)
```

▼ 说明：

seq 是一个序列名。

▼ 举例：将列表转换为元组

```
items = [3, 1, 2, 5, 4]
result = tuple(items)
print(result)
print(type(result))
```

输出结果如下：

```
(3, 1, 2, 5, 4)
<class "tuple">
```

▌举例：将字符串转换为元组

```
string= "Python"
result = tuple(string)
print(result)
print(type(result))
```

输出结果如下：

```
("P", "y", "t", "h", "o", "n")
<class "tuple">
```

▌分析：

使用 tuple() 函数将字符串转换为元组时，字符串的每一个字符会被拆分为元组的一个元素。

最后，将列表或元组转换为字符串的方法，之前的章节中已经介绍过了，小伙伴们可以回忆一下具体是怎么实现的。

5.14 字符串的运算

字符串是可以进行运算的。在 Python 中，字符串有加法和乘法运算，但是没有减法和除法运算。

▌举例：加法

```
result1 = "lvye" + "study"
result2 = "绿叶" + "学习网"
print(result1)
print(result2)
```

输出结果如下：

```
lvyestudy
绿叶学习网
```

▌分析：

将两个字符串相加，其实就是合并两个字符串，也叫作拼接字符串。拼接字符串在实际开发中用得非常多。

▌举例：乘法

```
result1 = "lvye" * 3
result2 = "绿叶" * 3
print(result1)
print(result2)
```

输出结果如下：

```
lvyelvyelvye
```
绿叶绿叶绿叶

▎**分析**：

在 Python 中，字符串只能与正整数相乘，不能与另外一个字符串相乘。

到这里我们就把字符串的相关知识学完了，字符串是 Python 中极其重要的一种数据类型，所以我们对它练习得再多也不为过。因为在实际开发中，大部分数据都是以字符串形式存储的。

5.15 实战题：统计单词的个数

如果有一个字符串"As we know,rome was not bulit in a day."，请统计其中有多少个单词。

实现代码如下：

```
string = "As we know,rome was not bulit in a day."
count = 0
for s in string:
    if s == " " or s == "," or s == ".":
        count = count + 1
print("单词个数为：", count)
```

输出结果如下：

单词个数为: 10

▎**分析**：

统计单词的个数时，我们可以统计空格、逗号、句号的总数，以此得出单词的个数。

5.16 实战题：将首字母转换成大写

有一个字符串"a friend in need is a friend indeed."，请将每一个单词的首字母转换成大写，然后输出转换后的字符串。

实现代码如下：

```
string = "a friend in need is a friend indeed."
result = ""
for i in range(len(string)):
    # 如果是整个字符串的第1个字符
    if i == 0:
        result += string[i].upper()
    else:
        # 如果前一个字符是一个空格
        if string[i-1] == " ":
            result += string[i].upper()
        else:
            result += string[i]
print(result)
```

输出结果如下：

A Friend In Need Is A Friend Indeed.

▌ 分析：

本例的实现思路很简单，除了第 1 个单词，其他单词的前面都有一个空格，我们只需要先找到空格，然后将它的下一个字符转换成大写就可以了。

需要注意的是，字符串是一种不可变的数据类型，也就是说我们无法使用下标的方式修改某一个位置的字符。

5.17 本章练习

一、选择题

1. print(r"\" 绿叶 \" 学习网 ") 这一句代码的输出结果是（   ）。
   A. 绿叶学习网　　　　　　　　　B. " 绿叶 " 学习网
   C. \" 绿叶 \" 学习网　　　　　　D. 程序报错
2. 想要获取字符串中的某一个字符，我们可以使用（   ）来实现。
   A. string[n]　　　　　　　　　　B. count()
   C. split()　　　　　　　　　　　D. index()
3. 下面有一个 Python 程序，其输出结果是（   ）。

   ```
   string = "Rome was not built in a day."
   print(string.find("rome"))
   ```

   A. 0　　　　　　　　　　　　　B. 1
   C. -1　　　　　　　　　　　　　D. 报错
4. 下面有一个 Python 程序，其输出结果是（   ）。

   ```
   string = "只有那些疯狂到以为自己能够改变世界的人，才能真正改变世界。"
   print(string[11: 19])
   ```

   A. 自己能够改变世界　　　　　　B. 己能够改变世界的
   C. 能够改变世界的人　　　　　　D. 够改变世界的人，
5. 下面有一个 Python 程序，其输出结果是（   ）。

   ```
   string = "I am loser, you are loser, all are loser."
   result = string.replace("loser", "hero")
   print(result)
   ```

   A. I am hero, you are hero, all are hero.
   B. I am "hero", you are "hero", all are "hero".
   C. I am hero, you are loser, all are loser.
   D. I am "hero", you are loser, all are loser.

6. 下面有一个 Python 程序，其输出结果是（　　）。

```
string = "hello,world"
result = string[6:11]
print(type(result))
```

A. <class "int">　　　　　　　　　B. <class "list">
C. <class "tuple">　　　　　　　D. <class "str">

二、编程题

1. 请使用至少两种方式获取字符串"Python"中的字符"y"，只需要写出表达式即可，不用编程。其中的字符串名为 string。

2. 输入一个字符串，将字符串按照空格进行分割，然后逐行输出。

3. 输入一个字符串，然后将其字符顺序颠倒。例如输入 abcde，最后输出的是 edcba。

4. 请将字符串"Hello Lvye"中的"e"全部删除，最终得到的结果是"Hllo Lvy"。这里不允许使用字符串的 replace()。

5. 有一个字符串"Can you can a can as a Canner can can a can."，请统计该字符串中字符"c"的个数（不区分大小写），然后输出结果。

第 6 章 字典与集合

6.1 字典是什么？

Python 字典（以下简称字典）类似《新华字典》或《英汉字典》（见图 6-1），使用《新华字典》，我们可以通过"拼音"查找"汉字"，而使用字典，我们可以通过"键"（key）查找"值"（value）。

举个例子，《英雄联盟》游戏中的角色——卡特琳娜的技能（见图 6-2），用字典表示如下：

{"Q"："弹射之刃", "W"："伺机待发", "E"："瞬步", "R"："死亡莲华"}

图 6-1

"Q"、"W"、"E"、"R" 称为"键"，而 " 弹射之刃 "、" 伺机待发 "、" 瞬步 "、" 死亡莲华 " 称为"值"。想要触发"值"，就要先找到"值"对应的"键"，这就需要用到字典。

图 6-2

再来看一个例子，某学校学生表中的姓名与学号用字典表示如下：

{"小杰"：1001, "小兰"：1002, "小明"：1003}

"小杰"、"小兰"、"小明" 就是"键"，而 1001、1002、1003 就是"值"。想要找到学号，则要先找到学号对应的"键"。

字典是由一对对的"键:值"组合而成的。每一个键都与一个值相关联，我们可以通过键来访问与之对应的值，非常简单。

6.2 字典的创建

在 Python 中，我们可以使用大括号"{}"来创建一个字典。

▶ **语法**：

```
字典名 = { 键1:值1, 键2:值2, ... , 键n:值n }
```

▶ **说明**：

字典是由多个键值对组成的。键与值之间用英文冒号隔开，键值对之间用英文逗号隔开。对于字典，有以下 3 点需要说明。
- 键必须是唯一的，字典中不能出现重复的键。
- 键必须是不可变的，其可以是数字、字符串或元组，但不能是列表。
- 值可以是任意的数据类型，包括数字、字符串、列表、元组及字典等。

▶ **举例**：

```
students = {}                                              # 创建一个空字典
students = { "小杰": 1001, "小兰": 1002, "小明": 1003 }    # 创建一个包含3个键值对的字典
```

6.3 基本操作

在 Python 中，字典键值对的基本操作主要有以下 4 种。
- 获取某个键的值。
- 修改某个键的值。
- 添加键值对。
- 删除键值对。

6.3.1 获取某个键的值

在 Python 中，如果想要获取字典中某一个键的值，有两种方式可以实现：一种是使用 get() 方法，另一种是使用 dict[key]。

▶ **语法**：

```
dict.get(key)
dict[key]
```

▶ **说明**：

dict 表示字典名，key 表示键。对 dict.get() 来说，如果字典中存在该键，则返回对应的值；如果字典中不存在该键，则返回 None。

对 dict[key] 方法来说，如果字典中存在该键，则返回对应的值；如果字典中不存在该键，则报错。

▌ 举例：get()

```
students = { "小杰": 1001, "小兰": 1002, "小明": 1003 }
print(students.get("小兰"))
print(students.get("小莉"))
```

输出结果如下：

```
1002
None
```

▌ 举例：dict[key]

```
students = { "小杰": 1001, "小兰": 1002, "小明": 1003 }
print(students["小兰"])
print(students["小莉"])
```

输出结果如下：

```
1001
报错
```

▌ 分析：

在实际开发中，一般更倾向于使用 dict[key] 这种方式来获取某一个键的值。因为这种方式相对于 dict.get(key) 更加简便，也更加直观。

6.3.2 修改某个键的值

如果想要给某一个键赋一个新值，应该怎么做呢？此时可以通过 dict[key] 实现。

▌ 语法：

```
dict[key] = value
```

▌ 举例：修改值

```
students = { "小杰": 1001, "小兰": 1002, "小明": 1003 }
students["小明"] = 6666
print(students)
```

输出结果如下：

```
{ "小杰": 1001, "小兰": 1002, "小明": 6666 }
```

▌ 分析：

在这里，students["小明"]=6666 表示将"小明"这个键的值重新定义为 6666，也就是 1003 被替换成了 6666。

6.3.3 增加键值对

在 Python 中，如果我们想要为字典增加一个新的键值对，也可以使用 dict[key] 这种方式来实现。

▶ **语法**：

```
dict[key] = value
```

▶ **举例：增加新的键值对**

```
students = { "小杰": 1001, "小兰": 1002, "小明": 1003 }
students["小莉"] = 1004
print(students)
```

输出结果如下：

```
{ "小杰": 1001, "小兰": 1002, "小明": 1003, "小莉": 1004 }
```

▶ **分析**：

获取值、修改值、增加键值对都可以使用 dict[key] 这种方式来实现。

6.3.4 删除键值对

在 Python 中，我们可以使用 del 关键字来删除某一个键值对。

▶ **语法**：

```
del dict[key]
```

▶ **说明**：

字典中的键值对可以使用 del 关键字删除。

▶ **举例：删除键值对**

```
students = {"小杰": 1001, "小兰": 1002, "小明": 1003}
del students["小明"]
print(students)
```

输出结果如下：

```
{"小杰": 1001, "小兰": 1002}
```

6.4 获取字典的长度

在 Python 中，我们可以使用 len() 函数来获取字典的长度。字典的长度指的是键值对的个数。

▶ **语法**：

```
len(dict)
```

▶ **举例**：

```
students = {"小杰": 1001, "小兰": 1002, "小明": 1003}
print(len(students))
```

输出结果如下：

```
3
```

6.5 清空字典

在 Python 中，我们可以使用 clear() 方法来清空一个字典。

▌ **语法**：

```
dict.clear()
```

▌ **举例**：

```
students = {"小杰": 1001, "小兰": 1002, "小明": 1003}
students.clear()
print(students)
```

输出结果如下：

```
{}
```

6.6 复制字典

在 Python 中，我们可以使用 copy() 方法来复制一个字典。

▌ **语法**：

```
dict.copy()
```

▌ **说明**：

copy() 方法会返回一个与原字典具有相同键值对的新字典。

▌ **举例**：

```
dict1 = {"小杰": 1001, "小兰": 1002, "小明": 1003}
dict2 = dict1.copy()
print(dict1)
print(dict2)
```

输出结果如下：

```
{"小杰": 1001, "小兰": 1002, "小明": 1003}
{"小杰": 1001, "小兰": 1002, "小明": 1003}
```

▌ **分析**：

需要注意的是，copy() 方法实现的是浅复制，而不是深复制。对于浅复制和深复制，初学者简单了解一下就可以了，不需要深究。等到了 Python 进阶的时候，再去深入了解也不迟。

6.7 检索字典

在 Python 中,我们可以使用 in 运算符来判断某个键是否存在于字典中,也可以使用 not in 运算符来判断某个键是否不存在于字典中。

▶ **语法**:

```
key in dict
key not in dict
```

▶ **说明**:

对于 in,如果键存在于字典中,则返回 True;如果键不存在于字典中,则返回 False。
对于 not in,如果键存在于字典中,则返回 False;如果键不存在于字典中,则返回 True。

▶ **举例**:in

```
students = {"小杰": 1001, "小兰": 1002, "小明": 1003}
print("小兰" in students)
print("小莉" in students)
```

输出结果如下:

```
True
False
```

▶ **举例**:not in

```
students = {"小杰": 1001, "小兰": 1002, "小明": 1003}
print("小兰" not in students)
print("小莉" not in students)
```

输出结果如下:

```
False
True
```

6.8 获取键或值

在 Python 中,如果想要获取字典的所有键或所有值,有 3 种方式可以实现,如表 6-1 所示。

表 6-1 获取键或值的方法

方法	说明
keys()	获取所有的键
values()	获取所有的值
items()	获取所有的键和值

6.8.1 keys()

在 Python 中，我们可以使用 keys() 方法来获取字典中的所有键。

▌ **语法：**

```
dict.keys()
```

▌ **说明：**

在只需要键而不需要值时，keys() 方法非常有用。例如在下面的例子中，只需要学生的名字，而不需要学生的学号。

▌ **举例：**

```
students = {"小杰": 1001, "小兰": 1002, "小明": 1003}
print(students.keys())
print(type(students.keys()))
```

输出结果如下：

```
dict_keys(["小杰", "小兰", "小明"])
<class "dict_keys">
```

▌ **分析：**

从输出结果可以看出，keys() 方法返回的是一个迭代器对象（类似列表）。这种迭代器对象有两个特性：可以使用 list() 函数将其转换成一个列表，可以直接使用 for...in... 循环对其进行遍历。

▌ **举例：转换成列表**

```
students = {"小杰": 1001, "小兰": 1002, "小明": 1003}
keys = list(students.keys())
print(keys)
print(type(keys))
```

输出结果如下：

```
["小杰", "小兰", "小明"]
<class "list">
```

▌ **分析：**

使用 list() 函数可以直接将这种迭代器对象转换成一个列表，以便使用列表的方法或函数来对其进行操作。

▌ **举例：遍历**

```
students = {"小杰": 1001, "小兰": 1002, "小明": 1003}
for name in students.keys():
    print(name)
```

输出结果如下:

小杰
小兰
小明

▼ 分析:

对于这种迭代器对象,我们可以直接使用 for...in... 对其进行遍历,而不需要先将其转换成列表再使用 for...in... 对其进行遍历。

6.8.2 values()

在 Python 中,我们可以使用 values() 方法获取字典中的所有值。

▼ 语法:

```
dict.values()
```

▼ 说明:

在只需要值而不需要键时,values() 方法非常有用。例如在下面的例子中,只需要学生的学号,而不需要学生的名字。

▼ 举例:

```
students = {"小杰": 1001, "小兰": 1002, "小明": 1003}
print(students.values())
```

输出结果如下:

```
dict_values([1001, 1002, 1003])
```

▼ 分析:

从输出结果可以看出,values() 方法返回的是一个可迭代对象(类似列表),该对象包含字典中的所有值。同样地,我们可以使用 list() 函数将其转换成一个列表,或直接使用 for...in... 对其进行遍历。

▼ 举例:转换成列表

```
students = {"小杰": 1001, "小兰": 1002, "小明": 1003}
values = list(students.values())
print(values)
print(type(values))
```

输出结果如下:

```
[1001, 1002, 1003]
<class "list">
```

▼ 举例:遍历

```
students = {"小杰": 1001, "小兰": 1002, "小明": 1003}
for item in students.values():
```

```
        print(item)
```

输出结果如下：

```
1001
1002
1003
```

6.8.3 items()

在 Python 中，我们可以使用 items() 方法来同时获取字典中的键和值。

▼ **语法**：

```
dict.items()
```

▼ **说明**：

items() 方法会返回一个二维的迭代器对象，类似一个二维列表。

▼ **举例**：

```
students = {"小杰": 1001, "小兰": 1002, "小明": 1003}
print(students.items())
```

输出结果如下：

```
dict_items([("小杰", 1001), ("小兰", 1002), ("小明", 1003)])
```

▼ **分析**：

items() 方法会返回一个二维的迭代器对象。同样地，我们可以使用 list() 函数将其转换成一个列表，或直接使用 for...in... 对其进行遍历。

▼ **举例：转换成列表**

```
students = {"小杰": 1001, "小兰": 1002, "小明": 1003}
items = list(students.items())
print(items)
print(type(items))
```

输出结果如下：

```
[("小杰", 1001), ("小兰", 1002), ("小明", 1003)]
<class "list">
```

▼ **举例：遍历**

```
students = {"小杰": 1001, "小兰": 1002, "小明": 1003}
for key, value in students.items():
    result = "键为" + key + ", 值为" + str(value)
    print(result)
```

输出结果如下:

```
键为小杰,值为1001
键为小兰,值为1002
键为小明,值为1003
```

6.9 集合是什么?

6.9.1 集合介绍

Python 中的集合与数学中的集合是一样的。集合与字典非常相似,也是使用大括号"{}"来创建的。但是两者也有本质上的区别:**集合只有值没有键,字典有值也有键**。

▼ **语法**:

集合名 = { 值1, 值2, ... , 值n }

▼ **说明**:

集合是由多个值组成的,两个值之间用英文逗号隔开。对于集合,有以下3点需要说明。
- 集合中不会出现相同的值,如果有相同的值,则只会保留一个。
- 序列(列表、元组、字符串)是有序的,而字典与集合是无序的。
- 由于序列是有序的,因此可以通过下标的方式获取其中的某一个元素,但是字典和集合都不可以。

▼ **举例**:

```
items = set()                # 创建一个空集合
items = {3, 1, 2, 5, 4}      # 创建一个包含5个值的集合
```

▼ **分析**:

空集合不是使用大括号来创建的,因为空字典已经占用了这个符号。想要创建空集合,我们应该使用 set() 函数,这是很重要的一个知识点。

▼ **举例**:

```
items = {3, 1, 2, 2, 5, 4, 4}
print(items)
```

输出结果如下:

```
{ 1, 2, 3, 4, 5 }
```

▼ **分析**:

集合中如果有相同的值,则只会保留一个。从这个例子还可以看出,使用 print() 函数输出一个集合时,集合中的值会从小到大排列(注意是排列,而不是排序,因为集合是无序的)。

6.9.2 基本操作

由于集合是无序的，因此我们不能通过下标来获取其中某一项的值。不过，集合的有些操作与列表的相关操作是相似的，接下来一一介绍一下。

▌ 举例：获取集合长度

```
items = {3, 1 ,2, 5, 4}
print(len(items))
```

输出结果如下：

```
5
```

▌ 举例：判断元素是否在集合中

```
items = {3, 1 ,2, 5, 4}
print(3 in items)
print(10 not in items)
```

输出结果如下：

```
True
True
```

▌ 举例：将集合转换为列表

```
items = {3, 1 ,2, 5, 4}
result = list(items)
print(result)
print(type(result))
```

输出结果如下：

```
[1, 2, 3, 4, 5]
<class "list">
```

▌ 举例：添加元素 add()

```
items = {"红", "绿", "蓝"}
items.add("黄")
items.add("橙")
print(items)
```

输出结果如下：

```
{"红", "绿", "蓝", "黄", "橙"}
```

▌ 举例：删除元素 remove()

```
items = {"红", "绿", "蓝"}
if "绿" in items:
    items.remove("绿")
```

```
print(items)
```

输出结果如下:

```
{"红", "蓝"}
```

▶ **举例**：删除元素 pop()

```
items = {"红", "绿", "蓝"}
items.pop()
print(items)
```

输出结果如下:

```
{"红", "绿"}
```

▶ **举例**：清空集合 clear()

```
items = {"红", "绿", "蓝"}
items.clear()
print(items)
```

输出结果如下:

```
set()
```

6.9.3 集合操作

在数学中，集合的常见操作有 3 种：求交集、求并集、求差集。实际上，Python 中的集合也有这 3 种操作。

▶ **语法**：

```
# 求交集
{} & {}

# 求并集
{} | {}

# 求差集
{} - {}
```

▶ **说明**：

求交集使用的是"&"符号，求并集使用的是"|"符号，求差集使用的是"-"符号。

▶ **举例**：求交集

```
result = {1, 2, 3, 4, 5} & {4, 5, 6}
print(result)
```

输出结果如下:

```
{4, 5}
```

▌举例：求并集

```
result = { 1, 2, 3, 4, 5 } | { 6, 7, 8 }
print(result)
```

输出结果如下：

```
{1, 2, 3, 4, 5, 6, 7, 8}
```

▌举例：求差集

```
result = {1, 2, 3, 4, 5} - {4, 5}
print(result)
```

输出结果如下：

```
{1, 2, 3}
```

6.9.4 应用场景

如果不借助集合，想要实现去重是一件比较麻烦的事。我们可以先看一下常规做法是怎样的。

▌举例：常规做法

```
items = ["red", "red", 1, 1, 2, False]
result = [];
for item in items:
    if item not in result:
        result.append(item)
print(result)
```

输出结果如下：

```
["red", 1, 2, False]
```

▌分析：

这里先定义了一个空数组 result 用于保存结果。接下来遍历列表 items，如果当前元素在 result 中不存在，就把当前元素添加到 result 中。最后得到的 result 就是去重后的列表。

▌举例：set()

```
items_list = ["red", "red", 1, 1, 2, False]
items_set = set(items_list)
result = list(items_set)
print(result)
```

输出结果如下：

```
["red", 1, 2, False]
```

▌分析：

set() 函数可以将一个列表转换为一个集合，set(items_list) 返回的结果是 {"red",1,2,False}。然后使用 list() 函数将一个集合转换为一个列表。这个例子只用下面两句代码就可以实现。

```python
items_list = ["red", "red", 1, 1, 2, False]
print(list(set(items_list)))
```

使用集合来实现列表的去重，比常规做法简单太多了，在实际开发中也更推荐使用这种方式。

到现在为止，我们已经把 Python 中的所有数据类型都学完了。很多小伙伴们可能会觉得平常只会用到数字、字符串等，而其他数据类型却很少用得到，然后就会问了："我们有必要把每一个数据类型都认真掌握吗？"我可以很肯定地说："那是必须的！"

任何数据类型都有自己的适用场景，而我们只是在初学阶段用得不太多而已。大多数人在技术上升期都会遇到瓶颈。之所以会这样，是因为基础不够扎实，或视野不够开阔。为了打牢基础，我们就要把每一种数据类型都牢记于心，这样才能在实际开发中游刃有余。

> 【常见问题】
>
> **列表、元组、字典、集合的方法那么多，我们怎样才能记得住呢？**
>
> 对比或类比是一个虽然简单，但非常有用的方法。我们可以把这些方法放在一起进行对比，这样更容易理解和记忆相关知识。

6.10 实战题：统计数字出现的次数

输入一串数字，然后统计每一个数字出现的次数，并把结果保存到一个字典中。

实现代码如下：

```python
nums = input("请输入一串数字:")
result = {}
for num in nums:
    # 如果当前数字不在字典的键中，就增加一项，并设置其值为1
    if num not in result.keys():
        result[num] = 1
    # 如果当前数字在字典的键中，就将其值加1
    else:
        result[num] += 1
print(result)
```

运行代码之后，输入"19920804"，其输出结果如下：

```
{"1": 1, "9": 2, "2": 1, "0": 2, "8": 1, "4": 1}
```

▶ **分析**：

需要注意的是，input() 函数输入的内容本质上是一个字符串，所以 nums 是一个字符串，而不是一个数字。

6.11 实战题：统计出现次数最多的字母

现在有一个字符串"PythonGoJavaScriptPHP"，请统计其中出现次数最多的字母，这里不区分大小写。

实现代码如下：

```python
string = "PythonGoJavaScriptPHP"
# 转换成小写
string = string.lower()
# 定义一个字典
letters = {}

# 记录字母出现的次数
for char in string:
    if char not in letters.keys():
        letters[char] = 1
    else:
        letters[char] += 1

# 获取出现次数最多的字母
count = max(letters.values())
for key, value in letters.items():
    if value == count:
        print(key)
```

输出结果如下：

```
p
```

▶ 分析：

因为本题不区分大小写，所以我们需要先使用 lower() 方法将字符串中的字母全部转换为小写字母，然后再进行统计。接下来使用字典 letters 来保存字母及其出现的次数，该字典的形式如下：

```
{"a": 1, "b": 2, "c": 3}
```

统计完成之后，我们只需要遍历 letters 这个字典，就可以获取出现次数最多的字母了。这个例子非常有用，请小伙伴们一定要认真理解。

6.12 本章练习

一、选择题

1. 下面有一段 Python 程序，其输出结果是（　　）。

   ```python
   items = {"abc": 123, "def": 456, "ghi": 789}
   print(len(items))
   ```

   A. 3　　　　B. 6　　　　C. 9　　　　D. 12

2. 下面有关字典和集合的说法中，正确的是（　　）。
   A. 可以使用大括号"{}"来定义一个空字典
   B. 可以使用大括号"{}"来定义一个空集合

C. 可以使用下标的方式来获取字典或集合中某一项的值
D. 字典中可以有相同的键
3. 在下面的选项中，不能用于创建一个字典的是（   ）。
A. items = {}
B. items = {1: 2}
C. items = {(4,5,6):"red"}
D. items = {[4,5,6]:"red"}

二、编程题

1. 请写出这 5 种类型的数据的表示方法：空列表、空元组、空字符串、空字典、空集合。
2. 用下面提供的两个列表构建一个字典 items，以列表 keys 中的元素为"键"，以列表 values 中对应位置的元素为"值"。

```
keys = ["a", "b", "c", "d", "e"]
values = [10, 20, 30, 40, 50]
```

3. 下面有一个列表，该列表中的每一个元素都是一个字典。该列表保存的是学生的基本信息。请编写一个 Python 程序，用于获取得分最高的学生的信息。

```
students = [
    {"name": "小杰", "age": 20, "score": 650},
    {"name": "小红", "age": 19, "score": 660},
    {"name": "小明", "age": 21, "score": 635},
    {"name": "小莉", "age": 20, "score": 640},
    {"name": "小华", "age": 19, "score": 625}
]
```

4. 有一个字符串"No pain, no gain."，请统计其中每一个英文字母出现的次数（不区分大小写），并把结果存放到一个字典中。

第 7 章 初识函数

7.1 函数是什么？

在讲解函数的语法之前，先简单介绍一下什么是函数。先来看一个简单的例子。

▼ **举例**：

```
sum = 0
n = 1
while n <= 50:
    sum += n
    n += 1
print(sum)
```

输出结果如下：

```
1275
```

▼ **分析**：

上面这段代码要实现的功能是：**计算 50 以内所有正整数之和**。如果要分别计算"50 以内所有正整数之和"与"100 以内所有正整数之和"，应该怎么实现呢？不少小伙伴们可能会使用下面这种方式：

```
# 计算50以内所有正整数之和
sum1 = 0
n1 = 1
while n1 <= 50:
    sum1 += n1
    n1 += 1
print(sum1)

# 计算100以内所有正整数之和
sum2 = 0
```

```
n2 = 1
while n2 <= 100:
    sum2 += n2
    n2 += 1
print(sum2)
```

那么如果要分别计算 50 以内、100 以内、150 以内、200 以内、250 以内所有正整数之和，此时又该怎么做呢？如果按照上面的方法，就要重复写 5 次相同的代码。

为了减轻这种重复编码的负担，Python 引入了函数这个概念。要计算上面 5 个范围内所有正整数之和，如果使用函数，可以像下面这样写。

▼ **举例**：

```
# 定义函数
def getsum(num):
    sum = 0
    n = 1
    while n <= num:
        sum += n
        n += 1
    print(sum)

# 调用函数，计算50以内所有正整数之和
getsum(50)
# 调用函数，计算100以内所有正整数之和
getsum(100)
# 调用函数，计算150以内所有正整数之和
getsum(150)
# 调用函数，计算200以内所有正整数之和
getsum(200)
# 调用函数，计算250以内所有正整数之和
getsum(250)
```

输出结果如下：

```
1275
5050
11325
20100
31375
```

▼ **分析**：

从上面的代码可以看出，使用函数可以减少大量重复的工作。

函数一般用来实现某一种需要重复使用的功能，在需要使用该功能的时候，直接调用函数就可以了，而不需要编写一大堆重复的代码。在需要修改该函数功能的时候，只需要修改和维护这一个函数的代码，而不会影响其他代码。

函数一般会在两种情况下使用：一种是需要重复使用的功能，另一种是有特定用途的功能。

在 Python 中，如果我们想要使用函数，一般只需要进行简单的两步操作就可以了。

（1）定义函数。

（2）调用函数。

7.2 函数的定义

在 Python 中，函数可以分为两种：一种是没有返回值的函数，另一种是有返回值的函数。不管是哪一种函数，都必须使用 def 关键字来定义。

7.2.1 没有返回值的函数

没有返回值的函数，指的是函数执行完就算了，不返回任何值。

▼ **语法**：

```
def 函数名(参数1，参数2，...，参数n):
    ...
```

▼ **说明**：

在 Python 中，一般使用"缩进"的方式来表示哪一个代码块属于函数。函数一定要用 def 关键字来定义。准确来说，函数其实就是一个可重复使用的、具有特定功能的语句块。

函数与变量非常相似，变量需要取一个名称，而函数也需要取一个名称。在定义函数的时候，函数名不要乱取，尽量取有意义的英文名，以便让人一看就知道这个函数的作用。

函数的参数可以省略（即不写），当然也可以有 1 个、2 个或 n 个参数。如果函数有多个参数，则参数之间用英文逗号隔开。此外，函数的参数个数一般取决于开发时的实际需要。

▼ **举例**：

```
# 定义函数
def getsum(a, b):
    sum = a + b
    print(sum)

# 调用函数
getsum(1, 2)
```

输出结果如下：

```
3
```

▼ **分析**：

这里使用 def 关键字定义了一个名为"getsum"的函数，它用于计算任意两个数之和。函数名是可以随便取的，不过一般取能够表示函数功能的英文名。

def getsum(a,b) 是函数的定义部分，这里的 a、b 是参数（参数名也可以随便取），也叫作"形参"，如图 7-1 所示。那么怎么判断需要多少个参数呢？由于这个函数用于计算任意两个数之和，那肯定就需要两个参数了。

getsum(1,2) 是函数的调用部分，这里的 1、2 也是参数，叫作"实参"，如图 7-2 所示。实际上，函数调用是与函数定义对应的，例如，getsum(1, 2) 就刚好对应 getsum(a, b)，其中 1 对应 a，2 对应 b，因此 getsum(1, 2) 等价于下面的代码：

```
def getsum(1, 2):
    sum = 1 + 2
    print(sum)
```

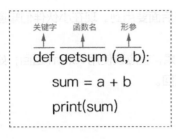

图 7-1

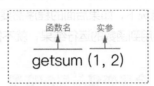

图 7-2

也就是说，函数的调用其实就是把"实参"（即 1 和 2）传递给"形参"（即 a 和 b），然后把函数执行一遍，就这么简单。

在这个例子中，我们可以改变函数调用部分的参数，也就是把 1 和 2 换成其他的数。此外，还需要说明一点：如果函数只有定义部分，却没有调用部分，这是没有意义的。如果只定义函数而不调用函数，那么 Python 就会自动忽略这个函数，也就是不会执行这个函数。函数只有被调用了，才会被执行。

7.2.2 有返回值的函数

有返回值的函数，在执行完后会返回一个值，这个值可以供我们使用。

▶ **语法**：

```
def 函数名(参数1 , 参数2 , ... , 参数n):
    ...
    return 返回值
```

▶ **说明**：

有返回值的函数相对没有返回值的函数来说，只多了一个 return 语句。return 语句就是用来返回结果的。

▶ **举例**：

```
# 定义函数
def getsum(a,b):
    sum = a + b
    return sum

# 调用函数
result = getsum(1, 2) + 100
print(result)
```

输出结果如下：

```
103
```

▌ **分析：**

这里使用 def 关键字定义了一个名为"getsum"的函数，这个函数的功能也是计算任意两个数之和，但本例的 getsum() 函数会返回相加的结果。

为什么要返回相加的结果呢？因为这个相加的结果在后面要用到。现在小伙伴们知道什么时候该用 return，什么时候不用 return 了吧？

一般情况下，如果后面的程序需要用到函数的运行结果，就应该使用 return 返回；如果后面的程序不需要用到函数的运行结果，就不需要使用 return 返回。

7.2.3　全局变量与局部变量

在 Python 中，变量是有一定的作用域（也就是变量的有效范围）的。根据变量的作用域，可以将变量分为以下两种。

- 全局变量。
- 局部变量。

全局变量一般在主程序中定义，其有效范围是整个程序。全局变量在任何地方都可以用。

局部变量一般在函数中定义，其有效范围为整个函数。局部变量只能在函数中使用，在函数外是不能使用在函数内定义的变量的。

▌ **举例：在函数内可以使用全局变量**

```
a = "从0到1"

# 定义函数
def getmes():
    b = a + "系列图书"
    print(b)

# 调用函数
getmes()
```

输出结果如下：

从0到1系列图书

▌ **分析：**

由于变量 a 是在主程序中定义的，因此它是全局变量，在程序的任何地方（包括函数内）都可以使用。由于变量 b 是在函数内部定义的，因此它是局部变量，只能在 getmes() 函数内部使用。

▌ **举例：在函数外不可以使用在函数内定义的变量**

```
a = "从0到1"

# 定义函数
```

```
def getmes():
    b = a + "系列图书"
    print(b)

# 尝试使用函数内的变量b
result = "绿叶学习网" + b
print(result)
```

输出结果如下:

报错

▼ 分析：

这里报错是因为变量 b 是局部变量，只能在函数内使用，不能在函数外使用。如果我们想要在函数外使用在函数内定义的变量，可以使用 return 语句返回该变量的值，实现代码如下。

▼ 举例：

```
a = "从0到1"

# 定义函数
def getmes():
    b = a + "系列图书"
    return b

# 在表达式内调用函数
result = "绿叶学习网" + getmes()
print(result)
```

输出结果如下:

绿叶学习网从0到1系列图书

7.3 函数的调用

如果一个函数只被定义而没有被调用的话，则该函数是不会被执行的（请小伙伴们认真琢磨这句话，非常重要）。我们都知道，Python 代码是从上到下执行的，Python 遇到函数定义部分时会直接跳过（忽略掉），只有遇到函数调用部分时，才会返回去执行函数定义部分的代码。也就是说，函数只有被调用后才有意义。

在 Python 中，调用函数的方式有以下两种。
- 直接调用。
- 在表达式中调用。

7.3.1 直接调用

直接调用是常见的函数调用方式，一般用于调用没有返回值的函数。

▌ **语法：**

函数名(实参1，实参2，...，实参n)

▌ **说明：**

从外观上来看，函数的调用与函数的定义非常相似，大家可以对比一下。一般情况下，函数定义的有多少个参数，函数调用时就有多少个参数。

▌ **举例：**

```
# 定义函数
def getmes():
    print("绿叶学习网")

# 调用函数
getmes()
```

输出结果如下：

绿叶学习网

▌ **分析：**

为什么这里的函数没有参数呢？其实函数不一定必须要有参数。在函数体内不需要用到传递过来的数据时，就不需要定义参数。有没有参数，或有多少个参数，都是根据实际开发需求来决定。

此外还有一点要强调，那就是函数定义部分一定要放到函数调用部分的前面，否则程序就会报错，请看下面的例子。

▌ **举例：**

```
# 调用函数
getmes()

# 定义函数
def getmes():
    print("绿叶学习网")
```

输出结果如下：

报错

7.3.2 在表达式中调用

在表达式中调用，这种方式一般用于调用有返回值的函数，函数的返回值会参与表达式的运算。

▌ **举例：**

```
# 定义函数
def getsum(a,b):
    sum = a + b
```

```
        return sum

# 调用函数
result = getsum(1, 2) + 100
print(result)
```

输出结果如下:

```
103
```

▎**分析**:

从 result=getsum(1, 2)+100 这句代码可以看出,函数是在表达式中调用的。这种调用方式一般只适用于调用有返回值的函数,函数的返回值会作为表达式的一部分参与运算。

7.4 函数参数

7.4.1 形参和实参

在 Python 中,函数的参数分为两种:形参和实参。函数定义中的参数叫作形参(形式上的参数),而函数调用中的参数叫作实参(实际上的参数)。

▎**举例**:

```
getsum(a, b):                    # a和b是形参
    return a + b
result = getsum(10, 20)          # 10和20是实参
print(result)
```

输出结果如下:

```
30
```

▎**分析**:

从名字就可以很容易地区分它们,**形参本质上是一个变量,而实参本质上是一个数值**。我们在调用函数时,其实就是把实参作为值赋给形参。是不是感觉很熟悉?其实这与变量的赋值是一样的。

对于 getsum(10, 20) 来说,它其实就是将 10 赋给 a,将 20 赋给 b,相当于执行下面的代码:

```
a = 10
b = 20
```

7.4.2 参数可以是任何类型

之前我们接触的参数都属于一些基本类型,如数字、字符串等。实际上在 Python 中,所有类

型的数据都可以作为函数的参数,包括列表、元组、字典等。

▌ 举例:将列表作为参数

```
def getmax(nums):
    sum = 0
    for num in nums:
        sum += num
    return sum

nums = [3, 9, 1, 12, 50, 21]
result = getmax(nums)
print(result)
```

输出结果如下:

```
96
```

▌ 分析:

这个例子中定义了一个函数 getmax(),用于求列表中所有元素之和。注意,函数的参数是一个列表。

▌ 举例:将字典作为参数

```
def exchange(d):
    items = []
    for key, value in d.items():
        items.append((key, value))
    return items

students = {"小杰": 1001, "小兰": 1002, "小明": 1003}
result = exchange(students)
print(result)
```

输出结果如下:

```
[("小杰", 1001), ("小兰", 1002), ("小明", 1003)]
```

▌ 分析:

这个例子中定义了一个函数 exchange(),用于将一个字典转换成一个元组型的列表。注意,函数的参数是一个字典。

7.5 嵌套函数

嵌套函数,简单来说就是在一个函数的内部定义另外一个函数。不过在函数内部定义的函数只能在其内部调用,如果在其外部调用,就会出错。

▌ 举例:用于计算阶乘的嵌套函数

```
def fn(a):
```

```
    # 定义内部函数
    def multi(x):
        return x * x
    m = 1
    for i in range(1, multi(a) + 1):
        m = m * i
    return m

sum = fn(2) + fn(3)
print(sum)
```

输出结果如下：

```
362904
```

▎ **分析**：

这个例子中定义了一个函数 fn()，这个函数有一个参数 a。然后在 fn() 内部定义了一个函数 multi()。其中 multi() 作为一个内部函数，只能在函数 fn() 内部使用。

对于 fn(2)，将 2 作为实参传入，此时 fn(2) 等价于下面的代码：

```
def fn(2):
    def multi(2):
        return 2 * 2
    m = 1
    for i in range(1, multi(2) + 1):
        m = m * i
    return m
```

从上面的代码可以看出，fn(2) 实现的是 1×2×3×4，也就是求 4 的阶乘。同理，fn(3) 实现的是 1×2×...×9，也就是求 9 的阶乘。

嵌套函数的功能非常强大，并且与 Python 的重要概念"闭包"有着直接的联系。不过初学者只需要简单了解即可。

7.6 内置函数

7.6.1 内置函数介绍

在 Python 中，函数还可以分为自定义函数和内置函数。自定义函数指的是需要用户自己定义的函数，前面介绍的都是自定义函数。

内置函数指的是 Python 内部已经定义好的函数，也就是不需要用户自己定义的函数，用户可以直接调用这类函数。常见的内置函数如表 7-1 所示。

表 7-1 常见的内置函数

分类	函数	作用
类型转换	int()	转换为整数
	float()	转换为浮点数
	str()	转换为字符串
	list()	转换为列表
	tuple()	转换为元组
	set()	转换为集合
统计	len()	计算长度
	sum()	计算总和
	max()	求最大值
	min()	求最小值
数学计算	abs()	求绝对值
	round()	求四舍五入值
其他	type()	判断数据类型
	print()	输出内容
	input()	输入内容

Python 的内置函数非常多，上表中只列出了常用的内置函数，其他不常用的没有列出来。

其中的两个数学计算函数，下一章会详细介绍，而其他函数我们都已经学习过了，下面再详细介绍一下 len()、sum()、max()、min() 这 4 个统计函数。

7.6.2 统计函数

在 Python 中，sum()、len()、max()、min() 是同一类函数，叫作"统计函数"。它们几乎可以用于所有类型的数据，不过一般不会这样用。对于统计函数，我们需要注意以下 3 点。

- 除了数字类型，len() 可以获取其他所有类型数据的长度，包括序列（列表、元组、字符串）、字典、集合。
- sum()、max()、min() 不仅可以用于列表，还可以用于集合。
- max() 和 min() 可以用于一组数，但是 sum() 不可以用于一组数。

▼ 举例：len()

```
a = ["红", "绿", "蓝"]
b = ("red", "green", "blue")
c = "绿叶学习网"
d = {"小杰": 1001, "小兰": 1002, "小明": 1003}
e = {21, 15, 8}

print(len(a))
print(len(b))
print(len(c))
print(len(d))
```

```
print(len(e))
```

输出结果如下：

```
3
3
5
3
3
```

▶ **举例：用于列表**

```
nums = [12, 6, 6, 9, 15]
print("最大值：", max(nums))
print("最小值：", min(nums))
print("总和：", sum(nums))
```

输出结果如下：

```
最大值：15
最小值：6
总和：48
```

▶ **举例：用于集合**

```
nums = {21, 15, 8}
print("最大值：", max(nums))
print("最小值：", min(nums))
print("总和：", sum(nums))
```

输出结果如下：

```
最大值：21
最小值：8
总和：44
```

▶ **举例：用于一组数**

```
a = max(3, 9, 1, 12, 50, 21)
b = min(3, 9, 1, 12, 50, 21)
print("最大值：", a)
print("最小值：", b)
```

输出结果如下：

```
最大值：50
最小值：1
```

▶ **分析：**

需要注意的是，sum() 函数不能用于求一组数的和，例如当执行 sum(3, 9, 1, 12, 50, 21) 时，程序会报错。

与函数相关的内容是极其复杂的，函数进阶内容包括闭包、装饰器、递归函数、Lambda 表达式等，感兴趣的小伙伴们可以看一下本书的进阶篇《从 0 到 1——Python 进阶之旅》。

7.7 实战题：判断某一年是否为闰年

本书尝试定义一个函数，用来判断任意一个年份是否为闰年。其中闰年的判断条件有以下两个。

- 对于普通年，如果能被 4 整除且不能被 100 整除的是闰年。
- 对于世纪年，能被 400 整除的是闰年。

实现代码如下：

```python
# 定义函数
def is_leap_year(year):
    # 判断闰年的条件
    if (year % 4 == 0) and (year % 100 != 0) or (year % 400 == 0):
        return str(year) + "年是闰年"
    else:
        return str(year) + "年不是闰年"

# 调用函数
print(is_leap_year(2020))
print(is_leap_year(2030))
```

输出结果如下：

```
2020是闰年
2030不是闰年
```

7.8 实战题：冒泡排序

有一个包含 10 个整数的列表：[36, 42, 33, 64, 97, 15, 84, 21, 75, 52]。如果想要将这 10 个整数按从小到大的顺序排列，应该怎么实现呢？对于排序的问题，解决方法非常多，最常见的就是使用冒泡排序法。

实现代码如下：

```python
# 定义函数
def bubble_sort(nums):
    length = len(nums)
    # 冒泡排序法只需要比较length-1次
    for i in range(length-1):
        # 注意这里是length-1-i，而不是length-i，因为数字不需要与自身比较
        for j in range(length-1-i):
            # 如果前一个数比后一个数大，就交换它们的位置
            if nums[j] > nums[j + 1]:
                temp = nums[j]
                nums[j] = nums[j + 1]
                nums[j + 1] = temp
```

```
nums = [36, 42, 33, 64, 97, 15, 84, 21, 75, 52]
# 调用函数
bubble_sort(nums)
print(nums)
```

输出结果如下:

```
[15, 21, 33, 36, 42, 52, 64, 75, 84, 97]
```

▎ **分析:**

上面这个例子会修改原列表的值,如果不希望修改原列表的值,即要函数返回一个新列表,应该怎么实现呢?小伙伴们可以自行思考一下。

7.9 本章练习

一、选择题

1. 如果想要让函数返回一个值,必须使用以下哪个关键字?(　　)。
   A. continue   B. break
   C. return   D. exit

2. 下面有关函数的说法中,正确的是(　　)。
   A. 函数至少要有一个参数,不能没有参数
   B. 函数的实参个数一般与形参个数相同
   C. 在函数内部定义的变量是全局变量
   D. 任何函数都必须有返回值

3. 下面有关函数的说法中,不正确的是(　　)。
   A. 函数的定义不一定要放在函数的调用之前
   B. 函数内部可以再定义一个函数
   C. 在 result = fn() 语句中,fn() 可以没有返回值
   D. 如果函数没有显式地返回一个值,那么默认返回的是 None

4. 下面有一个 Python 程序,其运行结果是(　　)。

   ```
   def fn():
       print(a)
   fn()
   ```

   A. 0   B. 1
   C. None   D. 报错

5. 下面有一个 Python 程序,其运行结果是(　　)。

   ```
   def fn(n):
       return n * n
   result = fn(fn(fn(2)))
   print(result)
   ```

A. 2   B. 64
C. 128   D. 256

6. 下面有关函数的说法中，不正确的是（   ）。

   A. 实参和形参可以同名

   B. 函数可以没有参数

   C. 函数可以没有返回值

   D. 在函数内定义的变量，可以在函数外被调用

7. 如果已定义的函数有返回值，那么下面的说法中不正确的是（   ）。

   A. 函数调用部分可以出现在表达式中

   B. 函数调用部分可以作为另一个函数的实参

   C. 函数调用部分可以作为另一个函数的形参

   D. 函数调用部分可以放在 print() 语句中

8. 下面有关函数参数传递方式的说法中，正确的是（   ）。

   A. 数据只能从实参单向传递给形参

   B. 数据可以在实参和形参之间双向传递

   C. 数据只能从形参单向传递给实参

   D. 数据在实参和形参之间，既可以单向传递，也可以双向传递

二、编程题

1. 输入 5 个不同的整数到一个列表中，然后交换该列表中最大值和最小值的位置，其他元素的位置不变，最后输出交换位置后的列表。请定义一个函数来实现上述操作。

2. 输入 3 个整数，第 1 个是年份，第 2 个是月份，第 3 个是日数，如输入 2022、6、12，然后求这一天是这一年中的第几天。请定义一个函数来实现上述操作。

第 8 章　数学计算

8.1　数学计算简介

任何计算机语言中的数学计算都是非常重要的一部分。实际上，无论是游戏开发（见图 8-1）、动画开发（见图 8-2），还是算法研究，都和数学有着极大的联系。在技术领域，数学往往是决定我们能够走多远的关键。

图 8-1

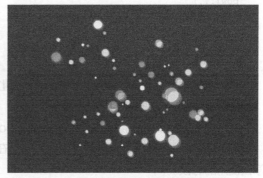

图 8-2

在 Python 中，我们可以引入 math 模块来进行各种数学运算。

▶ 语法：

```
import math
```

▶ 说明：

如果想要使用某一个模块中的方法，我们需要先使用 import 关键字导入这个模块。

math 模块为我们提供了大量的内置数学常量和数学方法，极大地满足了我们在实际开发中的需求。那么 math 模块中都有哪些方法呢？我们可以使用 dir() 函数来查看。

▌ 举例：dir()

```
import math
print(dir(math))
```

输出结果如下：

```
["__doc__", "__loader__", "__name__", "__package__", "__spec__", "acos", "acosh", "asin",
"asinh", "atan", "atan2", "atanh", "ceil", "copysign", "cos", "cosh", "degrees", "e", "erf",
"erfc", "exp", "expm1", "fabs", "factorial", "floor", "fmod", "frexp", "fsum", "gamma", "gcd",
"hypot", "inf", "isclose", "isfinite", "isinf", "isnan", "ldexp", "lgamma", "log", "log10",
"log1p", "log2", "modf", "nan", "pi", "pow", "radians", "sin", "sinh", "sqrt", "tan", "tanh",
"tau", "trunc"]
```

▌ 分析：

dir() 是一个非常有用的函数，我们可以通过它查看任何模块中包含的方法。从上面的输出结果可以看出，math 提供了各类计算方法。如计算乘方，可以使用 pow() 方法。那么怎么知道它们的用法呢？Python 提供了一个 help() 函数，可以让我们查看它们的使用方法。

▌ 举例：help()

```
import math
help(math.pow)
```

输出结果如下：

```
Help on built-in function pow in module math:
pow(...)
    pow(x, y)
    Return x**y (x to the power of y)
```

▌ 分析：

第 1 行的意思是：这里是 math 模块的内置方法 pow() 的帮助信息。

第 3 行是这个方法的调用方式。

第 4 行是这个方法的返回结果，x to the power of y 是说明内容。

dir() 和 help() 这两个函数很有用，特别是在想要查看某个模块中有什么方法，以及这些方法该怎么使用的时候。

math 模块提供了很多方法，本章只会对最常用的几个方法进行介绍。对于其他方法，小伙伴们在实际开发中需要的时候，可以使用 dir() 和 help() 这两个函数进行查看，也可以在网上搜索一下。

【常见问题】

在 Python 中，模块指的到底是什么？

模块就是封装好的代码。每一个以".py"结尾的文件，都可以被看成一个模块。Python 提供了很多内置模块，内置模块指的是 Python 中已经封装好的功能代码，用户只需要引入这个模块，就可以调用该模块的各种方法，而不必自己编写。不同的模块有不同的功能，如 time 模块专门用于处理时间，而 os 模块专门用于操作文件。

> 记住一点，要想使用模块的功能，我们就必须在程序的最开始处使用 import 关键字引入该模块。在接下来的章节中，我们将会接触到各种功能模块。

8.2 求绝对值

在 Python 中，我们可以使用 abs() 函数来求某个值的绝对值。

▼ **语法**：

```
abs(x)
```

▼ **举例**：

```
print(abs(10))
print(abs(-10))
print(abs(-3.14))
```

输出结果如下：

```
10
10
3.14
```

▼ **分析**：

从这个例子可以看出，我们不需要引入 math 模块，就可以调用 abs() 函数。实际上，对于常用的数学计算函数，Python 已经将其做成内置函数，不需要引入 math 模块就能使用。

在 Python 中，与数学计算相关的函数只有两个：abs() 和 round()。也就是说，如果要使用 abs() 和 round()，是不需要引入 math 模块的。

8.3 四舍五入

在 Python 中，我们可以使用 round() 函数来求一个数的四舍五入值。

▼ **语法**：

```
round(x, n)
```

▼ **说明**：

参数 x 是一个数，n 表示保留 n 位小数。如果省略 n，则表示只保留整数部分；如果不省略 n，则表示保留 n 位小数。

▼ **举例**：

```
print(round(3.1415))
print(round(3.1415, 3))
```

输出结果如下:

```
3
3.142
```

> **分析:**

由于 round(3.1415) 没有使用第 2 个参数,因此四舍五入后只会保留整数部分。由于 round(3.1415, 3) 使用了第 2 个参数,因此四舍五入后会保留 3 位小数。

8.4 取整运算

8.4.1 向上取整:ceil()

在 Python 中,我们可以使用 math 模块的 ceil() 方法对一个数进行向上取整操作。向上取整指的是返回大于或等于指定数的最小整数。

> **语法:**

```
math.ceil(x)
```

> **说明:**

math.ceil(x) 表示返回大于或等于 x 的最小整数。

> **举例:**

```
import math

print("math.ceil(3)等于:", math.ceil(3))
print("math.ceil(0.4)等于:", math.ceil(0.4))
print("math.ceil(0.6)等于:", math.ceil(0.6))
print("math.ceil(-1.1)等于:", math.ceil(-1.1))
print("math.ceil(-1.9)等于:", math.ceil(-1.9))
```

输出结果如下:

```
math.ceil(3)等于: 3
math.ceil(0.4)等于: 1
math.ceil(0.6)等于: 1
math.ceil(-1.1)等于: -1
math.ceil(-1.9)等于: -1
```

> **分析:**

从这个例子可以看出:在 math.ceil(x) 中,如果 x 为整数,则返回 x;如果 x 为小数,则返回大于 x 的最接近的那个整数。其分析如图 8-3 所示。

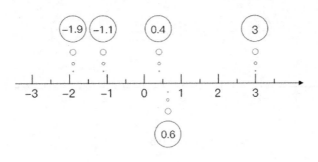

图 8-3

8.4.2 向下取整：floor()

在 Python 中，我们可以使用 math 模块的 floor() 方法对一个数进行向下取整操作。向下取整指的是返回小于或等于指定数的最小整数。

▼ **语法**：

```
math.floor(x)
```

▼ **说明**：

math.floor(x) 表示返回小于或等于 x 的最小整数。ceil() 和 floor() 这两个方法的命名很有意思，ceil 表示"天花板"，也就是向上取整；floor 表示"地板"，也就是向下取整。

在以后的学习中，根据属性或方法的英文意思去理解它们，可以让我们学得更加轻松。

▼ **举例**：

```
import math

print("math.floor(3)等于: ", math.floor(3))
print("math.floor(0.4)等于: ", math.floor(0.4))
print("math.floor(0.6)等于: ", math.floor(0.6))
print("math.floor(-1.1)等于: ", math.floor(-1.1))
print("math.floor(-1.9)等于: ", math.floor(-1.9))
```

输出结果如下：

```
math.floor(3)等于: 3
math.floor(0.4)等于: 0
math.floor(0.6)等于: 0
math.floor(-1.1)等于: -2
math.floor(-1.9)等于: -2
```

▼ **分析**：

从这个例子可以看出：在 math.floor(x) 中，如果 x 为整数，则返回 x；如果 x 为小数，则返回小于 x 的最接近的那个整数。其分析如图 8-4 所示。

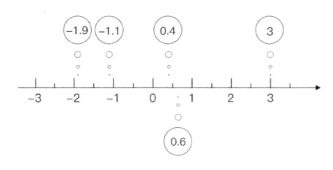

图 8-4

floor() 和 ceil() 这两个方法都是用于取整的，那它们具体怎么用呢？俗话说得好："心急吃不了热豆腐。"学到后面我们就知道了。

8.5 平方根与幂运算

在 Python 中，我们可以使用 math 模块的 sqrt() 方法来求一个数的平方根，也可以使用 math 模块的 pow() 方法求一个数的 n 次幂。

▌ **语法**：

```
math.sqrt(x)
math.pow(x, n)
```

▌ **说明**：

math.sqrt(x) 表示求 x 的平方根，math.pow(x, n) 表示求 x 的 n 次幂。

▌ **举例**：

```
import math

result1 = math.sqrt(16)
result2 = math.pow(2, 3)
print(result1)
print(result2)
```

输出结果如下：

```
4.0
8.0
```

▌ **分析**：

math.sqrt() 和 math.pow() 的运算结果都是一个浮点数。

▌ **举例：幂运算**

```
import math

result1 = math.pow(2, 3)
```

```
result2 = 2 ** 3
print(result1)
print(result2)
```

输出结果如下:

```
8.0
8
```

▼ **分析:**

幂运算有两种实现方式: 一种是使用 math.pow(), 另一种是使用 "**"。对这个例子来说, math.pow(2, 3) 和 2**3 都是求 2 的 3 次幂。

8.6 圆周率

在 Python 中, 我们可以使用 math 模块的 pi 属性来表示圆周率。

▼ **语法:**

```
math.pi
```

▼ **说明:**

在实际开发中, 所有角度都是以"弧度"为单位的。例如 180° 应该写成 math.pi, 而 360° 应该写成 math.pi * 2, 以此类推。对于角度的表示, 在实际开发中推荐大家使用下面这种写法:

```
度数 * math.pi / 180
```

因为这种写法可以让我们一眼就看出角度是多少, 例如:

```
120 * math.pi / 180              # 120°
150 * math.pi / 180              # 150°
```

上面这个技巧非常重要, 在实际运用中遇到如图 8-5 所示的圆周运动, 会经常用到这个技巧, 大家要认真掌握。

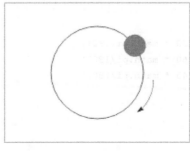

图 8-5

▼ **举例:**

```
import math
print(math.pi)
```

输出结果如下:

3.141592653589793

▌ 分析:

在实际开发中,有些人喜欢用数字(如 3.1415)来表示圆周率。其实这种表示方法是不够精确的,而且可能会导致比较大的计算误差。正确的方法应该是使用 math.pi 来表示圆周率。

8.7 三角函数

在 python 中,math 模块中常用的三角函数如表 8-1 所示。

表 8-1 三角函数

名称	说明
sin(x)	正弦
cos(x)	余弦
tan(x)	正切
asin(x)	反正弦
acos(x)	反余弦
atan(x)	反正切
atan2(x)	反正切

x 表示角度值,用弧度表示,其常用形式为度数 *math.pi/180。对于三角函数,还有以下两点需要说明。

- atan2(x) 与 atan(x) 是不一样的,atan2(x) 能够精确判断角度值对应的是哪一个角,而 atan(x) 不能。因此在进行高级动画的开发时,我们更常用 atan2(x),基本用不到 atan(x)。
- 反三角函数用得很少,使用更多的是三角函数,常用的有 sin()、cos() 和 atan2() 这 3 个。注意这里是 atan2(),而不是 atan() 或 tan()。

▌ 举例:

```
import math

print("sin30°:", math.sin(30 * math.pi/180))
print("cos60°:", math.cos(60 * math.pi/180))
print("tan45°:", math.tan(45 * math.pi/180))
```

输出结果如下:

```
sin30°: 0.49999999999999994
cos60°: 0.5000000000000001
tan45°: 0.9999999999999999
```

▌ 分析:

从输出结果可以看出,计算结果有一定的误差,这是因为 Python 在计算时有一定的精度要求,但是误差非常小，可以忽略不计。

8.8 生成随机数

随机数在实际开发中是非常有用的，可以说随处可见。例如用户在登录一个网站时，很多时候都需要输入一个验证码，这种验证码就是使用随机数实现的，如图8-6所示。

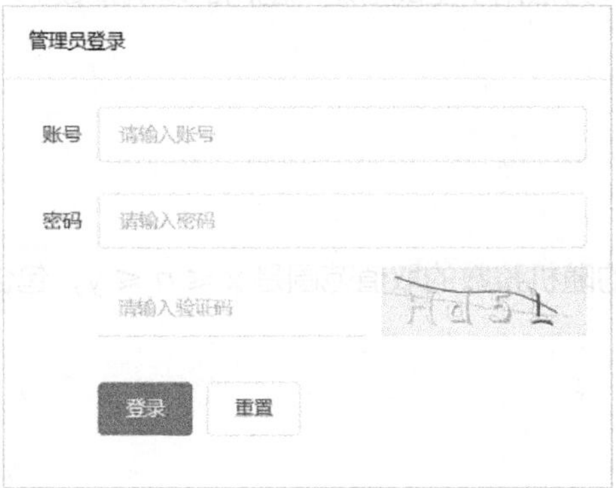

图8-6

又如绿叶学习网（本书配套网站）首页的飘雪效果，雪花出现的位置就是使用随机数来控制的，如图8-7所示。

图8-7

在Python中，我们可以使用random模块来生成各种随机数。下面介绍随机数的使用技巧，这些技巧非常有用，小伙伴们一定要认真掌握。

8.8.1 随机整数

在 random 模块中，想要获取随机整数，我们有两种方法：randint() 和 randrange()。

1. randint()

在 Python 中，randint() 方法用于生成指定范围内的随机整数。

▎ **语法**：

```
random.randint(x, y)
```

▎ **说明**：

randint(x, y) 表示生成的随机整数的取值范围是 $x \leq n \leq y$，包含 x 也包含 y。其中 y 一定要大于或等于 x，否则会报错。

▎ **举例**：

```
import random

print(random.randint(-10,0))
print(random.randint(0,10))
```

输出结果如下：

```
-3
6
```

▎ **分析**：

random.randint(-10,0) 表示生成 -10 ~ 0 的随机整数，random.randint(0,10) 表示生成 0 ~ 10 的随机整数。

如果想要测试 randint(x, y) 的取值范围是否包含 x 和 y，可以看一下下面这个例子。

▎ **举例**：

```
import random

print(random.randint(1,2))
```

输出结果如下：

```
1
```

▎ **分析**：

当我们多次运行上面的代码时，输出结果可能是 1 或 2。这也说明，randint(x, y) 的取值范围是包含 x 和 y 的。

2. randrange()

在 Python 中，randrange() 方法用于在指定范围内，按照一定的"步长"递增生成一个随机整数。

▶ **语法**：

```
random.randrange(x, y, step)
```

▶ **说明**：

randrange() 方法有 3 个参数：x 表示开始值，y 表示结束值，step 表示步长。步长就是间隔，指的是每次循环后变量增加的值。

randrange(x, y, step) 表示生成的随机整数的取值范围是 $x \leq n < y$，包含 x 但不包含 y。此外，x 和 y 必须是整数，不然就会报错。

▶ **举例**：

```
import random
print(random.randrange(0, 10, 2))
```

输出结果如下：

```
2
```

▶ **分析**：

random.randrange(0, 10, 2) 相当于从 [0, 2, 4, 6, 8] 这个列表中随机获取一个元素。注意这里的列表是 [0, 2, 4, 6, 8]，而不是 [0, 2, 4, 6, 8, 10]。

8.8.2 随机浮点数

在 random 模块中，想要获取随机浮点数，我们也有两种方法：random() 和 uniform()。

1. random()

在 Python 中，random() 方法用于生成 0 ~ 1 的随机浮点数。

▶ **语法**：

```
random.random()
```

▶ **说明**：

random() 没有参数，它表示生成的随机浮点数的取值范围是 $0 \leq n < 1$。特别注意一下，这里是不包含 1 的。

▶ **举例**：

```
import random
print(random.random())
```

输出结果如下：

```
0.7966744498415815
```

▌分析：

random() 方法生成的随机浮点数位数比较多，我们可以使用 round() 函数对其进行四舍五入并取前 *n* 位小数。

▌举例：取前 *n* 位小数

```
import random
rnd = random.random()
print(round(rnd, 2))
```

输出结果如下：

```
0.69
```

▌分析：

round(rnd, 2) 表示对 rnd 进行四舍五入并取前两位小数。

2. uniform()

在 Python 中，uniform() 方法用于生成指定范围内的随机浮点数。

▌语法：

```
random.uniform(x, y)
```

▌说明：

uniform(x, y) 表示生成的随机浮点数的取值范围是 x ≤ *n* < y，包含 x 但不包含 y。其中 y 一定要大于或等于 x，否则会报错。

▌举例：

```
import random
print(random.uniform(0, 5))
```

输出结果如下：

```
2.45984326259643466
```

8.8.3 随机序列

在 random 模块中，如果想要对序列进行随机操作，有 3 种方法：choice()、sample() 和 shuffle()。

这里要强调一下，序列并不是某一种数据类型，而是泛指某一类数据类型。在 Python 中，序列包含 3 种：列表、元组和字符串。

1. choice()

在 Python 中，choice() 方法用于从序列中随机获取一个元素。

▌语法：

```
random.choice(seq)
```

▶ **说明**：

参数 seq 表示一个序列（列表、元组或字符串）。

▶ **举例**：

```python
import random

# 用于列表
colors = ["red", "orange", "yellow", "green", "blue"]
print(random.choice(colors))

# 用于元组
nums = (3, 9, 1, 12, 50, 21)
print(random.choice(nums))

# 用于字符串
title = "绿叶学习网，给你初恋般的感觉"
print(random.choice(title))
```

输出结果如下：

```
yellow
50
初
```

2. sample()

在 Python 中，sample() 方法用于从序列中随机获取 n 个元素，然后将它们组成一个列表。sample 是"样本"的意思。

▶ **语法**：

```
random.sample(seq, n)
```

▶ **说明**：

参数 seq 表示一个序列，参数 n 表示获取 n 个元素。sample() 方法生成的列表中，每一个元素的值都是不同的。

▶ **举例**：

```python
import random

# 用于列表
colors = ["red", "orange", "yellow", "green", "blue"]
print(random.sample(colors, 3))

# 用于元组
nums = (3, 9, 1, 12, 50, 21)
print(random.sample(nums, 3))

# 用于字符串
title =" 绿叶学习网，给你初恋般的感觉"
```

```
print(random.sample(title, 3))
```

输出结果如下：

```
["red", "green", "blue"]
[9, 12, 50]
["你", "般", "的"]
```

3. shuffle()

在 Python 中，我们可以使用 shuffle() 方法将一个列表的元素顺序打乱。shuffle 是"混乱"的意思。

▶ **语法**：

```
random.shuffle(list)
```

▶ **说明**：

shuffle() 方法只能用于列表，不能用于元组、字符串等。

▶ **举例**：

```
import random

nums= [3, 9, 1, 12, 50, 21]
random.shuffle(nums)
print(nums)

colors = ["red", "orange", "yellow", "green", "blue"]
random.shuffle(colors)
print(colors)
```

输出结果如下：

```
[9, 3, 1, 21, 50, 12]
["blue", "red", "yellow", "green", "orange"]
```

> 【常见问题】
>
> **对随机数来说，什么情况下包含结束值，什么情况下不包含结束值呢？**
>
> 对于随机数的几个方法，初学者很容易把它们的取值范围搞混。实际上，我们可以这样来记忆：除了 randint() 这一个方法包含结束值外，其他方法都是不包含结束值的。

8.9 实战题：生成随机验证码

随机验证码在实际开发中经常用到，它看似复杂，实则非常简单。我们只需要用前面学到的生成随机数的技巧，然后结合字符串与列表的相关操作就可以轻松实现。

实现代码如下：

```python
import random

# 定义函数
def get_random_code(n):
    string = "abcdefghijklmnopqrstuvwxyzABCDEFGHIJKLMNOPQRSTUVWXYZ1234567890"
    letters = random.sample(string, n)    # 随机选取n个字符
    codes = "".join(letters)              # 连接成字符串
    return codes

# 调用函数
result = get_random_code(4)
print(result)
```

输出结果如下：

Gp9H

▶ **分析：**

这个例子中定义了一个 get_random_code() 函数，用于生成一个有 n 位数的随机验证码。再在 get_random_code() 中使用 random.sample() 从字符串中随机选取 4 个字符，此时得到的 letters 是一个列表。接下来使用 join() 方法将 letters 中的元素连接成一个字符串，这个字符串就是最终的验证码了。

8.10 本章练习

一、选择题

1. round(3.1415, 3) 这一句代码返回的值是（　　）。
   A. 3.141　　　　　　　　　　　B. 3.142
   C. 3.140　　　　　　　　　　　D. 3.1410
2. round(6.66) 这一句代码返回的值是（　　）。
   A. 6　　　　　　　　　　　　　B. 7
   C. 6.6　　　　　　　　　　　　D. 6.7
3. 如果想要从列表中随机获取一个元素，我们可以使用 random 模块中的（　　）方法。
   A. randint()　　　　　　　　　B. random()
   C. choice()　　　　　　　　　　D. shuffle()

二、填空题

请写出下面范围内的 Python 表达式。

（1）0 到 m 之间（不包含 m）的随机整数：_____。

（2）0 到 m 之间（不包含 m）的随机浮点数：_____。

三、编程题

1. 请编写一个程序，用于生成一个有 10 个元素的列表，元素的值是 1 ~ 100 的不重复的

随机数。

2. 请定义一个 get_random_code() 函数，用于生成一个列表，该列表中包含 5 个不重复的验证码，每一个验证码的长度为 4。其中，验证码只能由数字和字母组成（不区分大小写）。

3. 请定义一个 get_random_card() 函数，用于生成一个卡号，该卡号是一个有 10 位数字的字符串。其中，卡号以"520"开头，以"1314"结尾。

4. 请设计一个抽奖游戏，其中中一等奖的概率为 5%，中二等奖的概率为 10%，中三等奖的概率是 20%，剩下的都是安慰奖。

5. 输入一个 n 位整数（n 小于 10），然后计算该整数所有位的数字的和，请定义一个函数来实现该操作。

第 9 章 日期时间

9.1 日期时间简介

在日常工作中，我们经常可以看到各种有关日期时间方面的操作，如网页时钟、在线日历、博客时间等，如图 9-1 和图 9-2 所示。

图 9-1

图 9-2

在 Python 中，处理日期时间的模块有两个：time 和 datetime。

▶ **语法**：

```
import time
```

或

```
import datetime
```

这两个模块都比较重要，接下来详细介绍。

9.2 time 模块

对于日期时间的处理，Python 提供了两个模块：time 和 datetime。本节先来介绍一下 time 模块。

9.2.1 获取日期时间

在 Python 中，我们可以使用 time 模块的各种方法来操作日期时间。

▼ **语法：**

```
time.方法名()
```

▼ **说明：**

time 模块内置的方法非常多，不过常用的只有 3 种，如表 9-1 所示。

表 9-1 time 模块的常用方法

方法	说明
time()	获取时间戳
localtime（时间戳）	将时间戳转换为本地日期时间
strftime（格式化字符串，本地日期时间）	将本地日期时间转换为指定格式的日期时间

时间戳指的是从 1970 年 1 月 1 日 0 分 0 秒开始到当前时间的总秒数。在任何编程语言中，时间戳都是非常有用的。

如果想要使用 time 模块获取当前日期时间，需要进行以下 3 步操作。

（1）用 time() 方法获取时间戳：

```
import time
print(time.time())
```

输出结果如下：

```
1517373548.458503
```

（2）用 localtime() 方法将时间戳转换为本地日期时间：

```
import time
local = time.localtime(time.time())
print(local)
```

输出结果如下：

```
time.struct_time(tm_year=2022, tm_mon=5, tm_mday=20, tm_hour=13, tm_min=14, tm_sec=30, tm_wday=6, tm_yday=136, tm_isdst=0)
```

（3）用 strftime() 方法将本地日期时间转换为指定格式的日期时间

```
import time
local = time.localtime(time.time())
result = time.strftime("%Y-%m-%d", local)
print(result)
```

输出结果如下：

```
2022-05-20
```

9.2.2 格式化日期时间

在 time 模块中，我们可以使用 strftime() 方式对日期时间进行格式化。此处的格式化指的是将日期时间转换为想要的格式（自定义格式）。

其中，strftime 是 "string format time" 的缩写。

▼ **语法**：

```
time.strftime(format, tuple)
```

▼ **说明**：

参数 format 是格式，tuple 是一个元组。format 常用的格式化符号如表 9-2 所示。

表 9-2 格式化符号

符号	说明
%Y	年，如 2022
%m	月，01 ~ 12
%d	日，01 ~ 31
%H	时，00 ~ 23
%M	分，00 ~ 59
%S	秒，00 ~ 59
%a	简写星期，如 Mon、Tues、Web 等
%A	完整星期，如 Monday、Tuesday、Wednesday 等

在实际开发中，我们可以自由组合这些格式化符号，以得到想要的日期时间格式。

▼ **举例：获取完整的时间**

```
import time

local = time.localtime(time.time())
result = time.strftime("现在的日期时间：%Y年%m月%d日 %H:%M:%S %A", local)
print(result)
```

输出结果如下：

```
现在的日期时间：2022年05月20日13:14:30 Friday
```

▌分析：

如果我们想要单独获取年、月、日或时、分、秒，此时应该怎么做呢？其实很简单，我们只需要使用正确的单个格式化符号就可以了。

▌举例：获取年、月、日

```
import time

local = time.localtime(time.time())
year = time.strftime("%Y", local)
month = time.strftime("%m", local)
day = time.strftime("%d", local)

print("年: ", year)
print("月: ", month)
print("日: ", day)
```

输出结果如下：

年: 2022
月: 05
日: 20

▌分析：

想要单独获取年份，strftime() 的第 1 个参数应该是 "%Y"；想要单独获取月份，strftime() 的第 1 个参数应该是 "%m"。

▌举例：获取时、分、秒

```
import time

local = time.localtime(time.time())
hour = time.strftime("%H", local)
minute = time.strftime("%M", local)
second = time.strftime("%S", local)

print("时: ", hour)
print("分: ", minute)
print("秒: ", second)
```

输出结果如下：

时: 13
分: 14
秒: 30

如果我们想要输出"星期五"，而不是"Friday"，应该怎么做呢？我们可以使用一个字典来实现。

▌举例：获取星期数

```
import time
```

```python
weekdays = {
    "Monday": "星期一",
    "Tuesday": "星期二",
    "Wednesday": "星期三",
    "Thursday": "星期四",
    "Friday": "星期五",
    "Saturday": "星期六",
    "Sunday": "星期日"
}
local = time.localtime(time.time())
wd = time.strftime("%A", local)
result = weekdays[wd]
print(result)
```

输出结果如下：

星期五

▶ 分析：

这个例子中定义了一个字典 weekdays。weekdays 的键是英文星期数，值是中文星期数。因此我们只需要获取英文星期数，就可以获取对应的中文星期数了。

9.2.3 struct_time 元组

从上面我们可以知道，使用 time 模块获取日期时间需要进行 3 步操作，其中第 2 步获取的本地日期时间是一个 struct_time 元组。

struct_time 元组中共有 9 个元素：年、月、日、时、分、秒、星期数、一年中的第几日、是否为夏令时。struct_time 元组的属性如表 9-3 所示。

表 9-3 struct_time 元组的属性

属性	说明
tm_year	年，如 2022
tm_mon	月，01 ~ 12
tm_mday	日，01 ~ 31
tm_hour	时，00 ~ 23
tm_min	分，00 ~ 59
tm_sec	秒，00 ~ 59
tm_wday	星期数，0 ~ 6，其中 0 是星期一
tm_yday	一年中的第几日，1 ~ 366
tm_isdst	夏令时

接下来，我们尝试使用 struct_time 元组获取年、月、日，时、分、秒，星期数。

▶ 举例：获取年、月、日

```python
import time
```

```
local = time.localtime(time.time())
year = local.tm_year
month = local.tm_mon
day = local.tm_mday

print("年：", year)
print("月：", month)
print("日：", day)
```

输出结果如下：

年：2022
月：05
日：20

▌ 举例：获取时、分、秒

```
import time

local = time.localtime(time.time())
hour = local.tm_hour
minute = local.tm_min
second = local.tm_sec

print("时：", hour)
print("分：", minute)
print("秒：", second)
```

输出结果如下：

时：13
分：14
秒：30

▌ 举例：获取星期数

```
import time

weekdays = ["星期一", "星期二", "星期三", "星期四", "星期五", "星期六", "星期日"]
local = time.localtime(time.time())
wd = local.tm_wday
print(weekdays[wd])
```

输出结果如下：

星期五

▌ 分析：

这里定义了一个列表 weekdays，用来存储 0 ~ 6 对应的星期数。变量 local 其实就是一个 struct_time 元组，local.tm_wday 用于返回表示当前星期数的数字，通过该数字就可以从 weekdays 中找到对应的星期数了。

对于年、月、日、时、分、秒的获取，如果使用 time 模块，则有两种方式可以实现：一种是格式化符号，另一种是 struct_time 元组。

9.3 datetime 模块

从上一节我们可以知道，使用 time 模块来操作日期时间，这种方式的步骤比较多，使用起来并不是特别方便，那么还有没有更简捷的方式呢？这个时候可以使用 datetime 模块。

time 模块偏向于底层平台，其中的大多数函数会调用本地的 C 链接库。datetime 模块是基于 time 模块的，它对 time 模块进行了封装，提供了更加方便的方法。

datetime 模块中有 3 个核心的类，如表 9-4 所示。

表9-4　datetime 模块中的类

类	说明
datetime	既可以操作日期，也可以操作时间
date	只能操作日期，也就是年、月、日
time	只能操作时间，也就是时、分、秒

由于 datetime 类包含了 date 类和 time 类的功能，因此为了减轻记忆负担，我们只需要掌握 datetime 这一个类就可以了。

▶ **语法：**

```
datetime.datetime.方法名()
```

▶ **说明：**

datetime.datetime.方法名()，注意这两个 datetime 是不一样的。第 1 个 datetime 是模块名，第 2 个 datetime 是该模块内的一个类。

datetime 类有两个方法：一个是 now()，另一个是 strftime()。

9.3.1 获取日期时间

在 Python 中，我们可以使用 datetime 模块的 datetime 类来获取日期时间，主要包括年、月、日，时、分、秒，星期数。

▶ **举例：获取完整的日期时间**

```
import datetime

result = datetime.datetime.now()
print(result)
```

输出结果如下：

```
2022-05-20 13:14:30.596295
```

▶ 分析：

now() 方法获取的是完整的日期时间。如果只希望获取日期，我们可以对 now() 的返回值使用 date() 方法；如果只希望获取时间，我们可以对 now() 的返回值使用 time() 方法。

▶ 举例：获取一部分日期时间

```
import datetime

result = datetime.datetime.now()
d = result.date()                          # 只获取日期
t = result.time()                          # 只获取时间
print(d)
print(t)
```

输出结果如下：

```
2022-05-20
13:14:30.596295
```

▶ 分析：

datetime.date.today() 这样的代码比较冗长，我们可以使用 import datetime as dt 为 datetime 起一个别名"dt"，这样就可以使用 dt 来代替 datetime 了：

```
import datetime as dt
result = dt.datetime.now()
```

实际上，对于 now() 返回的结果，datetime 类提供了 strftime() 方法以便我们对其进行格式化。

▶ 举例：格式化日期时间

```
import datetime as dt

now = dt.datetime.now()
result = now.strftime("现在的日期时间：%Y年%m月%d日 %H:%M:%S %A")
print(result)
```

输出结果如下：

现在的日期时间：2022年05月20日13:14:30 Friday

▶ 分析：

如果我们想要单独获取年、月、日或时、分、秒，只需要使用正确的单个格式化符号就可以了。

▶ 举例：获取年、月、日

```
import datetime as dt

now = dt.datetime.now()
year = now.strftime("%Y")
month = now.strftime("%m")
day = now.strftime("%d")
```

```
print("年:", year)
print("月:", month)
print("日:", day)
```

输出结果如下：

年: 2022
月: 05
日: 20

▌ 举例：获取时、分、秒

```
import datetime as dt

now = dt.datetime.now()
hour = now.strftime("%H")
minute = now.strftime("%M")
second = now.strftime("%S")

print("时:", hour)
print("分:", minute)
print("秒:", second)
```

输出结果如下：

时: 13
分: 14
秒: 30

▌ 举例：获取星期数

```
import datetime as dt

weekdays = {
    "Monday": "星期一",
    "Tuesday": "星期二",
    "Wednesday": "星期三",
    "Thursday": "星期四",
    "Friday": "星期五",
    "Saturday": "星期六",
    "Sunday": "星期日"
}
now = dt.datetime.now()
wd = now.strftime("%A")
result = weekdays[wd]
print(result)
```

输出结果如下：

星期五

9.3.2 设置日期时间

在 Python 中，我们可以使用 datetime 模块的 datetime() 方法来设置日期时间。

▼ **语法**：

```
datetime.datetime(year, month, day, hour, minute, second)
```

▼ **说明**：

对 datetime.datetime() 来说，第 1 个 datetime 是模块名，第 2 个 datetime 是方法名。datetime.datetime() 表示 datetime 模块内的一个 datetime() 方法。

datetime() 方法有 6 个参数：year、month、day 是必选参数，hour、minute、second 是可选参数。

▼ **举例**：

```
import datetime as dt

d = dt.datetime(2022, 5, 20, 13, 14, 30)
print(d)
```

输出结果如下：

```
2022-05-20 13:14:30
```

▼ **分析**：

在实际开发中，对日期时间的处理，我们更推荐使用 datetime 模块，而不是 time 模块。对于 datetime 模块的相关知识，小伙伴们应该重点掌握。

9.4 实战题：自定义日期时间格式

在平常的工作和学习中，我们经常可以看到各种应用采用"今天是 2022 年 05 月 20 日 星期五"这样的方式来显示日期时间，下面我们使用 3 种方式来实现这种自定义格式。

（1）使用 time 模块（非 struct_time 元组）：

```
import time

weekdays = {
    "Monday": "星期一",
    "Tuesday": "星期二",
    "Wednesday": "星期三",
    "Thursday": "星期四",
    "Friday": "星期五",
    "Saturday": "星期六",
    "Sunday": "星期日"
}
local = time.localtime(time.time())
wd= time.strftime("%A", local)
result = time.strftime("今天是%Y年%m月%d日 ", local) + weekdays[wd]
print(result)
```

（2）使用 time 模块（struct_time 元组）：

```
import time
```

```
weekdays = ["星期一", "星期二", "星期三", "星期四", "星期五", "星期六", "星期日"]
local = time.localtime(time.time())
year = local.tm_year
month = local.tm_mon
day = local.tm_mday
wd = local.tm_wday
result = "今天是" + str(year) + "年" + str(month) + "月" + str(day) + "日 " + weekdays[wd]
print(result)
```

输出结果如下:

今天是2022年05月20日 星期五

(3)使用 datetime 模块:

```
import datetime as dt

weekdays = {
    "Monday": "星期一",
    "Tuesday": "星期二",
    "Wednesday": "星期三",
    "Thursday": "星期四",
    "Friday": "星期五",
    "Saturday": "星期六",
    "Sunday": "星期日"
}
now = dt.datetime.now()
t = now.strftime("今天是%Y年%m月%d日 ")
wd = dt.datetime.now().strftime("%A")
result = t + weekdays[wd]
print(result)
```

输出结果如下:

今天是2022年05月20日 星期五

9.5 实战题:计算函数执行时间

本节尝试计算一个函数的执行时间。实现思路很简单:在函数执行前获取一次当前时间戳,然后在函数执行后再获取一次当前时间戳。这两个时间戳之差就是函数的执行时间了。

实现代码如下:

```
import time

# 定义函数
def getsum(n):
    sum = 0
    for i in range(n+1):
```

```
        sum += n
    print(sum)

# 获取开始时的时间戳
start = time.time()
# 调用函数
getsum(10000000)
# 获取结束时的时间戳
end = time.time()

# 获取函数的执行时间
result = end - start
print("函数执行时间为：%s秒"%result)
```

输出结果如下：

100000010000000
函数执行时间为：0.5565450191497803秒

▌ 分析：

如果你的输出结果和上面有一定的出入，也就是有一定的误差，这是很正常的。

9.6 本章练习

一、选择题

1. 在 time 模块中，如果想要将本地日期时间转换为指定格式的日期时间，可以使用（　　）方法。

  A. time()　　　　　B. localtime()　　　　C. strftime()　　　　D. format()

2. 如果当前日期时间为"2022 年 5 月 20 日 星期五"，则下面程序的输出结果为（　　）。

```
import time
local = time.localtime(time.time())
result = time.strftime("%Y-%m-%d %A", local)
print(result)
```

  A. 2022-05-20 Friday　　　　　　　　B. 2022-5-20 Friday
  C. 2022-05-20 星期五　　　　　　　　D. 2022-5-20 星期五

二、编程题

请分别使用 time 模块和 datetime 模块获取当前日期时间，输出格式如下。

2022/05/20　　13:14　　星期五

第 2 部分
提高篇

第 10 章 面向对象

10.1 面向对象是什么？

面向对象本身是比较复杂的，我们不希望一上来就介绍一大堆概念。本章会尽量通俗易懂并循序渐进地介绍面向对象，以便让大家有一个清晰的学习思路。

面向对象大家或多或少都有听说过。实际上，Python 本身就是一门面向对象编程的语言。面向对象是一种编程思想，那怎样才算是面向对象呢？在理解什么是"对象"之前，我们先来了解一下"类"是什么。类和对象，这两个概念是面向对象中最基本也是最重要的概念。

拿现实生活中的例子来说，人类就是一个"类"，每个人就是一个"对象"。类是总体，对象是个体。如图 10-1 所示，人这个类具有以下特点。

- 人的属性：有五官、双手、双腿等。
- 人的方法：会直立行走、会使用工具、会用语言交流等。

图 10-1

拿游戏开发中的例子来说，在《英雄联盟》游戏中，所有英雄角色（简称英雄）都属于一个"类"，每一个英雄就是一个"对象"，如图 10-2 所示。英雄角色这个类具有以下特点。

▸ 英雄的属性：有生命值、魔法值等。
▸ 英雄的方法：可以发起物理攻击、法术攻击等。

图 10-2

想要使用 Python 开发一个类似《英雄联盟》的游戏，如果使用面向过程的方式，那么对于每一个英雄来说，我们都要定义一遍它们的属性和方法。有多少个英雄，就要定义多少次。从这一点可以看出，面向过程这种方式的重复工作量是非常大的。

但是如果使用面向对象的方式，就变得非常简单了。面向对象就是抽象出相同的属性和方法（也叫作"行为"），然后把这些属性和方法封装到一个类中。以后每一个对象只需要继承这个类的属性和方法就可以了，而不需要重复定义。

面向对象就是让软件世界更像现实世界的一种方法，它是对现实世界的一种模仿。实际上，大多数编程语言（包括 Python、Java、C++ 等）都有面向对象的概念，所以小伙伴们一定要认真掌握面向对象的知识。

10.2 类和对象

从上一节我们可以知道，如果想要创建一个对象，则要先定义一个类。在 Python 中，我们可以使用 class 这个关键字来定义一个类。

▸ **语法：**

```
class 类名:
    属性名 = xxx
    def 方法名(self):
        ...
```

▸ **说明：**

对于一个类来说，它一般都具有属性和方法。属性的定义与变量的定义相似，而方法的定义与函数的定义相似。不过在方法的定义中，要求传入 self 作为第 1 个参数，这是语法规定，否则就会报错。

类的定义比较复杂，小伙伴们可以结合下面的例子进行理解。

▼ **举例**：

```python
# 定义一个类
class Hero:
    name = "不祥之刃"
    color = "红色"
    def skill(self):
        print("放大招啦！")

# 实例化对象
h = Hero()
# 调用对象的属性
print(h.name)
# 调用对象的方法
h.skill()
```

输出结果如下：

不祥之刃
放大招啦！

▼ **分析**：

我们都知道，使用函数需要两步：第1步是定义函数，第2步是调用函数。实际上，使用类也需要两步：第1步是定义类，第2步是实例化对象。

这个例子中先使用 class 关键字定义了一个类，这个类的名字叫 Hero。特别注意一点，类名的首字母一定要大写。不过此时只有一个"抽象"的类，没有"具体"的对象。实际上，对象是由类创建的。

h=Hero() 表示使用 Hero 这个类来实例化一个对象，这个对象名叫 h。实例化一个对象也就是创建一个对象，我们一定要搞清楚实例化对象指的是什么。此时，h 这个对象就具有 Hero 类的属性和方法。准确来说，**类和对象之间是通过"实例化"关联起来的**（这句话很重要）。

很多编程语言如 C++、Java 等，对于类的实例化，都需要用到 new 这个关键字。但是在 Python 中，类的实例化是不需要用关键字的。也就是说，h= new Hero() 这种方式是错误的。

如果想要获取对象的属性，或执行对象的方法，我们都可以通过点运算符（.）来实现，语法如下：

```
对象名.属性名
对象名.方法名()
```

像上面这个例子，h.name 表示调用对象的 name 属性，h.skill() 表示调用对象的 skill() 方法。

类和对象是面向对象中最重要的概念。对于类和对象之间的关系，我们可以这样比喻：类就像一个模板，通过这个模板，我们可以做出各种各样的对象，如图 10-3 所示。例如，你可以通过 Hero 类生成一个英雄 A，也可以通过 Hero 类生成一个英雄 B。虽然每个英雄的姓名和皮肤不同，但是它们有共同的特征，那就是都拥有"姓名"和"皮肤"这两个属性。

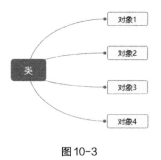

图 10-3

【常见问题】

在 Python 中创建一个类时，类名后面有"()"和没有"()"有什么区别呢？

其实这两者是没有区别的。对于类的创建，下面 3 种形式是等价的：

```
# 形式 1
class A:
    ...

# 形式 2
class A():
    ...

# 形式 3
class A(object):
    ...
```

10.3 构造函数：__init__()

在学习构造函数之前，我们先来看一个例子：

```
# 定义类
class Hero():
    name = "不祥之刃"
    color = "红色"
    def skill(self):
        print("开始放大招啦！")

# 实例化第 1 个对象
h1 = Hero()
print("英雄:" + h1.name + ",皮肤:" + h1.color)

# 实例化第 2 个对象
h2 = Hero()
print("英雄:" + h2.name + ",皮肤:" + h2.color)
```

输出结果如下：

英雄:不祥之刃,皮肤:红色

英雄：不祥之刃，皮肤：红色

▶ **分析：**

这个例子中使用 Hero 类实例化出了两个对象：h1、h2。从输出结果可以看出，h1、h2 这两个对象的 name 属性和 color 属性的取值是一样的。但是在实际开发中，每一个英雄的名字和皮肤都是不一样的，此时又该怎么去实现呢？

在 Python 中，我们可以使用构造函数来为每一个对象定义独特的属性值。

▶ **语法：**

```
class 类名():
    def __init__(self, A, B, C):
        self.A = xxx
        self.B = xxx
        self.C = xxx
    def 方法名(self):
        ...
```

▶ **说明：**

__init__() 就是构造函数。这个函数与普通函数是一样的，只不过它是在类的内部定义的，并且它的名称是固定的。

init 是 "initialization"（初始化）的缩写。其书写方式是：先输入两个下划线（注意是两个，而不是一个），然后输入 init，最后再输入两个下划线。

__init__() 的第 1 个参数必须是 self，这与类的方法的定义是一样的。在构造函数的内部，需要使用 "self.xxx" 这种方式来接收参数，self 指向的就是当前对象。

构造函数的作用为：接收不同的参数，让类具备"模板"功能，从而可以生成不同的对象。这与普通函数传入不同的参数类似。

▶ **举例：**

```
# 定义类
class Hero():
    def __init__(self, name, color):
        self.name = name
        self.color = color
    def skill(self):
        print("开始放大招啦！")

# 实例化第 1 个对象
h1 = Hero("蛇女", "绿色")
print("英雄：" + h1.name + "，皮肤：" + h1.color)

# 实例化第 2 个对象
h2 = Hero("剑圣", "黄色")
print("英雄：" + h2.name + "，皮肤：" + h2.color)
```

输出结果如下：

英雄：蛇女，皮肤：绿色

英雄：剑圣，皮肤：黄色

▼ 分析：

这个例子中使用构造函数 __init__() 为每一个对象初始化了两个属性：name 和 color。在 __init__() 中，self 指向的是当前实例化对象。例如，执行 h1 = Hero("蛇女","绿色") 之后，self 指向的是 h1 这个对象；而执行 h2 = Hero("剑圣","黄色") 之后，self 指向的是 h2 这个对象。

对于构造函数，我们只需要记住一句话就可以了：**构造函数用于接收不同的参数，让类可以生成不同的对象。**

10.4 类属性和实例属性

在学习类属性和实例属性之前，我们先来看一个简单的例子：

```
class Hero:
    title = "LOL英雄"
    def __init__(self, name, color):
        self.name = name
        self.color = color
    def skill(self):
        print("放大招啦！")
```

在这个例子中，title 是类属性，而 name 和 color 是实例属性。一般来说，直接在类中定义的属性（变量）就是类属性，只有在构造函数 __init__() 中使用 self 关键字定义的属性才是实例属性（又叫对象属性）。我们一定要清楚，**一个实例就是一个对象。**

▼ 举例：类属性

```
class Hero:
    title = "LOL英雄"

h1 = Hero()
h2 = Hero()

print(h1.title)
print(h2.title)
print(Hero.title)
```

输出结果如下：

LOL英雄
LOL英雄
LOL英雄

▼ 分析：

上面的这个 title 是类属性，而不是实例属性，因为它是在类中直接定义的。从输出结果可以看出，虽然类属性归类所有，但是类的所有实例都可以访问它。

想要访问类属性，不建议使用"实例名 . 类属性"的方式，而应该使用"类名 . 类属性"的方式。

例如在上面这个例子中，虽然 h1.title 和 h2.title 都可以访问类属性，但是在实际开发中并不建议使用这种不规范的方式，而应该使用 Hero.title 这种方式。

▶ 举例：类属性和实例属性同名

```
class Hero:
    name = "LOL英雄"
    def __init__(self, name, color):
        self.name = name
        self.color = color
    def skill(self):
        print("放大招啦！")

h1 = Hero("卡西奥佩娅", "绿色")
print(h1.name)
```

输出结果如下：

卡西奥佩娅

▶ 分析：

这个例子中先定义了一个名为 name 的类属性，然后在 __init__() 内定义了一个同名的实例属性。从输出结果可以看出，实例属性会覆盖类属性。因此在实际开发中，不要对类属性和实例属性使用相同的名字。

▶ 举例：在实例中访问类属性

```
class Hero:
    title = "LOL英雄"
    def skill(self):
        print(Hero.title)
        print(self.__class__.title)

h1 = Hero()
h1.skill()
```

输出结果如下：

LOL英雄
LOL英雄

▶ 分析：

在实例中访问实例属性很简单，直接使用 self.xxx 就可以了。不过若想要在实例中访问类属性，就不应该使用 self.xxx 方式了，而应该使用"类名.类属性"或"self.__class__.类属性"的方式。

大多数情况下我们只会用到实例属性，那么类属性到底有什么用呢？先来看一个简单的例子。

▶ 举例：统计实例的个数

```
class Hero():
    count = 0
```

```
        def __init__(self, name, color):
            self.name = name
            self.color = color
            self.__class__.count += 1

h1 = Hero("卡西奥佩娅", "绿色")
h2 = Hero("易", "黄色")
print(Hero.count)
```

输出结果如下：

```
2
```

▼ **分析：**

这个例子中定义了一个类属性 count 用于统计实例的个数。构造函数 __init__() 有一个特点，就是在实例化一个对象的同时，该函数会自动执行一次，因此我们可以使用类属性 count 来统计实例的个数。此外，self.__class__.count += 1 等价于 Hero.count += 1。

最后，对于类属性和实例属性，我们可以总结出以下 3 点。

- ▶ 实例属性归各个实例所有，互不干扰。
- ▶ 类属性归类所有，所有实例共享同一个属性。
- ▶ 不要对实例属性和类属性使用相同的名字，否则实例属性会覆盖类属性。

10.5 类方法和实例方法

在 Python 中，我们可以使用 @classmethod 关键字来定义一个类方法。

▼ **语法：**

```
@classmethod
def 方法名(cls):
    ...
```

▼ **说明：**

在定义类方法时，需要在最前面加上 @classmethod。类方法的第 1 个参数是 cls，cls 只是一个参数名，我们可以使用任意名称，不过为了规范表述，还是建议使用 cls。

▼ **举例：**

```
class Hero:
    count = 0
    def __init__(self, name, color):
        self.name = name
        self.color = color

        # 定义实例方法
        def skill(self):
            print(self.name + "放大招啦！")
```

```
    # 定义类方法
    @classmethod
    def getcount(cls):
        cls.count += 1
        print(cls.count)

h1 = Hero("卡西奥佩娅", "绿色")
h1.skill()
Hero.getcount()

h2 = Hero("易", "黄色")
h2.skill()
Hero.getcount()
```

输出结果如下：

```
卡西奥佩娅放大招啦！
1
易放大招啦！
2
```

▌ 分析：

虽然实例方法可以操作类属性，但是并不建议这样做。类方法就是专门用来操作类属性的。注意，实例方法关联的是实例属性，类方法关联的是类属性。

10.6 静态方法

在 Python 中，我们可以使用 @staticmethod 关键字来定义一个静态方法。

▌ 语法：

```
@staticmethod
def 方法名():
    ...
```

▌ 说明：

在定义静态方法时，需要在最前面加上 @staticmethod，其定义部分与普通函数的定义部分是一样的。

类方法和实例方法都需要强制传入指定的参数，其中类方法需要传入"cls"作为第 1 个参数，而实例方法需要传入"self"作为第 1 个参数。但是静态方法不需要强制传入任何参数。

▌ 举例：

```
class Hero():
    count = 0
    def __init__(self, name, color):
        self.name = name
        self.color = color
```

```python
    # 定义实例方法
    def skill(self):
        print(self.name + "放大啦！")

    # 定义类方法
    @classmethod
    def getcount(cls):
        cls.count += 1
        print(cls.count)

    # 定义静态方法
    @staticmethod
    def add(x, y):
        print(x + y)

h1 = Hero("卡西奥佩娅", "绿色")
# 调用静态方法
Hero.add(1,2)
h1.add(1,2)
```

输出结果如下：

```
3
3
```

▼ **分析**：

从这个例子可以看出，类或实例都可以调用静态方法。Hero.add(1, 2) 通过类名来调用静态方法，而 h1.add(1, 2) 通过实例名来调用静态方法。

静态方法其实与普通函数差不多。在实际开发中并不建议经常使用静态方法，这是因为静态方法与面向对象的关联性非常弱。

10.7 继承

在实际开发中，我们可能会碰到这样的情况：需要定义多个类，但是这些类中有一部分属性和方法是相同的。也就是说，对于这些相同的属性和方法，我们在每个类中都要定义一遍。

在 Python 中，我们可以把这些相同的属性和方法提取成一个父类，然后让子类去继承父类，这样就不用写那么多重复的代码了。例如有两个类：Teacher 和 Student。这两个类中都有"人"的共同特征，我们可以把这两个类中的相同部分提取出来，然后将其定义成一个 Human 类，之后再让 Teacher 和 Student 这两个类去继承 Human 类。

▼ **语法**：

```
class 子类名(父类名):
    ...
```

▼ **说明**：

想要让子类继承父类的属性和方法，只需要在类名后面加上一个"()"，并在"()"内写上父类的名称就可以了。这和函数的调用是十分相似的。

▶ **举例：**

```python
# 定义父类
class Human:
    type = "人类"
    def walk(self):
        print("直立行走")

# 定义子类，并继承父类
class Student(Human):
    def __init__(self, name, age):
        self.name = name
        self.age = age
    def getname(self):
        print(self.name)

# 实例化对象
s = Student("小明", 24)
print(s.type)
s.walk()
```

输出结果如下：

人类
直立行走

▶ **分析：**

这个例子中定义了两个类：Human 和 Student。Student 类继承了 Human 类。s = Student("小明", 24) 表示实例化一个 Student 对象，我们看到 s 可以调用父类的 type 属性和 walk()。

当然了，我们也可以让多个子类去继承同一个父类，请看下面的例子。

▶ **举例：**

```python
# 定义父类
class Human:
    type = "人类"
    def walk(self):
        print("直立行走")

# 定义子类
class Student(Human):
    def __init__(self, name, age):
        self.name = name
        self.age = age
    def getname(self):
        print(self.name)

# 定义子类
```

```
class Teacher(Human):
    def __init__(self, name, course):
        self.name = name
        self.course = course
    def getname(self):
        print(self.name)

# 实例化Student对象
s = Student("小明", 24)
print(s.type)
s.walk()

# 实例化Teacher对象
t = Teacher("邓老师", 24)
print(t.type)
t.walk()
```

输出结果如下:

人类
直立行走
人类
直立行走

▼ 分析:

从输出结果可以看出，Student 和 Teacher 这两个类都继承了 Human 类，所以它们实例化出来的对象都拥有 Human 类的 type 属性和 walk() 方法。

10.8 实战题：封装一个矩形类

定义一个矩形类 Rect，它有两个属性: width、height。它还有两个方法: getGirth() 和 getArea()。其中 getGirth() 方法用于获取矩形的周长，getArea() 方法用于获取矩形的面积。

实现代码如下:

```
# 定义类
class Rect:
    def __init__(self, width, height):
        self.width = width
        self.height = height
    def getGirth(self):
        girth = (self.width + self.height) * 2
        return girth
    def getArea(self):
        area = self.width * self.height
        return area

# 实例化对象
rect = Rect(10, 20)
print("周长: ", rect.getGirth())
```

```
print("面积:", rect.getArea())
```

输出结果如下：

周长: 60
面积: 200

10.9 实战题：封装一个时间类

在"第9章 日期时间"中，获取常用的日期时间有时会比较烦琐。接下来我们尝试封装一个 mytime 类，用于快速获取想要的日期时间。

实现代码如下：

```
import datetime as dt

now = dt.datetime.now()
# 定义类
class Mytime:
    # 年
    @classmethod
    def getyear(cls):
        return now.strftime("%Y")

    # 月
    @classmethod
    def getmonth(cls):
        return now.strftime("%m")

    # 日
    @classmethod
    def getday(cls):
        return now.strftime("%d")

    # 时
    @classmethod
    def gethour(cls):
        return now.strftime("%H")

    # 分
    @classmethod
    def getminute(cls):
        return now.strftime("%M")

    # 秒
    @classmethod
    def getsecond(cls):
        return now.strftime("%S")

    # 星期数
```

```python
    @classmethod
    def getweekday(cls, style):
        weekdays = {
            "Monday": "星期一",
            "Tuesday": "星期二",
            "Wednesday": "星期三",
            "Thursday": "星期四",
            "Friday": "星期五",
            "Saturday": "星期六",
            "Sunday": "星期日"
        }
        if style == "en":
            return now.strftime("%A")
        if style == "ch":
            return weekdays[now.strftime("%A")]

    # 完整的日期时间
    @classmethod
    def getfulltime(cls, style):
        dt = ""
        if style == "en":
            dt = now.strftime("%Y-%m-%d %H:%M:%S ") + Mytime.getweekday("en")
        if style == "ch":
            dt = now.strftime("%Y-%m-%d %H:%M:%S ") + Mytime.getweekday("ch")
        return dt

# 调用类方法
result = Mytime.getfulltime("ch")
print(result)
```

输出结果如下：

2022-05-20 13:14:30星期五

▼ 分析：

mytime 类的各种日期时间（如时、分、秒等）可以自由组合，也可以快速获取常用的完整日期时间。

10.10　本章练习

一、选择题

1. 下面的说法中，不正确的是（　　）。
   A．实例方法在定义的时候可以没有参数
   B．类就是对现实世界中一些事物的封装
   C．属性是类的特征，方法是类的行为
   D．在游戏开发中，使用更多的是面向对象的开发，而不是面向过程的开发

2. 在 Python 中，对类属性正确的访问方式是（　　）。
   A. 对象名.属性名
   B. 对象名.属性名()
   C. 类名.属性名
   D. 类名.属性名()
3. 下面有关静态方法和类方法的说法中，不正确的是（　　）。
   A. 静态方法没有 self 参数，可以被类直接调用
   B. 静态方法就是类中的一个普通函数
   C. 类方法在定义时需要用到 self 参数
   D. 实例可以调用类方法
4. 下面有关构造函数的说法中，不正确的是（　　）。
   A. 构造函数的名字是：__init__
   B. 实例化对象时，会自动调用构造函数
   C. 构造函数可以同时传递多个参数
   D. 构造函数在定义的时候可以没有参数
5. 下面有一个 Python 程序，其输出结果是（　　）。

```
class People:
    name = "Jack"
    def __init__(self, name, age):
        self.name = name
        self.age = age
p = People("Tony", 24)
print(p.name)
```

   A. "Jack"
   B. "Tony"
   C. name
   D. 报错

二、编程题

定义一个类 InputOutput，其中包含两个方法：一个是 getString()，用于获取原始的字符串；另一个是 printString()，用于将接收的字符串以大写的方式输出。

第 11 章 包与模块

11.1 包和模块简介

11.1.1 包是什么？

在 Python 中，一个包就是一个文件夹，只不过该文件夹中必须要有一个名为 __init__.py 的文件。__init__.py 用于标识当前文件夹是一个包。

在实际开发中，通常情况下我们会创建多个包用于存放不同的文件，以方便管理。例如在开发一个网站时，可能会创建图 11-1 所示的目录结构。

在图 11-1 中，先创建了一个名为 app 的包，然后在该包下创建了 admin、home、template 子包；最后在每个子包中又创建了相应的模块。

创建一个包，就是创建一个文件夹。不过我们一定要记住：**一个包中必须要存在一个名为 __init__.py 的文件**。在 __init__.py 文件中，可以不编写任何代码，也可以编写一些 Python 代码。注意，__init__.py 文件中的代码，在导入包的时候会被自动执行。

举个简单的例子，我们在当前项目中新建一个名为 style 的文件夹，然后在该文件夹中创建一个空的 __init__.py 文件。这样一个包就创建好了，如图 11-2 所示。

图 11-1

图 11-2

11.1.2 模块是什么？

对于模块，我们在前面的章节中已经接触过很多了，如有关日期时间的 time 模块、有关数学运算的 math 模块、有关操作文件的 os 模块等。模块就是封装好的代码。每一个扩展名为".py"的文件，都可以被看成一个模块。

在前面创建的 style 包中，我们可以手动创建几个模块，如图 11-3 所示。此时，style 包中就包含了两个模块，分别是 font 模块与 img 模块。

图 11-3

11.2 自定义包

上一节中自定义了一个名为 style 的包，这个包中有两个模块：font 和 img。本节介绍怎么使用自定义的包。

在 Python 中，如果想要从包中加载某个模块，我们有以下 4 种方式。

▶ **语法**：

```
# 方式1
import 包名.模块名
# 方式2
import 包名.模块名 as 定义名

# 方式3
from 包名 import 模块名
# 方式4
from 包名 import 模块名 as 定义名
```

▶ **说明**：

这 4 种方式都用了 import 语句。接下来我们来看一下这 4 种方式是怎么使用的。

首先，在 font.py 文件中添加如下两行代码：

```
size = 12
color = "red"
```

然后，在当前项目中新建一个 test.py 文件，接着利用 test.py 文件导入 style 包。这里一定要注意，test.py 文件和 style 包是位于同一个目录下的，如图 11-4 所示。

▶ **举例**：

```
# 方式1
import style.font
print(style.font.size)

# 方式2
import style.font as sf
```

图 11-4

```
print(sf.size)

# 方式3
from style import font
print(font.size)

# 方式4
from style import font as sf
print(sf.size)
```

▌ **分析：**

上面 4 种方式是等价的，都表示导入 style 包中的 font 模块。其中方式 2 和方式 4 还将 font 模块重新命名为 sf 了。当模块名比较长的时候，我们就可以使用这种重命名的方式。当然了，不管是导入自定义包，还是导入第三方包，我们都可以用这 4 种方式。

如果只导入了包，而没有导入包中的模块，能不能使用这个包中的模块呢？例如采用下面这种方式：

```
import style
print(style.font.size)
```

实际上，这样是行不通的。我们一定要把包中的模块导进来，才可以使用这个模块的功能，大家一定要记住这一点。

最后还有一个问题：在上面这个例子中，当前程序所在的 .py 文件与包位于同一目录中，如果想要使任何目录中的 .py 文件都能导入这个自定义包，应该怎么实现呢？这个时候就要使用 Python 发布包和安装包的功能了。由于在实际开发中我们很少会这样做，这里就不展开介绍了。

11.3 自定义模块

上一节介绍的是自定义包，但是在实际开发中，很多时候只需要用自定义模块就可以满足我们的开发需求了。本节介绍怎么使用自定义模块。

在 Python 中，自定义模块有两个作用：一是提高代码的可读性和可维护性；二是方便其他程序使用编写好的代码，提高开发效率。

在 Python 中，想要自定义模块，一般需要进行两步操作：（1）创建模块，（2）导入模块。

从上一节可以知道，一个模块就是一个 .py 文件。因此创建一个模块，就是创建一个 .py 文件。对于模块的导入，在 Python 中，我们有以下 3 种常用方式。

▌ **语法：**

```
# 方式1
import 模块名

# 方式2
import 模块名 as 定义名

# 方式3
```

```
from 模块名 import 变量名、函数名或类名
```

▶ **说明**：

导入模块的方式与导入包的方式非常相似。当然了，不管是导入自定义模块，还是导入内置模块或第三方模块，我们都可以使用这 3 种方式。

▶ **举例**：导入内置模块

```
# 方式1
import math
print(math.pow(2, 3))

# 方式2
import math as mt
print(mt.pow(2, 3))

# 方式3
from math import pow
print(pow(2, 3))
```

▶ **分析**：

上面 3 种方式是等价的。对于方式 3，当我们从模块中导入函数时，不需要添加前缀 "math." 了。当然了，我们也可以一次性导入模块中的所有变量、函数或类，只需要像下面这样写：

```
from 模块名 import *
```

上面这种方式只能用于导入模块中的所有变量、函数或类，但是不能用于导入包中的所有模块，这一点大家要记住。

此外，如果想要一次性导入多个模块，可以这样写：

```
import 模块1, 模块2, ... , 模块n
```

▶ **举例**：导入自定义模块

```
import font
print(font.size)
print(font.color)
```

输出结果如下：

（报错）ModuleNotFoundError: No module named "font"

▶ **分析**：

运行代码之后，编辑器会报错。从报错信息可以知道，编辑器找不到名为 "font" 的模块。实际上，我们需要把模块放到特定的目录位置，否则就会报错。

那么特定的目录位置具体是哪里呢？我们可以使用 sys 模块的 path 变量来获取该位置。

```
import sys
print(sys.path)
```

输出结果如下：

```
["C:\\Users\\hasee\\Lib\\idlelib", "C:\\Users\\hasee\\python37.zip", "C:\\Users\\hasee\\DLLs", "C:\\Users\\hasee\\lib", "C:\\Users\\hasee", "C:\\Users\\hasee\\lib\\site-packages"]
```

如果导入的模块不在上面这些目录中，就会报错。对于自定义的模块，推荐使用这样的方式添加指定的目录到 sys.path 中：先在 Python 安装目录下的"Lib\site-packages"子目录中创建一个扩展名为".pth"的文件，这里创建一个 mypath.pth 文件，然后在 mypath.pth 文件中添加要导入的模块所在的目录。

例如 font.py 的完整路径为"D:\python-test\style\font.py"，此时在 mypath.pth 文件中添加的代码应该这样写：

```
D:\python-test\style\font
```

添加完成之后，必须重启编辑器，修改才能生效。然后测试一下，就会发现不再报错了。

最后特别说明，一定要重点掌握导入包或模块的方式，因为不管是导入自定义包或模块，还是导入第三方包或模块，我们都可以使用这些方式，而且用得非常多。

11.4 以主程序形式执行

在学习主程序形式之前，我们先来看一个简单的例子。先在当前项目中创建一个名为"test"的包，然后在这个包里创建一个模块 a.py，如图 11-5 所示。

a.py 代码如下：

```
def add(x, y):
    return x + y
print("第1次测试: ", add(1, 2))
print("第2次测试: ", add(3, 4))
```

test.py 代码如下：

```
import a
print(a.add(5, 6))
```

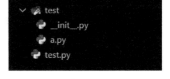

图 11-5

运行 a.py 之后，输出结果如下：

```
第1次测试: 3
第2次测试: 7
11
```

这显然不是我们想要的结果，输出结果应该只有 11 才对，但是这里把 a 模块中的测试部分也执行了。想要避免 a 模块中的测试部分被执行，就应该使用主程序形式，修改后的 test.py 代码如下：

```
def add(x, y):
    return x + y
if __name__ == "__main__":
    print("第1次测试: ", add(1, 2))
    print("第2次测试: ", add(3, 4))
```

再次运行 a.py，此时输出结果如下：

11

在 Python 中，主程序形式使用的是下面这种语法格式。

▌ **语法**：

```
if __name__ == "main":
    ...
```

▌ **说明**：

__name__ 是一个内置变量，用于表示当前模块的名字。如果在当前 .py 文件中执行下面这句代码，输出的结果就是"__main__"：

```
print(__name__)
```

if __name__=="main" 相当于 Python 模拟的程序入口，类似于 C 语言或 C++ 中的 main()。而 if __name__=="main" 需要分为以下两种情况。

- 如果当前 .py 文件是被直接执行的，那么 if __name__=="main" 内部的代码将被执行。
- 如果当前 .py 文件是以模块的方式被其他 .py 文件导入的，if __name__=="main" 内部的代码就不会被执行。

因此，当我们直接运行修改后的 a.py（注意是修改后，也就是加上了 if __name__=="main"）时，输出结果如下，也就是说，此时 if __name__=="main" 内部的代码将被执行：

第1次测试：3
第2次测试：7

但是，当我们运行 test.py 时，a.py 以模块的方式被导入，输出结果如下，也就是说，此时 if __name__=="main" 内部的代码没有被执行：

11

第 12 章 文件操作

12.1 文件操作简介

当程序运行时,变量是保存数据的好方法。但是当数据比较多、比较复杂时,使用变量来保存数据就不妥了。实际上,我们可以使用文件来保存大量的数据。

文件可以存储各种各样的数据,如天气数据、交通数据、文学作品等。如果想要处理文件中的数据,就涉及文件操作了。其实我们可以把一个文件看成一个超大型的字符串,操作一个文件类似操作一个字符串。

Python 提供了大量的方法,使得我们可以非常方便地操作文件。本章将介绍以下 8 个方面的知识。

- ▶ 文件路径。
- ▶ 读取文件。
- ▶ 写入文件。
- ▶ os 模块。
- ▶ 异常处理。
- ▶ shutil 模块。
- ▶ send2trash 模块。
- ▶ zipfile 模块。

12.2 文件路径

如果想要找到某一个文件,我们肯定要先知道这个文件所处的位置。其中,文件所处的位置就是"文件路径"。

文件路径往往是令很多初学者感到困惑的知识之一,因此小伙伴们一定要认真地把这个概念理解清楚。在 Python 中,文件路径可以分为两种:一种是绝对路径,另一种是相对路径。

我们在 D 盘下新建一个文件夹,名为"test",其目录结构如图 12-1 所示。

图 12-1

12.2.1 绝对路径

绝对路径指的是文件在计算机中的完整路径。平常我们在使用计算机的时候都会看到文件夹上方有一个路径,这就是绝对路径,如图 12-2 所示。

对于 teacher.txt 这个文件,它的绝对路径如下:

```
D:\test\teacher.txt
```

对于 student.txt 这个文件,它的绝对路径如下:

```
D:\test\src\student.txt
```

这里需要注意一点:在 Windows 系统中,文件路径使用的是反斜杠(\),而不是斜杠(/)。

图 12-2

12.2.2 相对路径

相对路径指的是文件相对于当前工作目录的路径。当前工作目录指的是当前程序所在的 .py 文件所处的目录,也就是 .py 文件所在的文件夹的路径。大多数情况下,我们想要操作的文件与当前程序文件不在同一个目录中,但是我们可以进行相关操作来切换当前工作目录。

例如,我们可以切换当前工作目录为"D:",此时 teacher.txt 这个文件的相对路径如下:

```
test\teacher.txt
```

对于 student.txt 这个文件,它的相对路径如下:

```
test\src\student.txt
```

如果我们切换当前工作目录为"D:\test",此时 teacher.txt 这个文件的相对路径如下:

```
teacher.txt
```

对于 student.txt 这个文件,它的相对路径如下:

```
src\student.txt
```

至此,两种文件路径差不多介绍完了。接下来我们在 D 盘中建立一个名为"python-test"的文件夹,并且在该文件夹中添加一个 test.py 文件,使用 VSCode 打开这个 python-test 文件夹。注意,本章的所有代码都是在 test.py 文件中运行的。

12.3 读取文件

在 Python 中，读取文件有两种方式：一种是读取所有内容，另一种是逐行读取内容。

12.3.1 读取所有内容：read()

在 Python 中，我们可以使用 File 对象的 read() 方法来一次性读取文件中的所有内容。

▼ **语法：**

```
# 第1步: 打开文件
file = open(path, "r")

# 第2步: 读取文件
txt = file.read()

# 第3步: 关闭文件
file.close()
```

▼ **说明：**

若想要实现读取文件操作，一般需要进行 3 步操作：打开文件、读取文件和关闭文件。

open() 函数用于打开文件，只有打开文件后，我们才可以读取文件的内容。参数 path 表示文件的路径，"r" 表示读文件模式（read）。如果采用读文件模式，则第 2 个参数 "r" 可以省略。

open() 函数会返回一个 File 对象。可以把每一个文件都看成一个 File 对象。只有获取到了 File 对象，我们才可以对文件进行各种操作。

read() 是 File 对象的一个方法，用于读取文件的内容。read() 方法会返回一个字符串，也就是文本内容。此外，不管是读取文件，还是写入文件，操作完成之后一定要使用 File 对象的 close() 方法关闭文件。

接下来，我们在当前项目中建立一个名为"data"的文件夹，然后在 data 文件夹中创建一个 hello.txt 文件，如图 12-3 所示。在 hello.txt 文件中添加一些内容，如图 12-4 所示。

图 12-3

图 12-4

▼ **举例：**

```
file = open(r"data\hello.txt", "r")
txt = file.read()
print(txt)
file.close()
```

输出结果如下:

```
Hello Python!
Hello Java!
Hello C++!
```

▼ **分析:**

我们可以把文件中的内容看成一个大字符串,read() 方法返回的就是保存在文件中的这个大字符串,这样去理解就很简单了。

open() 函数接收一个字符串作为参数,这个字符串就是文件的路径。这个字符串一定要是原始字符串,也就是要在字符串前面加一个 "r" 或 "R"。如果不使用原始字符串,而使用了普通字符串,就会出现转义错误,这在 "5.1 字符串是什么?" 中已经详细介绍过了。

由于上面这个例子的代码在 test.py 文件中,也就是说 test.py 文件所在的目录是当前工作目录,因此,此时 hello.txt 文件的相对路径是 data\hello.txt,绝对路径是 D:\python-test\data\hello.txt。对这个例子来说,下面两种方式都是可行的:

```
# 方式1:相对路径
file = open(r"data\hello.txt", "r")

# 方式2:绝对路径
file = open(r"D:\python-test\data\hello.txt ", "r")
```

上面这个例子只能读取英文文本,如果想要读取中文文本,需要在 open() 函数中加一个 encoding="utf-8" 参数,修改后的代码如下。为了避免乱码,建议以后在所有的 open() 函数中都加上这个参数。

```
file = open(r"data\hello.txt", "r", encoding="utf-8")
```

open()、file.read() 等可以用来操作 .txt 文件,那么它们能不能用于操作 Word、Excel、PDF 等格式的文件呢? 其实是不可以的,这是因为 open()、file.read() 只能用于操作纯文本文件,而不能用于操作二进制文件。

TXT、JSON、CSV 等格式的文件是纯文本文件,而 Word、Excel、PDF 等格式的文件是二进制文件。

12.3.2 逐行读取内容: readlines()

在 Python 中,我们可以使用 File 对象的 readlines() 方法来逐行读取文件中的内容。

▼ **语法:**

```
# 第1步:打开文件
file = open(path, "r", encoding="utf-8")

# 第2步:读取文件
txt = file.readlines()
```

```
# 第3步：关闭文件
file.close()
```

▌说明：

read() 方法返回一个字符串，而 readlines() 方法返回一个列表。每一行文本就是列表中的一个元素。

▌举例：readlines()

```
file = open(r"data\hello.txt", "r", encoding="utf-8")
txt = file.readlines()
print(txt)
file.close()
```

输出结果如下：

```
["Hello Python!\n", "Hello Java!\n", "Hello C++!"]
```

▌分析：

因为 readlines() 方法返回的是一个列表，所以我们可以使用列表的各种方法或函数来对其进行操作，请看下面的例子。

▌举例：读取每一行文本

```
file = open(r"D:\myfile\hello.txt", "r", encoding="utf-8")
lines = file.readlines()
for i in range(len(lines)):
    result = "第" + str(i+1) + "行文本是：" + lines[i].strip("\n")
    print(result)
file.close()
```

输出结果如下：

```
第1行文本是：Hello Python!
第2行文本是：Hello Java!
第3行文本是：Hello C++!
```

▌分析：

由于每一行文本最后都有一个换行符，因此这里使用 strip("\n") 来删除换行符。实际上，想要读取每一行文本，除了可以使用 readlines() 方法，还可以使用 readline()。

```
file = open(r"data\hello.txt", "r", encoding="utf-8")

**lines = file.readlines()**
for line in lines:
    print(line)

file.close()
```

上面这段代码，可以等价于下面的代码。

```
file = open(r"data\hello.txt", "r", encoding="utf-8")
```

```
while True:
    line = file.readline()
    if line:
        print(line)
    else:
        break

file.close()
```

准确来说，readlines() 方法会一次读取文件的所有内容，然后再使用列表对其进行逐行处理；而 readline() 方法会真正地逐行读取内容。不过正是因为 readline() 方法每次只读取一行，所以其处理速度通常会比 readlines() 方法慢很多。在实际开发中，建议优先使用 readlines() 方法，仅当没有足够内存可以一次读取整个文件时，再使用 readline() 方法。

12.4 写入文件

在 Python 中，写入文件有两种方式：一种是以覆盖方式写入文件，另一种是以追加方式写入文件。

12.4.1 以覆盖方式写入文件

在 Python 中，我们可以使用 File 对象的 write() 方法并结合 "w" 模式，以覆盖的方式写入文件。

▌ **语法**：

```
# 第1步: 打开文件
file = open(path, "w", encoding="utf-8")

# 第2步: 读取文件
file.write(内容)

# 第3步: 关闭文件
file.close()
```

▌ **说明**：

想要写入文件，需要先使用 open() 函数打开一个文件，并获取到 File 对象，然后才可以写入文件。在 open() 函数中，"w" 表示以覆盖的方式写入文件。

接下来，我们在 data 文件夹中创建一个 hi.txt 文件。hi.txt 文件中的内容如下：

```
Hi, Python!
```

▌ **举例：文件已存在**

```
path = r"data\hi.txt"

# 读取修改前的文件
file = open(path, "r", encoding="utf-8")
```

```python
print("修改前:")
print(file.read())

# 写入文件
file = open(path, "w", encoding="utf-8")
file.write("Hi, Java!")

# 读取修改后的文件
file = open(path, "r", encoding="utf-8")
print("修改后:")
print(file.read())

file.close()
```

输出结果如下:

```
修改前:
Hi, Python!
修改后:
Hi, Java!
```

▌ **分析:**

当我们第 2 次读取文件时,发现文件中的内容已经被修改了。我们直接打开 hi.txt 文件,可以看到其中的内容已经被修改了。

不管是读取文件还是写入文件,每次我们都需要使用 open() 函数来打开文件,然后才能对文件进行下一步操作。在所有操作都完成之后,我们还需要使用 close() 方法来关闭已经打开的文件。

▌ **举例:文件不存在**

```python
path = r"data\welcome.txt"

# 写入文件
file = open(path, "w", encoding="utf-8")
file.write("欢迎来到绿叶学习网")

# 读取文件
file = open(path, "r", encoding="utf-8")
print(file.read())

file.close()
```

输出结果如下:

```
欢迎来到绿叶学习网
```

▌ **分析:**

welcome.txt 这个文件一开始是不存在的。对于写模式 "w",如果文件不存在,则 Python 会创建一个文件,并把内容写入该文件中。

12.4.2 以追加方式写入文件

在 Python 中，我们可以使用 File 对象的 write() 方法并结合 "a" 模式，以追加的方式写入文件。

▌ **语法**：

```
# 第1步: 打开文件
file = open(path, "a", encoding="utf-8")

# 第2步: 读取文件
file.write(内容)

# 第3步: 关闭文件
file.close()
```

▌ **说明**：

本节的两种写入文件的方式使用的都是 File 对象的 write() 方法，它们唯一的区别在于选取的模式不同，也就是 open() 函数的第 2 个参数不一样。其中，以覆盖方式写入文件使用的是 "w"，而以追加方式写入文件使用的是 "a"。

常见的文件操作模式如表 12-1 所示。

表 12-1 常见的文件操作模式

模式	说明
"r"	读文件
"w"	写文件
"a"	追加
"rb"	读二进制文件
"wb"	写二进制文件

其中，"r" 指的是"read"（读），"w" 指的是"write"（写），"a" 指的是"append"（添加），"rb" 指的是"read binary"（读二进制），"wb" 指的是"write binary"（写二进制）。

接下来，我们在 data 文件夹中创建一个 good.txt 文件。good.txt 文件中的内容如下：

```
I am good!
```

▌ **举例**：

```
path = r"data\good.txt"

# 读取修改前的文件
file = open(path, "r", encoding="utf-8")
print("修改前: ")
print(file.read())

# 写入文件
file = open(path, "a", encoding="utf-8")
file.write("I am fine!")
```

```python
# 读取修改后的文件
file = open(path, "r", encoding="utf-8")
print("修改后: ")
print(file.read())

file.close()
```

输出结果如下：

```
修改前:
I am good!
修改后:
I am good! I am fine!
```

▼ **分析：**

good.txt 这个文件中的内容本来是"I am good!"，以追加的方式写入文件后，其中的内容就变为"I am good! I am fine!"了。

12.5 os 模块

在自动化测试中，我们经常要对大量文件和大量路径进行操作，此时就得用到 os 模块了。在 Python 中，os 模块主要提供了 8 种常见的方法，如表 12-2 所示。

表 12-2 os 模块的方法

方法	说明
os.getcwd()	获取工作目录
os.chdir()	改变工作目录
os.listdir()	列举所有文件
os.rename()	重命名文件
os.walk()	遍历文件
os.path.join()	拼接文件路径
os.path.getsize()	获取文件大小
os.path. exists()	判断文件或文件夹是否存在
os.path.getctime()、os.path.getmtime()、os.path.getatime()	获取文件时间

本节的所有程序都是使用 python-test 文件夹中的 test.py 文件来运行的。小伙伴们记得每次要先把 test.py 文件中的代码清空，接着复制当前例子中的代码，保存后再运行。

12.5.1 获取工作目录

在 Python 中，我们可以使用 os.getcwd() 来获取当前工作目录，也就是当前 .py 文件所在文件夹的路径。

▶ **语法**：

```
os.getcwd()
```

▶ **说明**：

getcwd 是"get current work directory"（获取当前工作目录）的缩写。

▶ **举例：获取当前工作目录**

```
import os
print(os.getcwd())
```

输出结果如下：

```
D:\python-test
```

▶ **分析**：

实际上，我们在 VSCode 的控制台中也可以很直观地看到当前工作目录，如图 12-5 所示。

图 12-5

如果我们想要获取包含当前文件名的完整路径，又该怎么实现呢？其实很简单，我们可以使用 __file__ 来实现。特别注意，__file__ 的前后都是双下划线。

▶ **举例：获取 .py 文件的完整路径**

```
print(__file__)
```

输出结果如下：

```
D:\python-test\test.py
```

▶ **分析**：

使用 __file__ 是不需要引入 os 模块的。

12.5.2 改变工作目录

在 Python 中，我们可以使用 os.chdir() 来将当前工作目录切换为其他目录。

▌ **语法**：

```
os.chdir(目录)
```

▌ **说明**：

因为 chdir() 方法需要改变当前工作目录为其他目录，所以我们需要提供一个新的目录。

▌ **举例**：

```
import os

print("修改前：", os.getcwd())
os.chdir(r"E:\python-test")
print("修改后：", os.getcwd())
```

输出结果如下：

修改前：D:\python-test
修改后：E:\python-test

▌ **分析**：

由于 test.py 文件在"D:\python-test"目录中，因此第 1 个 os.getcwd() 获取到的是"D:\python-test"。

接着我们使用 os.chdir() 来切换当前工作目录为"E:\python-test"，再使用 os.getcwd() 来获取当前工作目录，第 2 个 os.getcwd() 获取到的是"E:\python-test"。

由于这个例子把当前工作目录改变了，可能会影响后面例子的效果，因此一定要把当前工作目录切换成原来的工作目录，也就是"D:\python-test"。

12.5.3 列举所有文件

在 Python 中，我们可以使用 os.listdir() 来列举某个目录下的所有文件。

▌ **语法**：

```
os.listdir(目录)
```

▌ **说明**：

我们在当前项目中创建一个名为"files"的文件夹，然后往里面放入一些文件，其结构如图 12-6 所示。

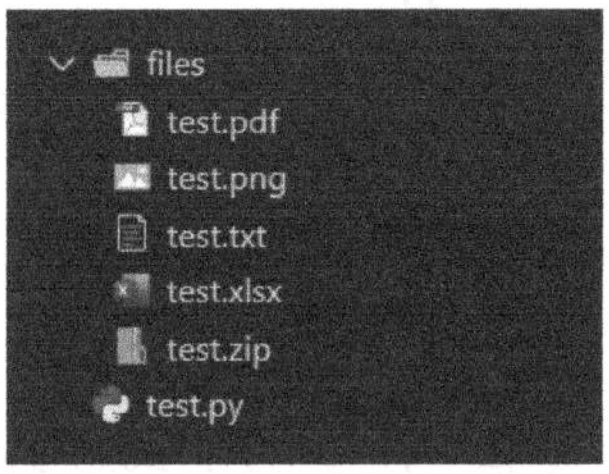

▌ **举例**：

```
import os

files = os.listdir(r"files")
print(files)
```

输出结果如下：

图 12-6

```
["test.pdf", "test.png", "test.txt", "test.xlsx", "test.zip"]
```

▶ **分析：**

listdir() 方法返回的是一个列表，该列表中的每一个元素对应一个文件名。

12.5.4 重命名文件

在 Python 中，我们可以使用 os.rename() 来重新命名一个文件。

▶ **语法：**

```
os.rename(原文件路径，新文件路径)
```

▶ **说明：**

我们在当前项目中新建一个名为"img"的文件夹，并往该文件夹中放入一张图片：logo.png。其结构如图 12-7 所示。

▶ **举例：**

```
import os
os.rename(r"img\logo.png", r"img\lvye.png")
```

代码运行之后，logo.png 就被改为 lvye.png 了，如图 12-8 所示。

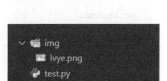

图 12-7

图 12-8

▶ **分析：**

由于 logo.png 和 lvye.png 都在 img 这个文件夹中，因此我们可以使用 os.chdir() 来切换当前工作目录，以后就不用写那么长的文件路径了，修改后的代码如下：

```
import os
os.chdir("img")
os.rename(r"logo.png", r"lvye.png")
```

注意，切换工作目录之后，当前工作目录就变成"D:\python-test\img"了，为了不影响后面例子的效果，记得使用 os.chdir() 把当前工作目录切换成原来的工作目录。

12.5.5 遍历文件

在 Python 中，我们可以使用 os.walk() 来遍历一个文件夹。

▶ **语法：**

```
for root, dirs, files in os.walk(path):
    ...
```

▶ **说明：**

root 表示当前正在访问的文件夹，dirs 表示该文件夹的下一级都有哪些子文件夹，files 表示该文件夹的下一级都有哪些文件。

接下来，我们将当前项目的结构调整成图 12-9 所示的结构。先在当前项目中创建一个 src 文件夹，src 文件夹中有两个子文件夹：animal 和 fruit。src 文件夹中有两个文件：A.txt 和 B.txt。此外，animal 和 fruit 中还有下一级文件。

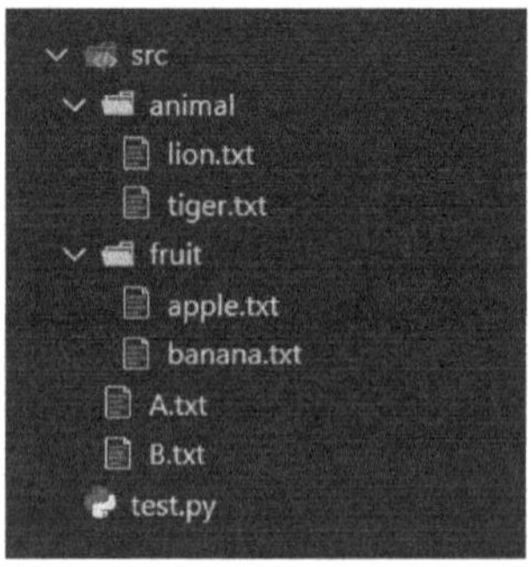

▌ **举例：**

```
import os

for root, dirs, files in os.walk(r"src"):
    print(root)
    print(dirs)
    print(files)
```

图 12-9

输出结果如下：

```
src
["animal", "fruit"]
["A.txt", "B.txt"]

src\animal
[]
["lion.txt", "tiger.txt"]

src\fruit
[]
["apple.txt", "banana.txt"]
```

▌ **分析：**

os.walk() 是使用递归的方式进行遍历的，从输出结果可以看出，这里遍历了 3 次。

第 1 次遍历的文件夹是 src，子文件夹有 ["animal","fruit"]，子文件有 ["A.txt","B.txt"]。

第 2 次遍历的文件夹是 src\animal，子文件夹有 []，子文件有 ["lion.txt","tiger.txt"]。其中子文件夹为"[]"，也就是没有子文件夹。

第 3 次遍历的文件夹是 src\fruit，子文件夹有 []，子文件有 ["apple.txt","banana.txt"]。

os.walk() 在实际开发中用得比较多，下面我们来看几个非常有用的例子。

▌ **举例：获取所有文件的名称**

```
import os

result = []
for root, dirs, files in os.walk(r"src"):
    for file in files:
        result.append(file)
print(result)
```

输出结果如下：

```
["A.txt", "B.txt", "lion.txt", "tiger.txt", "apple.txt", "banana.txt"]
```

▌分析：

这个例子实现的效果：使用 os.walk() 把 src 文件夹中所有文件的名称遍历一次，然后保存到一个列表中。

▌举例：获取所有文件的路径

```
import os

result = []
for root, dirs, files in os.walk(r"src"):
    dirpath = os.getcwd() + "\\" + root
    for file in files:
        filepath = dirpath + "\\" + file
        result.append(filepath)
print(result)
```

输出结果如下：

```
["D:\\python-test\\src\\A.txt", "D:\\python-test\\src\\B.txt", "D:\\python-test\\src\\animal\\lion.txt", "D:\\python-test\\src\\animal\\tiger.txt", "D:\\python-test\\src\\fruit\\apple.txt", "D:\\python-test\\src\\fruit\\banana.txt"]
```

▌分析：

这个例子实现的效果：获取 src 文件夹中所有文件的绝对路径。需要注意的是，对于路径中的符号"\"，我们需要使用其对应的转义字符"\\"。

12.5.6 拼接文件路径

在 Python 中，我们可以使用 os.path.getsize() 来将两个或多个文件路径拼接到一起，得到一个新的文件路径。

▌语法：

```
os.path.join(路径1, 路径2, ... , 路径n)
```

▌说明：

这里的路径可以是相对路径，也可以是绝对路径。两个路径之间使用英文逗号隔开。

▌举例：

```
import os

path = os.path.join(r"D:\python-test", r"data\hello.txt")
print(path)
```

输出结果如下：

```
D:\python-test\hello.txt
```

▌分析：

在实际开发中，我们可能不知道当前工作目录所在的具体位置是什么的，但是又想获取当前工作目录下某些文件的完整路径，此时可以使用 os.getcwd() 结合 os.path.join() 来实现。请看下面的例子。

▌举例：

```
import os

path = os.path.join(os.getcwd(), r"img\lvye.png")
print(path)
```

输出结果如下：

```
D:\python-test\img\lvye.png
```

12.5.7 获取文件大小

在 Python 中，我们可以使用 os.path.getsize() 来获取某一个文件的大小。

▌语法：

```
os.path.getsize(路径)
```

▌举例：

```
import os

filesize = os.path.getsize(r"data\lvye.png")
print("文件大小为: ", filesize)
```

输出结果如下：

文件大小为: 29808

▌分析：

getsize() 方法获取的值的单位是 B（字节），但是在大多数情况下我们会将其换算为常见的文件单位。请看下面的例子。

▌举例：转换单位

```
import os

# 获取大小
filesize = os.path.getsize(r"img\lvye.png")

# 转换单位
units = ["B", "KB", "MB", "GB", "TB"]
index = 0
while filesize > 1024:
    filesize /= 1024
```

```
        index += 1

# 四舍五入并保留2位小数
filesize = round(filesize, 2)

# 获取结果
result = str(filesize) + units[index]
# 输出结果
print(result)
```

输出结果如下:

```
29.11KB
```

▶ **分析**：

round() 函数用于返回一个浮点数的四舍五入值，该方法有两个参数：第 1 个参数是一个浮点数，第 2 个参数表示保留 n 位小数。对于 round() 函数，"8.3 四舍五入"中已经详细介绍过了。

12.5.8 判断文件或文件夹是否存在

在 Python 中，我们可以使用 os.path.exists() 判断某一个文件或文件夹是否存在。

▶ **语法**：

```
os.path.exists(路径)
```

▶ **说明**：

如果文件或文件夹存在，则返回 True；如果文件或文件夹不存在，则返回 False。

▶ **举例：判断文件是否存在**

```
import os

result1 = os.path.exists(r"D:\python-test\img\lvye.png")
result2 = os.path.exists(r" D:\python-test\img\test.png ")
print(result1)
print(result2)
```

输出结果如下:

```
True
False
```

▶ **举例：判断文件夹是否存在**

```
import os

result1 = os.path.exists(r"D:\python-test\img")
result2 = os.path.exists(r" D:\python-test\css")
print(result1)
print(result2)
```

输出结果如下：

```
True
False
```

12.5.9 获取文件时间

在 Python 中，我们可以使用 os.path.getctime() 获取文件或文件夹的创建时间，也可以使用 os.path.getmtime() 获取文件或文件夹的修改时间，还可以使用 os.path.getatime() 获取文件或文件夹的最后访问时间。

▌ **语法：**

```
os.path.getctime(路径)
os.path.getmtime(路径)
os.path.getatime(路径)
```

▌ **说明：**

getctime 指的是"get create time"。getmtime 指的是"get modify time"。getatime 指的是"get accesss time"。根据英文意思，很容易理解和记忆它们。

▌ **举例：获取时间戳**

```python
import os

ctime = os.path.getctime(r"D:\python-test\test.py")
mtime = os.path.getmtime(r"D:\python-test\test.py")
atime = os.path.getatime(r"D:\python-test\test.py")

print("创建时间: ", ctime)
print("修改时间: ", mtime)
print("访问时间: ", atime)
```

输出结果如下：

创建时间: 1517794525.0176692
修改时间: 1517803472.4810746
访问时间: 1517794525.0176692

▌ **分析：**

从上面的输出结果可以看出，os.path.getctime()、os.path.getmtime()、os.path.getatime() 这 3 种方法获取的都是时间戳，所以我们需要引入 time 模块，将时间戳转换为所需的时间格式。请看下面的例子。

▌ **举例：转换格式**

```python
import os, time

ctime = os.path.getctime(r"D:\python-test\test.py")
local = time.localtime(ctime)
```

```
result = time.strftime("%Y年%m月%d日 %H:%M:%S", local)
print("创建时间：", result)
```

输出结果如下：

创建时间：2022年05月20日13:14:30

12.6 异常处理

12.6.1 try...except...finally... 语句

实际上，前面对文件进行读写操作的代码是存在一定缺陷的。例如当我们尝试读取一个不存在的文件时，程序就会报错。因此在对文件进行读写操作时，我们需要加上异常处理语句才行。

▼ **举例**：打开不存在的文件

```
file = open(r"data\lvye.txt", "r", encoding="utf-8")        # lvye.txt文件不存在
txt = file.read()
print(txt)
file.close()
```

输出结果如下：

```
Traceback (most recent call last):
  File "C:\Users\hasee\Desktop\python-test\test.py", line 1, in <module>
    file = open(r"data\lvye.txt", "r")
FileNotFoundError: [Errno 2] No such file or directory: "data\\lvye.txt"
```

▼ **分析**：

当我们尝试读取一个文件时，如果这个文件不存在，程序就会报错（FileNotFoundError）。因此我们需要加上异常处理语句。修改后的代码如下：

```
try:
    file = open(r"D:\myfile\lvye.txt", "r", encoding="utf-8")
    txt = file.read()
    print(txt)
except:
    print("打开文件出错！")
finally:
    file.close()
```

但是有些时候，我们打开的文件没问题，而是在对文件进行读写操作的过程中出现了异常，然后导致文件没有被关闭。请看下面的例子。

▼ **举例**：没有关闭文件

```
file = open(r"data\book.txt", "r", encoding="utf-8")        # book.txt文件是存在的
```

```
result = file.read() + 1000
print(result)
file.close()
```

输出结果如下：

```
Traceback (most recent call last):
  File "C:\Users\hasee\Desktop\python-test\test.py", line 2, in <module>
    result = file.read() + 1000
TypeError: can only concatenate str (not "int") to str
```

▌ 分析：

由于 file.read() 获取的是一个字符串，而数字与字符串是不能直接相加的，因此执行 result = file.read()+1000 这一句代码后程序就会报错。报错了之后，后面的代码就不会被执行了，这样会导致已经打开的文件不会被关闭。这里就需要加上异常处理语句。修改后的代码如下：

```
try:
    file = open(r"data\book.txt", "r", encoding="utf-8")          # book.txt 文件是存在的
    result = file.read() + 1000
    print(result)
except TypeError:
    print("文件操作有误！")
finally:
    file.close()
```

对于异常处理，这里简单了解一下即可。"第 14 章 异常处理"中会详细介绍。

12.6.2　with 语句

在 Python 中，我们可以使用 with 语句来自动调用 close() 方法以关闭文件。对于上一小节的例子，如果使用 with 语句，修改后的代码如下：

```
with open(r"data\book.txt", "r", encoding="utf-8") as file:
    result = file.read() + 1000
    print(result)
```

with 语句只能帮我们关闭文件，并不能帮我们处理异常。如果在文件的操作过程中出现了异常，我们还是需要使用 try...except...finally... 语句来处理。因此在上面这段代码中加上异常处理语句，修改后的代码如下：

```
with open(r"data\book.txt", "r", encoding="utf-8") as file:
    try:
        result = file.read() + 1000
        print(result)
    except TypeError:
        print("文件操作有误！")
```

上面这段代码与下面这段代码是等价的：

```
try:
    file = open(r"data\book.txt", "r", encoding="utf-8")
    result = file.read() + 1000
    print(result)
except TypeError:
    print("文件操作有误！")
finally:
    file.close()
```

在实际开发中更推荐使用 with 语句来关闭文件。不过在初学阶段，暂时使用 file.close() 也是没有关系的。

12.7 shutil 模块

在 Python 中，我们可以使用 shutil 模块来操作文件与文件夹，常见的操作主要有以下 3 种。
- 复制文件与文件夹。
- 移动文件与文件夹。
- 删除文件与文件夹。

12.7.1 复制文件与文件夹

在 Python 中，我们可以使用 shutil 模块的 copy() 方法将一个文件或文件夹复制到另一个文件夹中。

▎ **语法**：

```
shutil.copy(src, dest)
```

▎ **说明**：

src 表示源路径，dest 表示目标路径。dest 指向的可以是一个文件，也可以是一个文件夹。

接下来在当前项目中创建两个文件夹：src 和 dest。然后在 src 文件夹中创建一个 A.txt 文件，项目结构如图 12-10 所示。

▎ **举例：复制但不改名**

```
import shutil
shutil.copy(r"src\A.txt", r"dest")
```

运行代码之后，项目结构如图 12-11 所示。

图 12-10

▎ **分析**：

从输出结果可以看出，A.txt 这个文件已经被复制到 dest 这个文件夹中了。当然了，这里使用绝对路径也是可以的，下面两种方式是等价的：

```
# 方式1：相对路径
shutil.copy(r"src\A.txt", r"dest")
```

图 12-11

```
# 方式2：绝对路径
shutil.copy(r"D:\python-test\src\A.txt", r"D:\python-test\dest")
```

▋ **举例：复制并改名**

```
import shutil
shutil.copy(r"src\A.txt", r"dest\B.txt")
```

运行代码之后，项目结构如图 12-12 所示。

▋ **分析：**

如果 B.txt 一开始是不存在的，那么上面这个例子表示将 A.txt 复制到 dest 文件夹中并改名为 B.txt。如果 B.txt 文件一开始是存在的，那么这个例子表示用 A.txt 中的内容替换 B.txt 中的内容。

图 12-12

上面两个例子是不一样的，第 1 个是复制文件但不改变文件名，而第 2 个是复制文件并改变文件名，小伙伴们要认真对比两者的不同。

想要复制一个文件，我们可以使用 shutil.copy()。但如果想要复制一个文件夹，应该怎么做呢？此时我们可以使用 shutil.copytree() 来实现。

▋ **举例：复制文件夹**

```
import shutil
shutil.copytree(r"src", r"src-backup")
```

运行代码之后，项目结构变成如图 12-13 所示。

▋ **分析：**

图 12-13

shutil.copytree() 会创建一个新文件夹，名为"src-backup"，然后把 src 文件夹中的所有文件都复制一份到 src-backup 文件夹中。一般来说，shutil.copytree() 是用来备份文件的。

12.7.2 移动文件与文件夹

在 Python 中，我们可以使用 shutil 模块的 move() 方法将一个文件或文件夹移动到另一个文件夹中。

▋ **语法：**

```
shutil.move(src, dest)
```

▋ **说明：**

src 表示源路径，dest 表示目标路径。接下来清空 dest 文件夹，此时的项目结构如图 12-14 所示。

图 12-14

▶ **举例：移动但不改名**

```
import shutil
shutil.move(r"src\A.txt", r"dest")
```

运行代码之后，项目结构如图 12-15 所示。

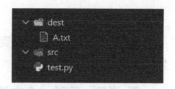

图 12-15

▶ **分析：**

从输出结果可以看出，src 文件夹中的 A.txt 被移动到了 dest 文件夹中。

▶ **举例：移动并改名**

```
import shutil
shutil.move(r"src\A.txt", r"dest\B.txt")
```

运行代码之后，项目结构如图 12-16 所示。

图 12-16

▶ **分析：**

从输出结果可以看出，src 文件夹中的 A.txt 被移动到了 dest 文件夹中，并且被重命名为 B.txt。

上面的例子是将文件进行移动，接下来我们尝试移动文件夹。为了测试效果，我们在当前项目中新建 animal 和 fruit 两个文件夹，并往这两个文件夹中添加一些文件。项目结构如图 12-17 所示。

图 12-17

▶ **举例：移动文件夹**

```
import shutil
shutil.move(r"animal", r"dest")
shutil.move(r"fruit", r"dest")
```

运行代码之后，项目结构如图 12-18 所示。

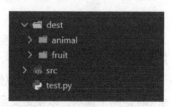

图 12-18

▶ **分析：**

从输出结果可以看出，animal 和 fruit 这两个文件夹已经被移动到 dest 文件夹中了。需要注意的是，移动文件夹使用的是 move() 方法，而不是 movetree() 方法。

12.7.3 删除文件与文件夹

在 Python 中，我们可以使用 os 模块的 unlink() 方法删除一个文件，也可以使用 shutil 模块的 rmtree() 方法删除一个文件夹。

▶ **语法：**

```
os.unlink(path)              # 删除一个文件
shutil.rmtree(path)          # 删除整个文件夹
```

▌ **说明**：

为了测试效果，我们需要将当前项目的结构调整成图 12-19 所示的形式。

图 12-19

▌ 举例：删除一个文件

```
import os
os.unlink(r"src\A.txt")
```

运行代码之后，项目结构如图 12-20 所示。

▌ 分析：

从输出结果可以看出，A.txt 这个文件已经被删除。

图 12-20

▌ 举例：删除一个文件夹

```
import shutil
shutil.rmtree(r"src")
```

运行代码之后，项目结构如图 12-21 所示。

图 12-21

▌ 分析：

从输出结果可以看出，src 这个文件夹及其内部的所有文件都已经被删除了。

特别注意，使用 os.unlink() 和 shutil.rmtree() 这两个方法，文件或文件夹被删除后，并不会被放到回收站，而会被永久删除。因此大家在使用这两个方法的时候，一定要特别小心。

12.8　send2trash 模块

os.unlink()、shutil.rmtree() 这两个方法会不可恢复地删除文件，因此它们使用起来非常危险。如果一不小心删除了重要文件，就找不回来了。那么有没有什么好的方法可以解决这个问题呢？

在 Python 中，我们可以使用 send2trash 模块来代替 os、shutil 这两个模块，以便更安全地删除文件。

由于 send2trash 是第三方模块，因此我们需要手动安装该模块。打开 VSCode 终端窗口（也叫作 VSCode 控制台），输入命令 pip install send2trash（见图 12-22），然后按 Enter 键即可安装，非常简单。

图 12-22

如果你使用的是 PyCharm 或其他开发工具，可以自行在网上搜索一下安装方法。

▌ 语法：

```
send2trash.send2trash(path)
```

▼ 说明：

send2trash.send2trash() 中的前一个 send2trash 是模块名，后一个 send2trash 是方法名。send2trash() 可以删除一个文件，也可以删除一个文件夹。

与使用 os、shutil 这两个模块来删除文件不一样，使用 send2trash 模块删除文件后，文件并不会被永久删除，而会被放到回收站中。

为了测试效果，接下来我们需要调整项目结构，如图 12-23 所示。

▼ 举例：

```
import send2trash
send2trash.send2trash(r"src\A.txt")
```

图 12-23

▼ 分析：

运行代码之后，可以发现 A.txt 文件已经被删除了，不过我们可以从回收站中将其还原。

12.9 zipfile 模块

在 Python 中，我们可以使用 zipfile 模块来操作压缩文件。其中，压缩文件的操作主要包括以下 3 种。

- 读取文件。
- 解压文件。
- 压缩文件。

12.9.1 读取文件

在 Python 中，我们可以使用 zipfile 模块的 ZipFile() 方法来读取压缩文件中的相关信息，如文件大小、内部文件名等。

▼ 语法：

```
zip = zipfile.ZipFile(path)
...
zip.close()
```

▼ 说明：

注意，zipfile 是模块名称，ZipFile() 是 zipfile 模块的一个方法（注意大小写）。使用 zipfile 模块操作压缩文件之后，我们还需要使用 close() 方法来将其关闭。

接下来，调整项目结构，如图 12-24 所示。当前项目中有两个文件夹：src 和 dest。src 文件夹中有一个压缩文件。

图 12-24

▼ 举例：用 namelist() 列举文件名

```
import zipfile
```

```
zip = zipfile.ZipFile(r"src\list.zip")
print(zip.namelist())
zip.close()
```

输出结果如下：

```
["A.txt", "B.txt", "C.txt"]
```

▎ **分析**：

zipfile.ZipFile() 会返回一个 ZipFile 对象，该对象有一个 namelist() 方法。namelist() 方法会返回一个列表，这个列表里包含了压缩文件中所有文件的名称。

▎ **举例**：getinfo() 获取文件大小

```
import zipfile

zip = zipfile.ZipFile(r"src\list.zip")
info = zip.getinfo("A.txt")
print(info.file_size)
```

输出结果如下：

```
12
```

▎ **分析**：

ZipFile 对象的 getinfo() 方法会返回一个 ZipInfo 对象，这个对象有一个 file_size 属性，用于获取文件的大小，单位是 B（字节）。

12.9.2 解压文件

在 Python 中，我们可以使用 zipfile 模块的 extractall() 方法来将压缩文件进行解压。

▎ **语法**：

```
zip = zipfile.ZipFile(path)
zip.extractall(dest)
zip.close()
```

▎ **说明**：

extractall() 方法中的参数 dest 是一个路径，表示将压缩文件解压到的路径。

▎ **举例**：

```
import zipfile

zip = zipfile.ZipFile(r"src\list.zip")
zip.extractall(r"dest")
zip.close()
```

运行代码之后，项目结构如图 12-25 所示。

▶ **分析：**

zip.extractall(r"dest") 表示将压缩文件解压到当前工作目录的 dest 文件夹中，如果 dest 文件夹不存在，就会自动创建一个 dest 文件夹。

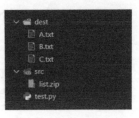

图 12-25

如果想要将压缩文件解压到当前工作目录，只需要设置 zip.extractall() 的参数为一个空字符串就可以了，也就是 zip.extractall("")。

12.9.3 压缩文件

在 Python 中，我们可以使用 zipfile 模块的 write() 方法来压缩文件。

▶ **语法：**

```
zip = zipfile.ZipFile(path, "w")
zip.write(文件名, compress_type=zipfile.ZIP_DEFLATED)
zip.close()
```

▶ **说明：**

想要压缩文件，必须以"写模式"打开 ZipFile 对象，也就是传入 "w" 作为第 2 个参数。这类似在 open() 中传入 "w"，以写模式打开一个文本文件。

如果希望将文件以"追加"的方式写入已有的压缩文件中，我们可以传入 "a" 作为第 2 个参数。

compress_type=zipfile.ZIP_DEFLATED 指定了压缩的算法，可以将其看成固定参数。

为了测试效果，我们需要将当前项目的结构调整成图 12-26 所示的形式。

图 12-26

▶ **举例：压缩一个文件**

```
import zipfile

zip = zipfile.ZipFile(r"dest\new.zip", "w")
zip.write(r"src\A.txt", compress_type = zipfile.ZIP_DEFLATED)
zip.close()
```

运行代码之后，项目结构如图 12-27 所示。

▶ **分析：**

我们可以看到 src 文件夹中的 A.txt 已经被压缩到 dest 文件夹的 new.zip 中了。如果想要压缩多个文件到同一个压缩文件中，只需要以"追加"的方式多次写入文件就可以了，请看下面的例子。

图 12-27

▼ 举例：压缩多个文件

```
import zipfile

zip = zipfile.ZipFile(r"dest\new.zip", "a")
zip.write(r"src\B.txt", compress_type = zipfile.ZIP_DEFLATED)
zip.write(r"src\C.txt", compress_type = zipfile.ZIP_DEFLATED)
zip.close()
```

运行代码之后，项目结构如图 12-28 所示。

▼ 分析：

我们把 dest 文件夹中的 new.zip 手动解压，可以看到 src 文件夹中的 B.txt 和 C.txt 都被压缩进 new.zip 了。接下来我们清空 dest 文件夹，然后测试下面的例子。

图 12-28

▼ 举例：压缩文件夹（无效）

```
import zipfile

zip = zipfile.ZipFile(r"dest\new.zip", "w")
zip.write(r"src", compress_type = zipfile.ZIP_DEFLATED)
zip.close()
```

运行代码之后，项目结构如图 12-29 所示。

▼ 分析：

这段代码表示将 src 文件夹压缩到 dest 文件夹的 new.zip 中。不过打开 new.zip 后我们可以发现，zip 这个文件夹是空的。也就是说，我们不能直接压缩整个文件夹，而必须一个个文件地压缩。

图 12-29

想要把一个文件夹中的所有文件压缩，我们可以使用 os 模块的 walk() 方法来遍历所有文件，然后将它们一一写入压缩文件中，请看下面的例子。

▼ 举例：压缩文件夹（有效）

```
import os
import zipfile

# 获取所有文件的绝对路径
paths = []
for root, dirs, files in os.walk(r"src"):
    dirpath = os.getcwd() + "\\" + root
    for file in files:
        filepath = dirpath + "\\" + file
        paths.append(filepath)

# 将它们写入压缩文件
zip = zipfile.ZipFile(r"dest\new.zip", "w")
for path in paths:
    zip.write(path, compress_type = zipfile.ZIP_DEFLATED)
```

```
zip.close()
```

运行代码之后，项目结构如图 12-30 所示。

▶ 分析：

当我们再次打开 new.zip 后，会发现 src 文件夹中的所有文件或文件夹都已经被成功压缩了。os.walk() 这个方法非常有用，小伙伴们一定要重点掌握。

图 12-30

12.10 实战题：读写 .txt 文件

如果当前项目中有一个 data 文件夹，该文件夹中有两个文本文件，一个是 score.txt（见图 12-31），另一个是 level.txt（见图 12-32）。score.txt 保存的是学生的学号及其对应的语文、数学、英语成绩。level.txt 在一开始是一个空文件，其中：

- 如果平均分 ≥ 85，则表示"优秀"；
- 如果平均分 < 85 并且 ≥ 75，则表示"良好"；
- 如果平均分 < 75 并且 ≥ 60，则表示"及格"；
- 如果平均分 < 60，则表示"不及格"。

要求：从 score.txt 文件中读取学生成绩并计算平均分，然后判定其等级并将结果写入 level.txt 文件。

图 12-31   图 12-32

实现代码如下：

```
import os

# 打开文件
scorefile = open(r"data\score.txt", "r", encoding="utf-8")
levelfile = open(r"data\level.txt", "a", encoding="utf-8")

# 读取文件
lines = scorefile.readlines()

# 删除第1行文本
del lines[0]
```

```python
# 遍历列表
for line in lines:
    scores = line.split()
    # 计算平均分
    average = (float(scores[1]) + float(scores[2]) + float(scores[3])) / 3
    # 判定等级
    if average >= 85:
        level = "优秀"
    elif average >= 75:
        level = "良好"
    elif average >= 60:
        level = "及格"
    else:
        level = "不及格"
    # 输出到level.txt
    levelfile.write(scores[0] + ":" + level + "\n")

# 关闭文件
scorefile.close()
levelfile.close()
```

▌ **分析：**

在实际开发中，数据一般不存放在 TXT 文件中，而是存放在 CSV、JSON、Excel 等文件中。这里使用 TXT 文件格式，是为了让大家熟悉文件操作。

12.11 实战题：删除某一类型的文件

如果当前项目中有一个 src 文件夹，该文件夹中有不同类型的文件，如图 12-33 所示。接下来我们尝试删除该文件夹中扩展名为 ".png" 的文件。

实现代码如下：

```python
import os

filenames = os.listdir(r"src")
for filename in filenames:
    if filename.endswith(".png"):
        path = os.getcwd() + "\\src\\" + filename;
        os.unlink(path)
```

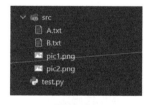

图 12-33

运行代码之后，项目结构如图 12-34 所示。

▌ **分析：**

os.listdir() 返回的是一个列表，该列表存放的是当前路径中所有文件的名称。这里使用了一个 for 循环来遍历这个列表，以便获取每一个文件的名称。

图 12-34

接下来我们使用 endswith() 来判断文件名是否以 ".png" 结尾。如果是，就使用 os.unlink() 把这个文件删除。

12.12 实战题：批量修改文件名

在实际开发中，我们可能会碰到这样的需求：有一些名字特别乱的图片，为了方便使用，我们需要规范这些图片的名字。这个时候，如果一张一张地处理，是非常费时、费力的。不过我们可以使用 Python 中的文件操作方法轻松实现"批处理"。

在 Python 中，想要批量修改文件名，要用到 os.listdir() 和 os.rename() 这两个方法。其中，os.listdir() 用于获取目标目录中的所有文件，os.rename() 用于对文件进行重命名。

"D:\imgs" 这个文件夹中有很多图片，如图 12-35 所示（这些图片素材在本书配套文件中都可以找到）。接下来，我们尝试批量修改这些图片的名称。

图 12-35

▎ **举例**：

```
import os

path = r"D:\imgs"
os.chdir(path)
imgs = os.listdir(path)

for i in range(len(imgs)):
    oldname = imgs[i]
    newname = "pic" + str(i+1) + ".jpg"
    os.rename(oldname, newname)
```

运行代码之后，可以看到所有图片的名称都已经被修改了，如图 12-36 所示。

图 12-36

如果当前文件夹中除了 JPG 格式的图片，还有其他格式的图片或文件，甚至还有文件夹，我们应该怎么处理呢？方法很简单，只需要使用 endswidth() 对文件的扩展名进行判断就可以了。修改后的代码如下：

```python
import os

path = r"D:\imgs"
os.chdir(path)
imgs = os.listdir(path)

for i in range(len(imgs)):
    if imgs[i].endswith(".jpg"):
        oldname = imgs[i]
        newname = "pic" + str(i+1) + ".jpg"
        os.rename(oldname, newname)
```

同样地，小伙伴们可以思考一个问题：如果想要批量处理文件的后缀名，例如将所有".txt"文件修改成".html"文件，此时该怎么实现呢？

最后要说明一点，为什么要使用编程的方式来处理文件，直接用鼠标来操作不是更方便吗？对一两个文件来说，使用鼠标操作确实更方便，但是如果要处理成千上万个文件，鼠标操作的方式就行不通了。

使用 Python 操作文件，最重要的是能够批量处理大量文件，节省了大量时间及成本。理解这一点是非常重要的。

12.13 本章练习

一、选择题

1. 如果想要对文件进行压缩操作，我们可以使用（　　）模块来实现。
   A. os　　　　　　　　　　　　　B. shutil
   C. send2trash　　　　　　　　　D. zipfile

2. 下面有关读取文件的说法中,不正确的是( )。
   A. read() 返回的是一个字符串,readlines() 返回的是一个列表
   B. open() 可以打开一个 Excel 文件
   C. 可以使用相对路径,也可以使用绝对路径
   D. 想要读取中文文本,需要在 open() 中加上 encoding="utf-8"
3. 如果想要以追加的方式写入文件,open() 应该使用( )模式。
   A. "r"   B. "w"
   C. "a"   D. "rw"
4. 如果想要把一个文件夹中的所有文件遍历一次,我们可以使用 os 模块的( )方法。
   A. getcwd()   B. chdir()
   C. listdir()   D. walk()

二、编程题

当前项目下的 img 文件夹中有很多图片,如图 12-37 所示。请编写一个程序来修改这些图片的名称,其中图片的名称是 5 位随机"数字 + 字母"。

图 12-37

第 13 章 文件格式

13.1 文件格式简介

我们都知道，使用文件可以长期地保存数据。上一章中介绍的大多是对 TXT 文件的操作。在实际开发中，仅仅靠 TXT 文件是远远满足不了各种开发需求的。很多时候，我们还需要将数据保存为其他格式的文件，如 JSON 文件、CSV 文件等。

本章将介绍以下 3 种文件的操作。

- JSON 文件。
- CSV 文件。
- Excel 文件。

13.2 JSON 文件

13.2.1 JSON 介绍

JSON 的全称是"JavaScript Object Notation"（即 JavaScript 对象表示法），起源于 JavaScript 语言，如图 13-1 所示。JSON 是 JavaScript 用来处理数据的一种格式。由于这种数据格式非常简单易用，因此 Python 也将其移植过来使用。

那么在实际开发中，什么时候会用到 JSON 这种格式的数据呢？比较常见的场景就是使用网络爬虫去爬取网站中的数据的时候。原因很简单，JSON 本来就是源于 Web 开发的一种数据格式，大多数情况下只有网站才会提供。实际上，几乎所有的网站都会用到 JSON 这

图 13-1

种数据格式。感兴趣的小伙伴们可以看一下本书的实战篇《从 0 到 1——Python 网络爬虫》。

JSON 有两种表示方式：一种是使用字典来表示，另一种是使用列表来表示。如果使用字典来表示，那么它本质上和字典没什么区别，例如：

```
{
    "book": "从0到1",
    "author": "Jack",
    "price": 59
}
```

如果使用列表来表示，那么一般要求列表中的每一个元素是一个字典，例如：

```
[
    {"name": "小杰","age": 21},
    {"name": "小兰","age": 19},
    {"name": "小明","age": 20}
]
```

对于 JSON 格式，我们一定要记住一点：**只能使用双引号，不能使用单引号**。如果使用单引号，可能就会报错。

在 Python 中，我们可以通过引入 json 模块来操作一个 JSON 文件。json 模块是 Python 自带的，我们不需要安装就可以使用它。

13.2.2　操作 JSON 数据

对于操作 JSON 数据，Python 提供了两个常用的方法：json.dumps() 和 json.loads()。

1. json.dumps()

在 Python 中，我们可以使用 json.dumps() 将一个 JSON 类型的数据转换成一个字符串。字典和列表都属于 JSON 类型。

此外，dumps 的全称是"dump string"，中文意思为颠倒字符串。

▼ **语法**：

```
json.dumps(data, ensure_ascii=False)
```

▼ **说明**：

data 是必选参数，它是一个 JSON 数据，也就是字典或列表。ensure_ascii=False 是可选参数，如果包含中文内容，就必须加上该参数。

▼ **举例**：字典

```
import json

data = {"book": "从0到1", "author": "Jack", "price": 59}
result = json.dumps(data, ensure_ascii=False)

print(result)
```

```
print(type(result))
```

输出结果如下：

```
{"book": "从0到1", "author": "Jack", "price": 59}
<class "str">
```

▎ **分析**：

data 是一个字典，json.dumps() 会将它转换成一个字符串，也就是把整个字放到一对单引号里，即 '{"book": " 从 0 到 1", "author": "Jack", "price": 59}'。这种符合 JSON 格式的字符串叫作"JSON 字符串"。

▎ **举例：列表**

```
import json

data = [{"name": "小杰", "age": 21}, {"name": "小兰", "age": 19}, {"name": "小华", "age": 20}]
result = json.dumps(data, ensure_ascii=False)

print(result)
print(type(result))
```

输出结果如下：

```
[{"name": "小杰", "age": 21}, {"name": "小兰", "age": 19}, {"name": "小华", "age": 20}]
<class "str">
```

▎ **分析**：

data 是一个列表，json.dumps() 会将它转换成一个字符串，也就是把整个列表放到一对单引号里，即 '[{"name": " 小杰 ", "age": 21}, {"name": " 小兰 ", "age": 19}, {"name": " 小华 ", "age": 20}]'。

为什么要把一个 JSON（字典或列表）转换成一个字符串呢？这样做有什么意义吗？实际上，由于 JSON 格式简单方便，所以它被大量应用于服务端和客户端之间的数据传输。

例如，当你访问一个网页时，网页的内容就是从服务端传输到浏览器（客户端）的。服务端与客户端之间传输的数据只能是字符串，不能是其他数据。也就是说，如果数据存放在列表中，你是不能直接对这个列表进行传输的，而需要先将其转换成字符串，它才能够在服务端与客户端之间进行传输。

2. json.loads()

在 Python 中，我们可以使用 json.loads() 将一个字符串转换成一个 JSON 类型的数据。loads 是 "load string" 的缩写。

▎ **语法**：

```
json.loads(字符串)
```

▎ **说明**：

该字符串必须符合 JSON 格式的要求，才能被正确转换。也就是说，该字符串必须是一个 JSON 型字符串。

▶ **举例：字典型字符串**

```
import json

string = '{"book": "从0到1", "author": "Jack", "price": 59}'
result = json.loads(string)

print(result)
print(type(result))
```

输出结果如下：

```
{"book": "从0到1", "author": "Jack", "price": 59}
<class "dict">
```

▶ **分析：**

这里的 string 是一个字符串，因为它使用了单引号。这种符合 JSON 格式要求的字符串叫作"JSON 字符串"。

从输出结果可以看出，json.loads() 返回的是一个字典。既然返回的是一个字典，那么我们就可以使用字典的方法来对其进行操作了。例如想要获取书名，我们可以使用 result["book"] 来实现。

▶ **举例：列表型字符串**

```
import json

string = '[{"name": "小杰", "age": 21}, {"name": "小兰", "age": 19}, {"name": "小华", "age": 20}]'
result = json.loads(string)

print(result)
print(type(result))
```

输出结果如下：

```
[{"name": "小杰", "age": 21}, {"name": "小兰", "age": 19}, {"name": "小华", "age": 20}]
<class "list">
```

▶ **分析：**

从输出结果可以看出，json.loads() 返回的是一个列表。既然返回的是一个列表，那么我们就可以使用列表的方法来对其进行操作了。

json.dumps() 和 json.loads() 的操作是相反的，但两者可配合使用。例如服务端有一个列表，我们需要使用 json.dumps() 将它转换成字符串，然后才可以将它传输给客户端。客户端接收了这个字符串，我们还需要使用 json.loads() 将其转换成列表，这样才能让用户获取到字符串里面的数据。至于数据在服务器与客户端之间如何传输，这就涉及 Web 开发方面的知识了。

13.2.3 操作 JSON 文件

如果 JSON 数据是单独保存在一个文件中的，也就是扩展名为".json"的文件（也叫作 JSON 文件），此时我们应该怎么读写 JSON 文件中的数据呢？

在 Python 中，我们可以使用 json.dump() 来把数据写入一个 JSON 文件，也可以使用 json.load() 来读取一个 JSON 文件中的数据。

需要注意的是，json.dumps() 和 json.loads() 用于操作 JSON 数据，而 json.dump() 和 json.load() 用于操作 JSON 文件。

1. json.dump()

在 Python 中，我们可以使用 json.dump() 把数据写入一个 JSON 文件。

▼ **语法：**

```
import json

file = open(路径, "w", encoding="utf-8")
json.dump(data, file, ensure_ascii=False)
...
file.close()
```

▼ **说明：**

这里需要先使用 open() 函数来打开一个文件，这和打开其他所有文本文件是一样的。但是在这里，我们不再使用 File 对象的 write() 方法，而是将这个 File 对象传递给 json.dump()。

dump() 接收 3 个参数：data 是一个 JSON 数据；file 是一个 File 对象；ensure_ascii=False 是一个可选参数，如果包含中文内容，就必须加上该参数。

在当前项目中创建一个名为"files"的文件夹，此时的项目结构如图 13-2 所示。

▼ **举例：**

```
import json

data = {"book": "从0到1", "author": "Jack", "price": 59}
file = open(r"files\book.json", "w", encoding="utf-8")
json.dump(data, file, ensure_ascii=False)
file.close()
```

图 13-2

运行代码之后，项目结构如图 13-3 所示。

图 13-3

▼ **分析：**

当我们打开 book.json 文件后，可以发现内容已经被写进去了。这里的 data 是一个字典，当然也可以将它转换成列表。

2. json.load()

在 Python 中，我们可以使用 json.load() 来读取一个 JSON 文件中的数据。

▌语法：

```
import json

file = open(路径, "r", encoding="utf-8")
data = json.load(file)
...
file.close()
```

▌说明：

我们在当前项目的 files 文件夹中创建一个 student.json 文件，如图 13-4 所示。然后往 student.json 中添加一个列表，如图 13-5 所示。

图 13-4

图 13-5

▌举例：

```
import json

file = open(r"files\student.json", "r", encoding="utf-8")    # 读取文件
data = json.load(file)                                        # 转换为列表

print(data)
print(data[0]["name"])                                        # 使用列表的方法
file.close()
```

输出结果如下：

```
[{"name": "小杰", "age": 21}, {"name": "小兰", "age": 19}, {"name": "小明", "age": 20}]
小杰
```

13.3　CSV 文件

13.3.1　CSV 介绍

CSV 的全称为"Comma-Separated Values"（逗号分隔的值）。CSV 文件是简化的 Excel 文件，它保存的是纯文本格式的数据，如图 13-6 所示。

CSV 文件中的一行代表电子表格中的一行，用逗号分隔了该行中的单元格。下面就是一个 CSV 文件的示例，第 1 行是列名，其他行是数据：

图 13-6

```
id, name, gender, province
1001, 小杰, 男, 广东
1002, 小明, 男, 江苏
1003, 小红, 女, 北京
1004, 小丽, 女, 上海
1005, 小华, 男, 广西
```

相对于 Excel 文件，CSV 文件少了很多功能，例如以下这些方面。

- 值没有类型，所有值都是字符串。
- 没有字体大小或颜色的设置。
- 没有多个工作表。
- 不能合并单元格。
- 不能嵌入图像或图表。
- 不能指定单元格的宽度和高度。

不过 CSV 文件的优势是简单易用，你可以把它看成一个简化的 Excel 文件。实际上，我们可以使用 Excel 软件来打开一个 CSV 文件。

对于 CSV 文件，有一点要特别注意：**CSV 文件最后需要空一行**，如图 13-7 所示。对于这个空行，我们需要知道以下 3 点。

- 必须要有一个空行，如果没有空行，会出现很多问题。
- 只能有一个空行，而不能有多个空行。
- 在统计有效数据的行数时，这个空行是不会被统计进去的。

图 13-7

13.3.2 操作 CSV 文件

在 Python 中，我们可以通过引入 csv 模块来操作 CSV 文件。csv 模块是 Python 自带的，所以我们不需要安装就可以使用它。

1. csv.reader()

在 Python 中，我们可以使用 csv.reader() 来读取一个 CSV 文件。

▼ **语法：**

```
import csv

file = open(路径, "r", encoding="utf-8")
reader = csv.reader(file)
...
file.close()
```

▼ **说明：**

想要读取一个 CSV 文件，需要先使用 open() 函数打开这个 CSV 文件，就像打开其他文本文件一样。接着将 open() 函数返回的 File 对象作为参数传递给 csv.reader()。

其中，csv.reader() 会返回一个 Reader 对象。该 Reader 对象可以让你遍历 CSV 文件中的每一行。

接下来，我们在当前项目的 files 文件夹中添加一个 fruit.csv 文件（见图 13-8），并往 fruit.csv 文件中添加一些内容，如图 13-9 所示。需要注意的是，fruit.csv 文件最后必须要有一个空行。

图 13-8　　　　　　　　　　　　　图 13-9

▼ 举例：读取 CSV 文件

```
import csv

file = open(r"files\fruit.csv", "r", encoding="utf-8")
reader = csv.reader(file)
data = list(reader)
print(data)
file.close()
```

输出结果如下：

[["id", "name", "price"], ["1", "苹果", "6.4"], ["2", "西瓜", "2.5"], ["3", "香蕉", "7.8"], ["4", "李子", "12.4"], ["5", "雪梨", "3.5"]]

▼ 分析：

想要访问 Reader 对象中的数据，最简单的办法就是使用 list() 函数将其转换为一个列表（这个列表是一个二维列表），然后就可以通过下标的方式获取某一个单元格中的值。

open() 函数不仅可以用于打开 TXT 文件，还可以用于打开 JSON 文件及 CSV 文件。TXT 文件、JSON 文件和 CSV 文件都是纯文本文件。也就是说，open() 函数可以打开任意的纯文本文件。了解这一点，对理解文件操作是非常有用的。

▼ 举例：获取单元格中的值

```
import csv

file = open(r"files\fruit.csv", "r", encoding="utf-8")
reader = csv.reader(file)
fruits= list(reader)
del fruits[0]                          # 删除第1行，即列名行
for fruit in fruits:
    print(fruit[1])
file.close()
```

输出结果如下：

苹果
西瓜
香蕉
李子
雪梨

▌ 举例：遍历每一行

```
import csv

file = open(r"files\fruit.csv", "r", encoding="utf-8")
reader = csv.reader(file)
for row in reader:
    result = "第" + str(reader.line_num) + "行: " + str(row)
    print(result)
file.close()
```

输出结果如下：

```
第1行: ["id", "name", "price"]
第2行: ["1", "苹果", "6.4"]
第3行: ["2", "西瓜", "2.5"]
第4行: ["3", "香蕉", "7.8"]
第5行: ["4", "李子", "12.4"]
第6行: ["5", "雪梨", "3.5"]
```

▌ 分析：

在导入 csv 模块并从 CSV 文件中得到 Reader 对象之后，可以循环遍历 Reader 对象中的行。其中，每一行是一个列表，列表中的每一个元素表示一个单元格。

对于大型 CSV 文件来说，我们可以在一个 for 循环中使用 Reader 对象，这样可以避免将整个文件一次性装入内存。所以上面这种方式更适合处理数据量比较大的 CSV 文件。

此外，如果想要获取行号，我们可以使用 Reader 对象的 line_num 属性。

2. csv.writer()

在 Python 中，我们可以使用 csv.writer() 来将数据写入一个 CSV 文件。

▌ 语法：

```
import csv

file = open(路径, "w", encoding="utf-8")
writer = csv.writer(file)
...
file.close()
```

▌ 说明：

想要往 CSV 文件中写入数据，我们需要先使用 open() 函数打开文件，注意此时使用的是 "w" 模式。如果想要以"追加"的方式写入数据，应该使用 "a" 模式。打开文件之后，使用 csv 模块的

writer() 方法来写入数据。

▼ **举例**：

```
import csv

file = open(r"files\fruit.csv", "a", encoding="utf-8")
writer = csv.writer(file)
writer.writerow(["6", "香瓜", "3.7"])
writer.writerow(["7", "桃子", "10.2"])
writer.writerow(["8", "菠萝", "4.8"])
file.close()
```

运行代码之后，我们打开 fruit.csv 文件，可以看到数据已经被添加进去了，如图 13-10 所示。

▼ **分析**：

从输出结果可以看出，数据虽然添加进去了，但是多了很多空行，这是怎么回事呢？想要解决这个问题，我们可以在 open() 函数中添加 newline="" 这个参数：

```
file = open(r"files\fruit.csv", "a", encoding="utf-8", newline="")
```

然后我们把 fruit.csv 文件中的数据重置成原来的样子，再次运行代码，此时效果就正常了，如图 13-11 所示。

最后要说明一点，之前反复强调 CSV 文件的最后要有一个空行，如果没有这个空行，又会怎么样呢？我们重塑 fruit.csv 文件（见图 13-12），并且把最后的空行删除，然后执行上面例子中的代码，结果如图 13-13 所示。

图 13-10

图 13-11

图 13-12

图 13-13

如果没有这一个空行，那么下一次追加的内容就会紧贴在原数据的后面，而不是另起一行显示数据，这样就达不到预期的效果了。所以小伙伴们在使用 CSV 文件时，一定别忘了最后要加一个空行。

13.4 Excel 文件

13.4.1 Excel 介绍

Excel 是一款非常强大的电子表格应用软件，如图 13-14 所示。对 Excel 文件进行处理是 Python 中很常见的一个操作，例如网络爬虫获取的大量数据需要导入 Excel 保存，成堆的科学实验数据需要导入 Excel 进行分析。

在 Python 中，我们可以通过导入 openpyxl 模块来操作 Excel 文件。由于 openpyxl 是第三方模块，因此我们在使用之前需要手动安装该模块。安装 openpyxl 模块非常简单，只需要打开 VSCode 终端窗口，输入下面这句命令，然后按 Enter 键即可，如图 13-15 所示。命令如下：

```
pip install openpyxl
```

图 13-14

图 13-15

13.4.2 读取 Excel 文件

我们在当前项目的 files 文件夹中新建一个名为 "fruit.xlsx" 的文件，然后往文件中添加数据，如图 13-16 所示。

1. Workbook 对象

在 Python 中，我们可以使用 openpyxl 模块的 load_workbook() 方法来获取一个 Workbook 对象，该对象代表的就是整个 Excel 文件。

图 13-16

▎ **语法**：

```
import openpyxl
wb = openpyxl.load_workbook(路径)
```

▎ **说明**：

openpyxl.load_workbook() 接收一个路径作为参数，该方法返回的是一个 Workbook 对象，这个对象代表的就是一个 Excel 文件，类似于 File 对象代表一个文本文件。

Workbook 对象提供了很多属性，其中常见的如表 13-1 所示。

表 13-1　Workbook 对象的常见属性

属性	说明
sheetnames	获取所有表，返回的是一个列表
active	获取当前的活动表，返回的是一个 Worksheet 对象

wb.active 获取的是当前的活动表。活动表指的是打开 Excel 时出现的工作表。如果想要获取某一张表，可以使用 wb[" 表名 "] 的方式来获取。

wb.active 和 wb[" 表名 "] 返回的都是一个 Worksheet 对象。每一个 Worksheet 对象代表的是一张表。

▼ 举例：

```
import openpyxl

wb = openpyxl.load_workbook(r"files\fruit.xlsx")
print(type(wb))
```

输出结果如下：

```
<class "openpyxl.workbook.workbook.Workbook">
```

▼ 举例：获取所有的表

```
import openpyxl

wb = openpyxl.load_workbook(r"files\fruit.xlsx")
sheets = wb.sheetnames
print(sheets)
print(type(sheets))
```

输出结果如下：

```
["Sheet1", "Sheet2", "Sheet3"]
<class "list">
```

▼ 举例：获取当前活动表

```
import openpyxl

wb = openpyxl.load_workbook(r"files\fruit.xlsx")
sheet = wb.active

print(sheet.title)
print(type(sheet))
```

输出结果如下：

```
Sheet1
<class "openpyxl.worksheet.worksheet.Worksheet">
```

▼ 举例：获取某一张表

```
import openpyxl
```

```
wb = openpyxl.load_workbook(r"files\fruit.xlsx")
sheet = wb["Sheet3"]

print(sheet.title)
print(type(sheet))
```

输出结果如下：

```
Sheet3
<class "openpyxl.worksheet.worksheet.Worksheet">
```

2. Worksheet 对象

我们可以使用 wb[" 表名 "] 的方式来获取某一张表，也可以使用 wb.active 来获取当前活动表。wb[" 表名 "] 和 wb.active 返回的都是一个 Worksheet 对象。

Worksheet 对象的属性很多，其中常见的如表 13-2 所示。

表 13-2　Worksheet 对象的常见属性

属性	说明
title	标题
max_row	行数
max_column	列数
rows	按行获取单元格（生成器）
columns	按列获取单元格（生成器）

▌ 举例：获取行数和列数

```
import openpyxl

wb = openpyxl.load_workbook(r"files\fruit.xlsx")
sheet = wb.active

print("行数: ", sheet.max_row)
print("列数: " , sheet.max_column)
```

输出结果如下：

```
行数: 6
列数: 3
```

▌ 举例：操作行或列

```
import openpyxl

wb = openpyxl.load_workbook(r"files\fruit.xlsx")
sheet = wb.active

for rows in sheet["B2": "B6"]:
    for cell in rows:
        print(cell.value)
```

输出结果如下：

```
苹果
西瓜
香蕉
李子
雪梨
```

分析：

sheet["B2":"B6"] 表示获取 B 列中的第 2 行到第 6 行，"B2" 中的 “B” 表示列号，“2” 表示行号。打开 Excel 文件，我们可以很直观地看出列号与行号，如图 13-17 所示。

	A	B	C
1	id	name	price
2	1	苹果	6.4
3	2	西瓜	2.5
4	3	香蕉	7.8
5	4	李子	12.4
6	5	雪梨	3.5

图 13-17

3. Cell 对象

有了Worksheet对象后，就可以借助它来获取Cell对象了。每一个单元格就是一个Cell对象。想要获取某一个单元格，有以下两种方法。

- sheet[“单元格名 "]。
- cell()。

（1）sheet[" 单元格名 "]。

在 Python 中，我们可以使用 sheet[" 单元格名 "] 的方式来获取某一个单元格。

语法：

```
sheet["单元格名"]
```

说明：

单元格名指的是由列号和行号组成的名字，如 A1、B1、C1 等。

sheet[" 单元格名 "] 返回的是一个 Cell 对象。Cell 对象的常见属性如表 13-3 所示。

表 13-3 Cell 对象的常见属性

属性	说明
value	单元格的值
column	单元格所在的列，如 “A”
row	单元格所在的行，如 “1”
corrdinate	单元格的位置，如 “A1”

举例：

```
import openpyxl

wb = openpyxl.load_workbook(r"files\fruit.xlsx")
sheet = wb.active

print(sheet["B2"].value)
print(sheet["C2"].value)
```

输出结果如下：

苹果
6.4

▌ 举例：

```
import openpyxl

wb = openpyxl.load_workbook(r"files\fruit.xlsx")
sheet = wb.active
cell = sheet["B2"]

print("单元格: ", cell.coordinate)
print("值: ", cell.value)
```

输出结果如下：

单元格: B2
值: 苹果

▌ 分析：

使用字母来表示列可能有点奇怪，特别是在 Z 列之后，程序会用两个字母来表示列，如 AA、AB、AC 等。那么有没有更好的表示列的方法呢？这就得用到接下来介绍的 cell() 方法了。

（2）cell()。

在 Python 中，我们还可以使用 cell() 方法来获取某一个单元格。

▌ 语法：

```
sheet.cell(column=m, row=n)
```

▌ 说明：

cell() 是 Worksheet 对象的一个方法，它可以接收 column 和 row 两个参数。column 用于设置列数，row 用于设置行数。

▌ 举例：获取某一个单元格

```
import openpyxl

wb = openpyxl.load_workbook(r"files\fruit.xlsx")
sheet = wb.active
cell = sheet.cell(column=2, row=3)

print(cell.value)
```

输出结果如下：

西瓜

▌ 分析：

对于这个例子来说，下面两种方式是等价的。

```
# 方式1
```

```
cell = sheet["C2"]

# 方式2
cell = sheet.cell(column=3, row=2)
```

▶ 举例：获取某一列的所有单元格

```
import openpyxl

wb = openpyxl.load_workbook(r"files\fruit.xlsx")
sheet = wb.active

for i in range(2, sheet.max_row + 1):
    print(sheet.cell(row=i, column=2).value)
```

输出结果如下：

苹果
西瓜
香蕉
李子
雪梨

▶ 分析：

最后我们来总结一下，Excel 文件的操作有以下两个要点。

- 一个 Workbook 对象代表一个 Excel 文件，一个 Worksheet 对象代表一张表，一个 Cell 对象代表一个单元格。
- 我们先通过 Workbook 对象来找到 Worksheet 对象，然后通过 Worksheet 对象来找到 Cell 对象。

13.5　实战题：逆序输出

假设有一个 student.csv 文件，里面记录的是 2011 ～ 2020 年每年高考的人数，如图 13-18 所示。接下来我们尝试将 student.csv 文件中的数据进行逆序排列，然后输出到一个新创建的 result.csv 文件中，如图 13-19 所示。

图 13-18　　　　　　　　图 13-19

实现代码如下：

```python
import csv

# 读取数据
file_reader = open(r"data\student.csv", "r", encoding="utf-8")
reader = csv.reader(file_reader)

# 处理数据
data = list(reader)
first_item = data[0]                    # 获取第1行，即列名行
del data[0]                             # 删除第1行，即列名行
data.reverse()                          # 逆序
data.insert(0, first_item)              # 插入列名行

# 写入文件
file_writer = open(r"data\result.csv", "a", encoding="utf-8", newline="")
writer = csv.writer(file_writer)
for item in data:
    writer.writerow(item)

# 关闭文件
file_reader.close()
file_writer.close()
```

▼ **分析：**

我们要特别注意，CSV 文件的第 1 行是列名，在输出前后其位置是不变的。

13.6　本章练习

选择题

1. 下面的文件中，无法使用 open() 函数打开的是（　　）文件。
   A. TXT   B. CSV
   C. JSON   D. Excel

2. 当使用 json.dumps() 来操作 JSON 数据时，如果其中包含中文，我们可以使用（　　）参数来解决乱码问题。
   A. encoding="utf-8"   B. encode="utf-8"
   C. ensure_ascii=True   D. ensure_ascii=False

3. 如果想要使用 json 模块来读取一个 JSON 文件，我们可以使用（　　）方法来实现。
   A. dumps()   B. dump()
   C. loads()   D. load()

4. 下面有关 CSV 文件的说法中，不正确的是（　　）。
   A. CSV 文件既可以使用记事本打开，也可以使用 Excel 打开
   B. CSV 文件最后需要有一个空行
   C. CSV 文件的值可以是字符串，也可以是数字
   D. CSV 文件是纯文本文件

第 14 章 异常处理

14.1 异常是什么?

14.1.1 异常介绍

在前面的学习中,我们经常可以看到程序运行后会出现各种错误,举个简单的例子:

```
>>> print(a)
Traceback (most recent call last):
  File "<pyshell#0>", line 1, in <module>
    print(a)
NameError: name "a" is not defined
```

这就是"异常",也称"报错"。异常是一个事件,这个事件会在程序运行过程中发生。一般情况下,Python 无法正常处理程序时就会发生异常。

在 Python 中,每一个异常都是一些类的实例,因此我们可以使用对应的方法对其进行捕获,使得这些异常可以被处理,而不是让整个程序运行失败。

14.1.2 常见异常

了解常见的异常可以帮助我们快速地判断该异常出现的原因,以便更快地解决异常。在 Python 中,常见的异常有 8 种,如表 14-1 所示。

表 14-1　常见异常

异常	说明
NameError	变量不存在
AttributeError	属性不存在
KeyError	键不存在
SyntaxError	语法错误
TypeError	类型错误
ZeroDivisionError	除数为 0
IndexError	索引超出范围
IOError	输入 / 输出异常

对于这些异常，小伙伴们不需要全部记住，但是要尽量认得。事实上，除了表 14-1 列出的这些，Python 中还有很多其他的异常，对于初学者来说，只需要掌握上面这些异常就够了。

1. NameError

当尝试访问一个不存在的变量时，Python 就会抛出 NameError 异常，例如：

```
>>> print(a)
Traceback (most recent call last):
  File "<pyshell#13>", line 1, in <module>
    print(a)
NameError: name "a" is not defined
```

2. AttributeError

当尝试访问一个不存在的属性时，Python 就会抛出 AttributeError 异常，例如：

```
>>> colors = []
>>> print(colors.name)
Traceback (most recent call last):
  File "<pyshell#3>", line 1, in <module>
    colors.name
AttributeError: "list" object has no attribute "name"
```

3. KeyError

当尝试访问字典中一个不存在的键时，Python 就会抛出 KeyError 异常，例如：

```
>>> nums={"one":1, "two":2, "three":3}
>>> print(nums["four"])
Traceback (most recent call last):
  File "<pyshell#14>", line 1, in <module>
    print(dict["four"])
KeyError: "four"
```

4. SyntaxError

当语法发生错误时，Python 就会抛出 SyntaxError 异常，例如：

```
>>> students=["小杰":1001]
```

```
SyntaxError: invalid syntax
```

对于字典，我们应该使用大括号，而这里却使用了中括号，因此 Python 会抛出 SyntaxError 异常。

5. TypeError

当对不同类型的数据进行计算时，Python 就会抛出 TypeError 异常，例如：

```
>>> print(1 + "2")
Traceback (most recent call last):
  File "<pyshell#16>", line 1, in <module>
    print(1+"2")
TypeError: unsupported operand type(s) for +: "int" and "str"
```

6. ZeroDivisionError

我们都知道，除数是不能为 0 的，否则 Python 会抛出 ZeroDivisionError 异常，例如：

```
>>> result = 666 / 0
Traceback (most recent call last):
  File "<pyshell#17>", line 1, in <module>
    result=666/0
ZeroDivisionError: division by zero
```

7. IndexError

当索引超出序列（列表、元组、字符串）的范围时，Python 就会抛出 IndexError 异常，例如：

```
>>> nums = [1, 2, 3, 4, 5]
>>> print(nums[8])
Traceback (most recent call last):
  File "<pyshell#5>", line 1, in <module>
    print(numbers[8])
IndexError: list index out of range
```

8. IOError

IOError 指的是系统输入或输出时产生的异常，如果打开了一个不存在的文件 Python 就会抛出 FileNotFoundError 异常。这个 FileNotFoundError 就是 IOError 的子类，例如：

```
>>> file = open(r"D:\welcome.txt")
Traceback (most recent call last):
  File "<pyshell#0>", line 1, in <module>
    file=open(r"D:\welcome.txt")
FileNotFoundError: [Errno 2] No such file or directory: "D:\\welcome.txt"
```

14.2 处理异常

14.2.1 try...except... 语句

在 Python 中，我们可以使用 try...except... 语句来捕获异常或处理异常。

▌ **语法**：

```
try:
    # 需要检测的代码
except Exception as reason:
    # 出现异常后的处理代码
```

▌ **说明**：

try 语句后面接的是可能会出错的代码，except 语句后面接的是出现异常后的处理代码。try 语句后面的代码块中，一旦有一句代码出现异常，剩下的语句将不会被执行。

except 语句中，Exception 是一个参数，表示异常类型（如 NameError、IndexError），异常类型可以是一个或多个，如果是多个。则使用元组来保存，表示对这些异常进行统一的处理。

as reason 是一个可选语句，我们可以通过 reason 来捕获异常的详细信息。此外，对于 try...except... 语句，我们还可以使用多个 except 子句来处理不同的异常。

下面通过例子来进行介绍，以便小伙伴们更好地理解。

▌ **举例：处理单个异常**

```
try:
    print(a)
except NameError:
    print("变量不存在")
```

输出结果如下：

变量不存在

▌ **分析**：

如果你认为某一段代码有问题，你可以把这段代码放到 try 语句中，然后利用 except 语句对其进行处理。其中 except 语句后面要接一个异常类型，常见异常类型在上一节中已经介绍过了。也就是说，你认为某一段代码有问题后，你要预估这段代码会出现什么异常，只有出现了这个异常后，except 后面接的处理代码才会被执行。

像下面这段代码，我们预估代码会出现 TypeError 异常，但是实际上代码出现的是 NameError 异常，则 except 后面接的处理代码不会被执行：

```
try:
    print(a)
except TypeError:
    print("变量不存在")
```

对于这个例子，我们还可以使用 as reason 捕获详细的异常信息，实现代码如下：

```
try:
    print(a)
except NameError as reason:
    print("错误原因:", reason)
```

输出结果如下：

name "a" is not defined

except 后面要接一个异常类型，并且我们需要预估这段代码会出现什么异常，那么为什么还需要用 try...except... 去捕获异常呢？

我们都知道，一旦发生了异常，整个程序就会被中断。处理异常的目的并不是要知道发生了什么异常，而是要在程序的某段代码发生异常后，保证该异常代码后面的程序还能继续被执行。请看下面的例子。

▶ 举例：没有加上异常处理语句

```
print(a)
print(1 + 1)
```

输出结果如下：

报错

▶ 分析：

在上面的例子中，由于变量 a 不存在，因此执行 print(a) 后会发生异常，后面的 print(1+1) 也不会被执行了。如果我们想要在发生异常后，让后面的 print(1+1) 依旧被执行，该怎么办呢？此时就需要使用异常处理语句。

▶ 举例：加上异常处理语句

```
try:
    print(a)
except NameError:
    print("变量不存在")
print(1 + 1)
```

输出结果如下：

变量不存在
2

▶ 分析：

异常处理语句可以使我们的代码更加健壮，即使某些代码发生了异常，也不会影响后面代码的执行，这才是异常处理的目的所在。

▶ 举例：处理多个异常

```
try:
    sum = 1 + "2"
    nums = [1, 2, 3, 4, 5]
    print(sum)
    print(nums[8])
except (TypeError, IndexError) as reason:
    print(str(reason))
```

输出结果如下：

unsupported operand type(s) for +: "int" and "str"

▼ 分析：

(TypeError, IndexError) 是一个元组，这个元组中有两个元素：TypeError、IndexError。对于多个异常的处理，我们都是使用元组的语法来实现的。

正常来说，上面这个例子的代码中应该有两个异常，为什么这里只输出了 TypeError 这一个异常的信息呢？原因是这样的：try 语句后面的代码块中，一旦有一句代码出现了异常，剩下的语句将不会被执行，也就是说我们只能使用 as reason 捕获到第 1 个异常。

即使如此，捕获多个异常的方式还是很有用的。假如我们希望使用多个 except 子句来输出同样的信息，就没有必要在几个 except 子句中重复输入相同的语句，而应该将其放到同一个 except 语句中处理。请看下面的例子。

▼ 举例：处理多个异常

```
try:
    sum = 1 + "2"
    nums = [1, 2, 3, 4, 5]
    print(sum)
    print(nums[8])
except IndexError:
    print("可能出现IndexError或TypeError或SyntaxError")
except TypeError:
    print("可能出现IndexError或TypeError或SyntaxError")
except SyntaxError:
    print("可能出现IndexError或TypeError或SyntaxError")
```

输出结果如下：

可能出现IndexError或TypeError或SyntaxError

▼ 分析：

像上面这种情况，最好的办法就是使用捕获多个异常的语法，实现代码如下：

```
try:
    sum = 1 + "2"
    numbers = [1, 2, 3, 4, 5]
    print(sum)
    print(numbers[8])
except (IndexError,TypeError, SyntaxError):
    print("可能出现IndexError或TypeError或SyntaxError")
```

▼ 举例：处理所有异常

```
try:
    sum = 1 + "2"
except:
    print("代码出错了！")
```

输出结果如下：

代码出错了!

▶ 分析：

如果你无法确定要对哪一类异常进行处理，只是希望在 try 语句块中出现任何异常后，程序可以给一个简单的提示，就可以像上面那样简单处理。不过在实际开发中，并不建议这样做，因为它会隐藏所有我们未想到并且未做好准备的错误。

14.2.2 else 子句

except 后的代码是代码块发生异常时的处理代码。如果我们希望在代码块没有发生异常时去做一些事情，该怎么办呢？实际上，Python 为我们提供了 else 子句来实现该功能，也就是 try...except...else...。

▶ 语法：

```
try:
    ...
except Exception as reason:
    ...
else:
    ...
```

▶ 说明：

当程序没有发生异常时，通过添加一个 else 子句来做一些事情（如输出一些信息）很有用，这可以帮助我们更好地判断程序的执行情况。

从之前的学习中我们可以知道，else 子句不仅可以跟 if 语句搭配使用，还可以跟 try 语句搭配使用。

▶ 举例：

```
try:
    a = 1
    print(a)
except NameError:
    print("变量不存在")
else:
    print("程序正常执行")
```

输出结果如下：

```
1
程序正常执行
```

14.2.3 finally 子句

如果希望不管代码块有没有发生异常，都继续执行某些语句，我们可以使用 finally 子句来实现。

▼ **语法**：

```
try:
    ...
except Exception as reason:
    ...
finally:
    ...
```

▼ **举例**：

```
try:
    file = open(r"files\A.txt", "r", encoding="utf-8")
    sum = file.read() + 1000
    file.close()
except TypeError as reason:
    print(reason)
```

输出结果如下：

```
Traceback (most recent call last):
  File "C:\Users\hasee\Desktop\python-test\test.py", line 2, in <module>
    result = file.read() + 1000
TypeError: can only concatenate str (not "int") to str
```

▼ **分析**：

在这个例子中，程序从上到下执行，但是执行到 sum=file.read()+1000 这一句代码时就会发生异常，后面的 file.close() 就不会被执行了。此时文件已经被打开了，却没有被关闭，这不符合我们的预期。

如果希望不管 try 代码块中是否发生异常，file.close() 都会被执行，就可以使用 finally 子句来实现，代码如下：

```
try:
    file = open(r"files\A.txt", "r", encoding="utf-8")
    sum = file.read() + 1000
except TypeError as reason:
    print(reason)
finally:
    file.close()
```

对于 try...except...finally... 语句，如果 try 语句块中没有发生任何异常，则会跳过 except 语句块，然后执行 finally 语句块。如果 try 语句块中发生异常，则会先执行 except 语句块，再执行 finally 语句块。也就是说，无论 finally 语句块中是否发生异常，它都一定会被执行。

最后，我们总结一下异常处理，有以下 3 点需要注意。

- ▶ except 语句可以有多个，Python 会按照顺序执行。如果异常已经被处理，后面的 except 语句块就不会被执行了。
- ▶ 在 except 语句中，可以用元组的形式同时指定多个异常类型。
- ▶ 如果 except 语句后面没有指定异常类型，则表示捕获所有异常。

14.3 深入了解

程序主要是由语法和数据组成的，这两者只要任何一个出现了问题，都会导致程序出错。很多时候，这种出错是不可避免的。

对于程序中的错误，我们可以简单分为 3 种：低级错误、中级错误和高级错误。

14.3.1 低级错误

低级错误一般指的是语法错误，代码通常在编写或调试的时候就已经报错了。

▌ **举例**：

```
>>> print(1 + "2")
Traceback (most recent call last):
  File "<pyshell#16>", line 1, in <module>
    print(1+"2")
TypeError: unsupported operand type(s) for +: "int" and "str"
```

上面这样的错误就是初学者最容易犯的语法错误之一，数字与字符串是不能直接相加的，否则 Python 就会报 TypeError 异常。

14.3.2 中级错误

中级错误一般是一些隐性的错误，主要指代码存在逻辑缺陷或逻辑错误。

▌ **举例：隐性错误**

```
def reverse(nums):
    nums.reverse()
    print(nums)
reverse([1, 2, 3, 4, 5])
```

输出结果如下：

[5, 4, 3, 2, 1]

▌ **分析**：

上面的代码经过测试后没发现什么问题。这里注意一下，函数传输的数据是一个列表，程序运行得很正常。

但是在实际使用中，用户有可能会给函数传递一个字典，此时代码如下：

```
def reverse(nums):
    nums.reverse()
    print(nums)
reverse({"小杰": 1001, "小兰": 1002, "小明": 1003})
```

输出结果如下:

(报错)AttributeError: "dict" object has no attribute "reverse"

错误的传递对象导致正常运行的程序出错,这就是隐性错误。隐性错误的特点是正常情况下程序运行正常,特殊情况下(如传入数据没有检查类型、边界值没有考虑周到等)就会出错。有些隐性错误甚至不报错,而会直接输出错误结果,这样更加糟糕。

实际上,这一章介绍的异常处理语句,主要用于处理中级错误(也就是隐性错误)。

▶ 举例:加上异常处理语句

```
def reverse(nums):
    try:
        nums.reverse()
        print(nums)
    except:
        print("传入的值必须是一个列表")
reverse({1: "小明", 2: "小红", 3: "小杰"})
reverse([1, 2, 3, 4, 5])
```

输出结果如下:

传入的值必须是一个列表
[5, 4, 3, 2, 1]

▶ 分析:

这里要说明一点,except 后不接任何内容时,表示捕获所有异常。虽然之前说过不推荐使用这样的方式,但实际上,当我们可以确定程序只会出现某一种异常,不太可能会出现其他异常的时候,使用这样的方式处理起来更加简单。

当然了,对于上面这个例子,像下面这样写也是完全没问题的:

```
def reverseList(nums):
    try:
        nums.reverse()
        print(nums)
    except AttributeError:
        print("传入的值必须是一个列表")
reverse({1: "小明", 2: "小红", 3: "小杰"})
reverse([1, 2, 3, 4, 5])
```

14.3.3 高级错误

高级错误指的是不确定的异常错误,主要指软件代码本身没有问题,输入的数据也能得到控制,但是在运行过程中运行环境带来的一些不确定性异常,主要包括下面几种。

- ▶ 软件尝试打开一个文件,但这个文件已经被破坏或被独占。
- ▶ 硬件出现故障,使软件无法正常运行。
- ▶ 数据库被破坏,使软件无法读写数据。

- 往数据库插入数据时，网络突然中断，导致数据丢失。

在实际开发中，我们应该尽量考虑周到，避免出现上面这些错误。如果一个软件常出现 bug，其用户体验是非常差的，这样会导致大量用户的流失。

14.4 本章练习

一、选择题

1. 如果试图打开一个不存在的文件，会触发的异常是（　　）。
   A. KeyError　　　　　　　　　　　　B. NameError
   C. SyntaxError　　　　　　　　　　　D. IOError
2. 在异常处理中，else 子句一般用于（　　）。
   A. 处理异常
   B. 完成没有发生异常时做的事情
   C. 完成不满足 if 条件时做的事情
   D. 处理异常并同时完成仍在做的事情

二、编程题

编写程序，从键盘输入一个计算表达式（如 2*4、10/5 等），然后得到运算结果。代码如下所示。eval() 可以将一个字符串当成有效表达式来执行，例如 eval("2*4") 会返回 8，而 eval("10/5") 会返回 2 等。

```
string = input()
result = eval(string)
print(result)
```

由于可能包含除以 0 的计算，因此需要把这段代码放在 try/except 语句中，如果发生 ZeroDivisionError 异常，则输出"除数不能为 0"；然后不管是否发生异常，都输出字符串"It is done!"。请编写程序，使用异常处理语句来实现上述操作。

第 15 章 正则表达式

15.1 正则表达式是什么？

正则表达式的全称为"Regular Expression"，在代码中常缩写为 regex 或 re。**正则表达式指的是用某种模式去匹配一类字符串的公式**（仔细琢磨这句话）。

怎么理解呢？大多数网站有注册与登录功能（见图 15-1），其表单中都有相应的验证功能。例如账号名只能是英文字母，密码不少于 6 个字符，而手机号码必须是数字等。那么程序是怎么判断用户输入的内容是否符合相应表单的要求的呢？这就需要用到 Python 中的正则表达式了。

图 15-1

在表单中，我们可以使用 Python 定义一种模式。如果用户输入的内容符合这种模式，就通过；如果用户输入的内容不符合这种模式，就不通过。这种模式指的就是正则表达式。

还有一个大家经常使用的功能：在 Word 中，我们可以使用 Ctrl+F 快捷键来快速查找某个字符串。Word 之所以能够找到符合条件的字符串，是因为其使用了正则表达式。

学习正则表达式，就是学习怎样定义一种"匹配模式"的语法，也就是学习各种匹配的规则，例如想要匹配数字应该怎么写、匹配字符串应该怎么写等。

正则表达式一般需要两部分的内容：**一是被验证的字符串，二是正则表达式**。我们可以把被验证的字符串比喻成"等待检验的产品"，把正则表达式比喻成"校验工厂"。产品在生产流水线上被检查时，合格的就通过，不合格的就扔掉。

15.2 正则表达式的使用

在 Python 中，我们可以引入 re 模块来使用正则表达式。

▼ **语法**：

```
import re
re.findall(pattern, string)
```

▼ **说明**：

findall() 方法用于查找字符串中符合条件的部分。findall() 方法有两个参数：pattern 是一个正则表达式，string 是一个字符串。

findall() 方法会返回一个列表，该列表存放的是所有符合条件的子字符串。

▼ **举例**：

```
import re

result = re.findall(r"\d\d\d-\d\d\d\d\d\d", "我的电话号码是：020-666666、020-888888")
print(result)
```

输出结果如下：

```
["020-666666", "020-888888"]
```

▼ **分析**：

r"\d\d\d-\d\d\d\d\d\d" 是一个原始字符串，这个原始字符串就是正则表达式。每一个 \d 表示匹配一个数字，也就是说只有 "xxx-xxxxxx" 格式的数字字符串才满足匹配条件。

当然了，如果正则表达式或字符串太长，我们可以分开来定义，修改后的代码如下：

```
import re

pattern = r"\d\d\d-\d\d\d\d\d\d"
string = "我的电话号码是：020-666666、020-888888"
result = re.findall(pattern, string)
print(result)
```

findall() 方法返回的是一个列表。在实际开发中我们有时只需要获取第 1 个匹配到的值，此时只需要使用下标 "[0]" 就可以了，也就是 result[0]。

最后请记住一点，使用正则表达式，我们都需要提供两部分内容：正则表达式、被验证的字符串。

15.3 元字符

在正则表达式中，字符可以分为两种：一种是普通字符，另一种是元字符。其中元字符又称为特殊字符。

普通字符就是 a ~ z、0 ~ 9 这类常见的字符，而元字符与普通字符不一样。例如在手机号码中，我们只能输入 11 个数字，那么"数字"这个概念怎么表示呢？这就需要用到元字符了。

在正则表达式中，常用的元字符如表 15-1 所示。

表 15-1 常用的元字符

元字符	说明
\d	匹配数字，等价于 [0-9]
\D	匹配非数字，等价于 [^0-9]
\w	匹配数字、字母或下划线
\W	匹配不是数字、字母或下划线的字符
\s	匹配任意空白符，如空格、换行符等
\S	匹配非空白符
.（点号）	匹配除了换行符以外的所有字符
[...]	匹配"[]"中的任意一个字符
[^...]	匹配非"[]"中的所有字符

其中，小写字母如 \d、\w、\s，匹配的是"正向"的字符；大写字母如 \D、\W、\S，匹配的是"反向"的字符。

```
0\d{2}-\d{8}
```

上面这个正则表达式匹配的是以 0 开头，然后是两个数字，接着是一个短横线（-），最后是 8 个数字的电话号码。

\d{2} 表示数字重复 2 次，\d{8} 表示数字重复 8 次。{2}、{8} 是限定符，"15.5 限定符"一节中会详细介绍。

```
[hH]ello
```

上面这个正则表达式匹配的是"hello"或"Hello"。[hH] 表示"h"和"H"都可以匹配。

```
<h[1-6]>
```

上面这个正则表达式匹配的是 HTML 中的 <h1>、<h2>、<h3>、<h4>、<h5>、<h6> 这 6 个标签。

▼ **举例**：

```
import re

pattern = r"\d{11}"
```

```
string = "我的手机号码是:13266668888"
result = re.findall(pattern, string)
print(result)
```

输出结果如下:

```
["13266668888"]
```

▶ **分析**:

特别注意一点，re.findall() 的第 1 个参数一定要使用原始字符串，也就是说要在字符串前面加上 "r" 或 "R"，不然很容易出错。

15.4 连接符

通过前面的学习我们知道，如果想要只匹配数字，正则表达式应该这样写:

```
[0123456789]
```

"[]" 表示匹配中括号内的任意字符。如果字符比较多，上面这种方式就显得非常烦琐了，例如要匹配 26 个字母，就要把每一个字母都输入一遍。为了提高开发效率，正则表达式引入了连接符来定义字符的范围。其中，连接符用短横线（-）表示，如表 15-2 所示。

表 15-2 连接符

连接符	说明
[0-9]	匹配数字，等价于 \d
[a-z]	匹配小写字母
[A-Z]	匹配大写字母
[0-9a-zA-Z]	匹配数字或字母

[0-9] 等价于 [0123456789]，当然你也可以自己定义范围，如 [0-6] 表示 0～6，[h-n] 表示 h～n。下面这个正则表达式用来匹配除了数字和字母之外的所有字符:

```
[^0-9a-zA-Z]
```

▶ **举例**:

```
import re

pattern = r"《[a-zA-Z\s]+》"
string = "最近我读了一本小说:《The Little Prince》"
result = re.findall(pattern, string)
print(result)
```

输出结果如下:

```
["《The Little Prince》"]
```

▼ 分析：

[a-zA-Z\s] 表示匹配 a ~ z、A ~ Z 及空白符，其中 \s 表示匹配空白符。[a-zA-Z\s]+ 中的 "+" 是一个限定符，表示重复一次或多次。

15.5 限定符

限定符用来限定某个字符出现的次数。例如邮编是 6 位数字，如果使用限定符来表示 6 位数字，应该这样写：\d{6}。其中，{6} 就是限定符。

在正则表达式中，常用的限定符如表 15-3 所示。

表 15-3 常用的限定符

限定符	说明
{n}	重复 n 次
{n,}	重复 n 次或更多次（最少 n 次）
{n,m}	重复 n ~ m 次
?	重复 0 次或 1 次，等价于 {0, 1}
*	重复 0 次或更多次，等价于 {0,}
+	重复 1 次或更多次，等价于 {1,}

有一点要特别说明，所有限定符都是针对它前面的一个字符或分组来进行重复的。例如：

go{3}

上面这个正则表达式由于使用了 "{n}"，o 必须出现 3 次，因此 go{2} 能够匹配的字符串只有 "gooo" 这一个。

注意 go{3} 重复的部分只有 "o"，而不是 "go"。如果想要重复 "go"，则需要加上括号，也就是 (go){3}。

go{3,}

上面这个正则表达式由于使用了 "{n,}"，因此 o 必须出现 3 次或更多次，能够匹配的字符串包括 gooo、goooo 等。

go{1,3}

上面这个正则表达式由于使用了 "{n,m}"，因此 o 必须出现 1 ~ 3 次，能够匹配的字符串只有 go、goo、gooo 这 3 个。

go?

上面这个正则表达式由于使用了 "?" 限定符，因此 o 必须出现 0 次或 1 次，能够匹配的字符串只有 g、go 这两个。

go*

上面这个正则表达式由于使用了"*"限定符，因此 o 必须重复 0 次或更多次，能够匹配的字符串有 g、go、goo、gooo 等。

```
go+
```

上面由于使用了"+"限定符，因此 o 必须重复 1 次或更多次，能够匹配的字符串有 go、goo、gooo 等。

▶ 举例：

```
import re

pattern = r"go{2}d"
string = "Oh my god! It's a good time."
result = re.findall(pattern, string)
print(result)
```

输出结果如下：

```
["good"]
```

▶ 分析：

go{2}d 匹配的字符串只有一个，那就是 good。因此 god 不会被匹配到。

15.6 定位符

定位符用来限定字符出现的位置。在正则表达式中，常用的定位符如表 15-4 所示。

表 15-4 常用的定位符

定位符	说明
^	指定开始位置的字符
$	指定结束位置的字符
\b	指定单词边界的字符
\B	指定非单词边界的字符

```
^a
```

上面这个正则表达式由于使用了"^"定位符，因此字符串必须以"a"开头，能够匹配的字符串有 able、absolute、about 等。

对于"^"我们要特别注意。"^"一般用于两种情况：一种是定位符，另一种是"[^...]"。很多初学者容易把这两种情况混淆，其实大家可以这样去记忆：只有在"[^...]"中，"^"才会表示"非"，其他情况都表示定位符。

```
$a
```

上面这个正则表达式由于使用了"$"定位符，因此字符串必须以"a"结尾，能够匹配的字符串有 panda、banana 等。

```
er\b
```

在上面这个正则表达式中，\b 用于指定单词边界的字符。怎么理解呢？er\b 可以匹配"order to"中的"er"，但不可以匹配"verb"中的"er"。因为"verb"中的"er"并不是单词的边界，而在单词的中间部分。单词的边界指的是单词的开头和结尾。

```
er\B
```

在上面这个正则表达式中，\B 用于指定非单词边界的字符，也就是说，er\B 可以匹配"verb"中的"er"，但不能匹配"order"中的"er"。因为"order"中的"er"是单词的边界。

在实际开发中，\b 用得比较多，而 \B 用得较少。事实上，我们只要记住 \b 就可以轻松记住 \B 了，因为两者存在相反的关系。

▼ **举例**：

```
import re

pattern = r"^(Ja)[a-zA-Z]+"
string = "I love JavaScript."
result = re.findall(pattern, string)
print(result)
```

输出结果如下：

```
[]
```

▼ **分析**：

输出结果不应该是 ["JavaScript"] 吗？为什么输出结果是一个空列表呢？我们来慢慢分析。

在 ^(Ja)[a-zA-Z]+ 中，^(Ja) 表示字符串必须以"Ja"开头，而 [a-zA-Z]+ 表示英文字母（大小写都可以）重复一次或多次。从前面的学习我们可以知道，^(Ja) 要求所校验的整个字符串一定要以"Ja"开头，但是"I love JavaScript"这个字符串并不是以"Ja"开头的，而是以"I"开头的。这里可以把"I love JavaScript"改为"JavaScript is my favor."，再看看输出结果就知道了。

实际上，如果只想匹配字符串中以"Ja"开头的子字符串，则不需要加定位符"^"。在前面的例子中，把 ^(Ja)[a-zA-Z]+ 改为 Ja[a-zA-Z]+，这样输出结果就是 ["JavaScript"] 了。

15.7 分组符

在正则表达式中，我们可以使用小括号"()"来实现分组。对于使用小括号括起来的部分，正则表达式会将其当成一个整体来处理。例如：

```
(abc){2}
```

上面这个正则表达式中，"()"表示把"abc"当成一个整体来处理，{2} 表示把"(abc)"这个整体重复两次，因此这个正则表达式匹配的字符串是 abcabc。

```
[abc]{2}
```

在上面这个正则表达式中，[abc] 表示匹配 a、b、c 中的任意字符，{2} 表示把 [abc] 重复两次，因此这个正则表达式匹配的字符串有 aa、ab、ac、ba、bb、bc、ca、cb、cc。

```
(a[h-n]){2}
```

在上面这个正则表达式中，[h-n] 表示匹配 h～n 中的任意字符，然后使用 "()" 把 a[h-n] 当成整体来处理，最后使用 {2} 把该组重复两次，因此这个正则表达式匹配的字符串有 ahah、aiai、ajai 等。

▌举例：修改前

```
import re

pattern = r"b(an){2}a"
string = "My favorite fruit is banana"
result = re.findall(pattern, string)
print(result)
```

输出结果如下：

```
["an"]
```

▌分析：

输出结果为什么是 ["an"] 呢？这是因为 findall() 方法本身存在一个问题。

对于分组来说，它有两种模式：一种是"捕获型分组"，另一种是"无捕获型分组"。findall() 方法默认采用捕获型分组模式，因此输出结果中只有小括号中的内容。

如果想要采用无捕获型分组模式，我们需要在"()"内部的开始处加上"?:"。请看下面的例子。

▌举例：修改后

```
import re

pattern = r"b(?:an){2}a"
string = "My favorite fruit is banana"
result = re.findall(pattern, string)
print(result)
```

输出结果如下：

```
["banana"]
```

15.8 选择符

选择符一般用于匹配几个选项中的任意一个，这类似于"或"运算。在正则表达式中，选择符使用"|"来表示。例如：

```
abc|def1
```

上面这个正则表达式匹配的是 abc 或 def1，而不是 abc1 或 def1。如果想要匹配 abc1 或 def1，应该使用 (abc|def)1。

```
h|Hello
```

上面这个正则表达式匹配的是 h 或 Hello，而不是 hello 或 Hello。如果想要匹配 hello 或 Hello，应该写成 hello|Hello 或 [hH]ello。

▌ 举例：

```
import re

pattern = r"[Bb]atman|[Ss]piderman"
string = "我最喜欢Batman和Spiderman"
result = re.findall(pattern, string)
print(result)
```

输出结果如下：

```
["Batman", "Spiderman"]
```

▌ 分析：

对于 "[Bb]atman|[Ss]piderman"，我们将其分为两部分来看：[Bb]atman 和 [Ss]piderman。其中 [Bb]atman 表示匹配 Batman 和 batman，[Ss]piderman 表示匹配 Spiderman 和 spiderman。因此 [Bb]atman|[Ss]piderman 的匹配结果有 4 种：Batman、batman、Spiderman、spiderman。

15.9 转义字符

对于转义字符，"2.7 转义字符"一节中已经详细介绍过了。不过，正则表达式也有属于自己的一套转义字符。

从前面的学习中我们知道，正则表达式中有两种字符串：一种是普通字符，另一种是元字符。如果想要匹配正则表达式中的元字符，我们就需要在这个元字符前面加上反斜杠（\）对其进行转义。

例如，想要匹配"go+"这个字符串，其中，加号也属于字符串的一部分，那么正则表达式的正确写法应该是 go\+。

在正则表达式中，需要转义的字符有 $、(、)、*、+、.、[、]、?、\、/、^、{、}、| 等。对于这些字符，我们不需要一一去记，在实际开发中用得多了，自然就记住了。

▌ 举例：

```
import re

pattern = r"[\(\)\+=0-9]+"
string = "运算结果是: (1+2)=3"
result = re.findall(pattern, string)
print(result)
```

输出结果如下：

```
["(1+2)=3"]
```

▶ **分析：**

"[\(\)\+=0-9]+" 表示匹配 (、)、+、=、0～9 中的任意字符，并将其重复 1 次或多次。注意，这里需要使用 "\" 来对 (、)、+ 这 3 个字符进行转义。

15.10 不区分大小写的匹配

一般情况下，正则表达式都用指定的大小写来匹配字符串。例如下面的正则表达式匹配的就是不同的字符串：

```
re.findall("python", string)
re.findall("PYTHON", string)
```

不过在实际开发中，我们很多时候只关心匹配字母本身，而不关心它们是大写还是小写，此时应该怎么做呢？

在 Python 中，我们可以为 findall() 方法传入 re.I 作为第 3 个参数，使正则表达式在匹配的时候不区分大小写。

▶ **语法：**

```
re.findall(pattern, string, re.I)
```

▶ **说明：**

re.I 中的 "I" 是 "i" 的大写。

▶ **举例：**

```
import re

pattern = r"python"
string = "I love python Python PYTHON"
result = re.findall(pattern, string, re.I)
print(result)
```

输出结果如下：

```
["python", "Python", "PYTHON"]
```

15.11 贪心与非贪心

在学习贪心与非贪心之前，我们先来看一个简单的例子。

▶ **举例：贪心**

```
import re

pattern = r"[a-z]{3,6}"
string = "python111java222php"
result = re.findall(pattern, string)
print(result)
```

输出结果如下：

```
["python", "java", "php"]
```

> ▌ 分析：

[a-z]{3,6} 表示匹配 3 ~ 6 个连续的英文字符，对于第 1 个匹配项"python"，正常来说，使用 [a-z]{3,6} 可以匹配到 4 种字符串：pyt、pyth、pytho、python。但是为什么匹配成功的是"python"，而不是更短的字符串呢？

实际上，正则表达式默认采用"贪心"的匹配方式，这表示在有多种结果的情况下，它会尽可能匹配最长的字符串。如果想要实现"非贪心"，也就是尽可能匹配最短的字符串，那么我们可以在限定符"{}"后加一个问号来实现。请看下面的例子。

> ▌ 举例：非贪心

```
import re

pattern = r"[a-z]{3,6}?"
string = "python111java222php"
result = re.findall(pattern, string)
print(result)
```

输出结果如下：

```
["pyt", "hon", "jav", "php"]
```

> ▌ 分析：

需要注意的是，贪心与非贪心只是针对限定符 {m,n} 来说的。贪心与非贪心是正则表达式中非常重要的概念。在实际开发中，它是导致正则表达式中出现 bug 的原因之一。

在实际开发中，如果发现匹配的结果与预期结果不一样，先看看是不是贪心与非贪心出现了问题，例如本来应该使用非贪心模式，却使用了贪心模式。

15.12　sub()

在正则表达式中，我们可以使用 Regex 对象中的 sub() 方法来替换字符串中符合匹配条件的某一部分。sub 是"substitute"（代替）的缩写。

> ▌ 语法：

```
re.sub(pattern, replace, string, count=n)
```

> ▌ 说明：

参数 pattern 是一个正则表达式，replace 是需要被替换的子字符串，string 表示原始字符串，count 表示替换前 n 个符合条件的子字符串。

▼ **举例**：字符串的 replace()

```
string = "Hello 111 Python 111"
result = string.replace("111", "222")
print(result)
```

输出结果如下：

```
Hello 222 Python 222
```

▼ **分析**：

实际上，若想要替换字符串中的某一部分，我们也可以使用字符串的 replace() 方法来实现。不过 replace() 方法只能实现比较简单的替换。

像上面这个例子，如果我们把 string 改为 "Hello 123 Python 456"，然后使用 222 来替换 string 中的所有数字，就没法直接用 replace() 方法来达到目的了。此时，应该使用正则表达式的 sub() 方法来实现。

▼ **举例**：正则表达式的 sub()

```
import re

string = "Hello 123 Python 456"
pattern = r"\d+"
result = re.sub(pattern, "222", string)
print(result)
```

输出结果如下：

```
Hello 222 Python 222
```

▼ **分析**：

很多初学者对 sub(pattern,replace,string) 的参数很难理解，搞不清楚为什么要用到 3 个参数。其实我们可以这样去理解：首先使用 pattern 去匹配 string，找出符合条件的部分，然后再使用 replace 将其替换。

在前面这个例子中，sub(pattern,"222",string) 先使用 pattern 去匹配 string，然后找到了符合条件的部分，即 123、456，最后使用 222 替换了它们。

使用正则表达式的 sub() 方法来替换字符串在实际开发中会经常用到，小伙伴们一定要重点掌握这个方法。

15.13　match() 和 search()

在 Python 中，除了 findall() 方法，我们还可以使用 search() 和 match() 来查找字符串中符合条件的部分。

▼ **语法**：

```
re.match(pattern, string)
```

```
re.search(pattern, string)
```

▌ 说明：

findall()、search()、match() 这 3 个方法的参数是一样的，pattern 是一个正则表达式，string 是一个字符串。既然这 3 个方法都可以查找字符串中符合条件的部分，那么它们之间有什么区别呢？我们先来看几个例子。

▌ 举例：match() 和 search()

```
import re

string= "AA11BB22CC33"
r1 = re.match("\d+", string)
r2 = re.search("\d+", string)

print(r1)
print(r2)
```

输出结果如下：

```
None
<_sre.SRE_Match object; span=(2, 4), match="11">
```

▌ 分析：

从上面可以看出，match() 方法的输出结果是 None，也就是没有找到匹配项。search() 方法输出的是一个对象，这个对象包含了第 1 个匹配项 "11"。

对于 match() 方法，它会从字符串的首字母开始匹配，如果首字母不符合条件，就会立即返回 None，而不会继续检索下去。对于 search() 方法，它会从左到右搜索整个字符串，然后返回包含第 1 个匹配结果的对象。

对于上面这个例子，如果我们把 string 改为 "11BB22CC33"，那么可以看到 match() 和 search() 的输出结果是一样的，如下所示：

```
<_sre.SRE_Match object; span=(0, 2), match="11">
<_sre.SRE_Match object; span=(0, 2), match="11">
```

match() 和 search() 都会返回 1 个包含第 1 个匹配项的 Match 对象，如果想要获取这个匹配项，我们需要调用 Match 对象的 group() 方法。

▌ 举例：返回第 1 个匹配项

```
import re

string = "11BB22CC33"
r1 = re.match("\d+", string)
r2 = re.search("\d+", string)

print(r1.group())
print(r2.group())
```

输出结果如下：

11
11

> **分析：**

match() 和 search() 之所以只会返回第 1 个匹配项，是因为这两个方法的搜索机制与 findall() 方法是不一样的。match() 和 search() 会从左到右搜索字符串，如果找到匹配项，就会停止搜索。findall() 会从左到右搜索整个字符串，直到字符串末尾。

最后，对于 findall()、match() 和 search()，我们可以总结出以下 3 点。

- 如果能找到匹配项，那么 findall() 会返回一个列表，而 match() 和 search() 返回的是包含第 1 个匹配项的对象。
- 由于 match() 和 search() 返回的是一个对象，因此我们需要调用该对象的 group() 才可以获得第 1 个匹配项。
- 在实际开发中，推荐使用 findall()，尽量少用 match() 和 search()。

15.14 实战题：匹配手机号码

我国的手机号码大多是 11 位的，并且都以"1"开头。其中，第 2 位为 3、5、6、7、8、9 中的任意一个，剩下 9 位为任意数字。因此，相应的正则表达式应该写成：

```
1[356789]\d{9}
```

实现代码如下：

```
import re

pattern = r"1[356789]\d{9}"
string = "我的手机号码:13888888888"
result = re.findall(pattern, string)
print(result)
```

输出结果如下：

```
["13888888888"]
```

15.15 实战题：匹配身份证号码

身份证号码有 15 位的（第一代身份证，已无效），也有 18 位的，这里只以 18 位身份证为例，然后试着使用正则表达式来实现匹配身份证号码。

对于 18 位的身份证，其格式一般具有以下特征。

- 地区：[1-9]\d{5}，6 位数字。
- 出生年的前两位：(?:18|19|[23]\d)，1800～3999。
- 出生年的后两位：\d{2}。
- 出生月份：(?:0[1-9]|10|11|12)。

- 出生日: (?:[0-2][1-9]|10|20|30|31)。
- 顺序码: \d{3}，3 位数字。
- 检验码: [0-9xX]，1 位。

因此，相应的正则表达式如下：

[1-9]\d{5}(?:18|19|[23]\d)\d{2}(?:0[1-9]|10|11|12)(?:[0-2][1-9]|10|20|30|31)\d{3}[0-9xX]

这里需要注意，对于分组符来说，我们应该使用无捕获型分组模式，也就是需要在小括号内的开头处加 "?:"。

实现代码如下：

```
import re

pattern = r"[1-9]\d{5}(?:18|19|[23]\d)\d{2}(?:0[1-9]|10|11|12)(?:[0-2][1-9]|10|20|30|31)\d{3}[0-9xX]"
string = "我的身份证号：6666661199208046666"
result = re.findall(pattern, string)
print(result)
```

输出结果如下：

```
["6666661199208046666"]
```

15.16 本章练习

一、选择题

1. 想要在 Python 中使用正则表达式，我们需要引入（　　）。
   A. regex 模块　　　　　　　　B. re 模块
   C. time 模块　　　　　　　　　D. math 模块
2. 如果有一个正则表达式 "to?"，那么它能够匹配到的字符是（　　）。
   A. to　　　　　　　　　　　　B. too
   C. toto　　　　　　　　　　　 D. tooo
3. 下面有关正则表达式的说法中，正确的是（　　）。
   A. [^...] 中的 ^ 表示定位符
   B. findall() 默认采用无捕获型分组模式
   C. 正则表达式默认采用非贪心模式
   D. "(h|H)ello" 可以等价于 "[hH]ello"
4. 下面有关 findall()、match() 和 search() 的说法中，不正确的是（　　）。
   A. 在实际开发中，推荐使用 findall()，而不是 match() 和 search()
   B. 如果能找到匹配项，findall() 会返回一个列表
   C. 如果能找到匹配项，match() 和 search() 都会返回一个列表
   D. match() 和 search() 会从左到右搜索字符串，如果找到匹配项，就会停止搜索

5. 下面有一个 Python 程序，其输出结果是（　　）。

```
import re

pattern = r"^[a-zA-Z]+"
string = "我最喜欢的编程语言是: Python."
result = re.findall(pattern, string)
print(result)
```

A. ["Python"]　　　　　　　　　　B. "Python"
C. []　　　　　　　　　　　　　　D. 报错

6. 下面有一个 Python 程序，其输出结果是（　　）。

```
import re

pattern = r"\d{3}"
string = "我的手机号码是: 13261616161"
result = re.findall(pattern, string)
print(result)
```

A. ["132", "616", "161", "61"]　　　B. ["132", "616", "161"]
C. ["13250525161"]　　　　　　　D. []

7. 下面有一个 Python 程序，其输出结果是（　　）。

```
import re

pattern = r"\d{3}(61){4}"
string = "我的手机号码是: 13261616161"
result = re.findall(pattern, string)
print(result)
```

A. ["13261616161"]　　　　　　　B. "13261616161"
C. ["61"]　　　　　　　　　　　　D. []

二、编程题

1. 请写出匹配密码的正则表达式，其中密码要求为：以字母开头，长度为 6 ~ 18 位，只能包含字母、数字和下划线。

2. 根据下列要求，分别写出正则表达式。
（1）匹配任意整数。
（2）匹配任意浮点数。
（3）匹配时间字符串，格式如"2022-05-20"。其中年份要求为 1800 ~ 3999。

第 3 部分
应用篇

第 16 章　图像处理

16.1　应用技术简介

前面 15 章介绍的都是 Python 的各种语法，在精讲语法的同时，也深入讲解了这些语法的本质，并且在讲解的过程中穿插了大量的实战开发技巧。

学到这里，相信大家已经对 Python 的语法非常熟悉了。实际上，如果你有其他计算机语言的基础，会发现它们的语法是大同小异的。有了语法基础之后，我们更希望做一点实用的东西出来。接下来的章节将会给大家介绍与 Python 应用相关的技术，包括图像处理、数据可视化、GUI 编程等。经过后面这些章节的实践，相信大家能够把前面学习的基础知识记得更牢。

可能有人会问，为什么不介绍一下网络爬虫、数据分析、人工智能这些呢？实际上它们中的每一个都是极其复杂的，根本就不是一本书能够介绍得完的。如果只用一两章的篇幅，最多只能介绍一下相关历史。大而全的书并不能帮小伙伴们打下扎实的基础。对于这些技术，感兴趣的小伙伴们可以关注一下本系列的其他图书。

此外，有一点要跟小伙伴们说明一下，本书中的内容都经过精心编写，一些没用的或过时的知识都被舍弃掉了，留下的都是重要的知识。所以小伙伴们要尽量把每一个知识点都搞清楚，不要跳跃性地学习。

16.2　Pillow 库

16.2.1　Pillow 库介绍

在 Python 中，我们可以使用 Pillow 库来处理图像。Pillow 库的 API 非常简单易用，功能也非常强大。

由于 Pillow 是第三方库，因此我们需要手动安装该库。首先打开 VSCode 终端窗口，输入下面这句命令，然后按 Enter 键就可以自动安装了，如图 16-1 所示。

```
pip install pillow
```

图 16-1

16.2.2 颜色值

在 Python 中，图像中的颜色一般使用 RGB 或 RGBA 来表示。RGB 是一种色彩标准，由红（Red）、绿（Green）、蓝（Blue）这 3 种颜色的变化来得到各种颜色。RGBA 则在 RGB 的基础上增加了不透明度（Alpha，A）。

▶ **语法**：

```
(R, G, B)
```

▶ **说明**：

RGB 值是一个包含了 3 个整数值的元组（注意这里是一个元组）。R 指的是红色值（Red），G 指的是绿色值（Green），B 指的是蓝色值（Blue）。

RGBA 值是一个包含了 4 个整数值的元组，除了 R、G、B 之外，还有一个 A，也就是不透明度。

R、G、B、A 这 4 个值都是整数，取值范围都是 0～255。特别注意一点，如果 A 的值为 0，则表示完全透明；如果 A 的值为 255，则表示完全不透明。

常用颜色的英文名及对应的 RGB 值如表 16-1 所示。

表 16-1 常用颜色的英文名及对应的 RGB 值

英文名	RGB 值
white	(255, 255, 255)
black	(0, 0, 0)
red	(255, 0, 0)
green	(0, 128, 0)
blue	(0, 0, 255)
yellow	(255, 255, 0)
gray	(128, 128, 128)
purple	(128, 0, 128)

那么这种 RGB 值是怎么得到的？怎样才能得到想要的颜色值呢？这里推荐一款非常好用的小软件：Color Express，如图 16-2 所示。这个软件占的内存很小，但它的功能非常强大，小伙伴们可以在本书的配套文件中找到这个软件。

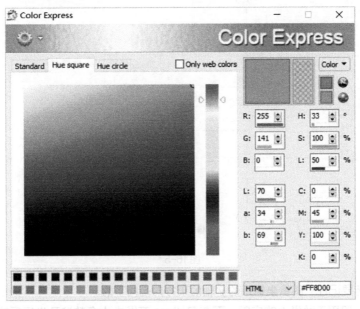

图 16-2

16.2.3 像素

在 Python 中，像素（px）指的是一张图像中最小的"点"，或是计算机屏幕中最小的"点"。举个例子，图 16-3 所示为一个图标，将这个图标放大后，它就会变成图 16-4 所示的样子。

图 16-3 　　　　　　　图 16-4

此时我们可以发现，一张图像是由很多个小方块组成的。其中，每一个小方块就是一个像素。平常我们说一台显示器的分辨率是 800 像素 ×600 像素，其实指的就是其屏幕宽 800 个小方块，高 600 个小方块。

16.2.4 坐标系

我们经常见到的坐标系是数学坐标系，不过 Pillow 库使用的坐标系是图像坐标系，这两种坐标系唯一的区别是 y 轴的正方向不同，如图 16-5 所示。

- 数学坐标系：y 轴正方向向上。
- 图像坐标系：y 轴正方向向下。

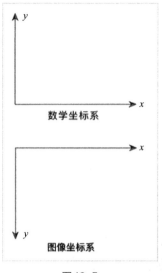

图 16-5

小伙伴们一定要记住：**图像坐标系的 y 轴的正方向是向下的**。

数学坐标系一般用于数学上的应用，而在 Python 开发中大多数涉及坐标系的技术使用的都是图像坐标系。

16.3 图片操作

在 Python 中，我们可以用 Pillow 库的 Image 模块来对图片进行各种操作。

▌ **语法**：

```
from PIL import Image
img = Image.open("路径")
```

▌ **说明**：

from PIL import Image 表示从 Pillow 库中引入 Image 模块。Image.open() 用于打开一张图片，只有打开图片之后，我们才能对其进行操作。

Image.open() 会返回一个 Image 对象，通过这个 Image 对象，我们就能获取图片的基本信息或对图片进行操作。Image 对象的属性和方法分别如表 16-2 和表 16-3 所示。

表 16-2　Image 对象的属性

属性	说明
filename	图片名称
format	图片格式
size	图片大小，单位为 B（字节）

表 16-3　Image 对象的方法

方法	说明
show()	显示图片
save()	保存图片
resize()	改变图片大小
crop()	切割图片
rotate()	旋转图片
transpose()	翻转图片
copy()	复制图片
paste()	粘贴图片

我们在当前项目中新建一个名为"img"的文件夹，然后往 img 文件夹中放入一张图片，项目结构如图 16-6 所示。

需要说明的是，本书用到的素材（包括图片、文件、软件等）都可以在本书的配套文件中找到。对于配套文件，小伙伴们可以在"前言"部分找到其下载方式。

图 16-6

▌举例：Image 对象的属性

```
from PIL import Image

img = Image.open(r"img\bird.jpg")
print("图片名称:", img.filename)
print("图片格式:", img.format)
print("图片大小:", img.size)
```

输出结果如下：

```
图片名称: img\bird.jpg
图片格式: JPEG
图片大小: (300, 300)
```

▌分析：

img.filename 返回的是图片名称，img.format 返回的是图片格式。img.size 返回的是一个元组，第 1 个 300 表示图片的宽度为 300 像素，第 2 个 300 表示图片的高度为 300 像素。

▌举例：show()

```
from PIL import Image

img = Image.open(r"img\bird.jpg")
img.show()
```

运行代码之后，效果如图 16-7 所示。

▌分析：

Image 对象的 show() 表示使用系统默认的"图片查看器"来

图 16-7

显示图片。这个方法用得非常多，一般情况下我们会对图片进行某些操作，如果想要显示操作后的图片，就可以使用 show() 方法。

▼ 举例：save()

```
from PIL import Image

img = Image.open(r"img\bird.jpg")
img.save(r"img\bird...new.jpg")
```

图 16-8

运行代码之后，我们可以发现 img 文件夹中多了一张图片 bird...new.jpg，如图 16-8 所示。

▼ 分析：

Image 对象的 save() 方法一般用于保存图片，这个方法接收一个路径作为参数。此外，save() 方法还可以对图片格式进行转换，例如如果想要将 JPG 格式转换成 PNG 格式，只需要写 img.save(r"img\bird...new.png") 这句代码即可。

16.3.1 创建区域：Image.new()

在 Pillow 库中，我们可以使用 Image 模块的 new() 方法来创建一个矩形区域。这里注意是 Image 模块，而不是 Image 对象。

▼ 语法：

```
Image.new("RGB",(x, y), color)
```

▼ 说明：

new() 接收 3 个参数。第 1 个参数是颜色模式，其取值可以为 "RGB""RGBA" 等，一般为 "RGB"。

第 2 个参数是一个元组，x 表示宽度，y 表示高度。

第 3 个参数是一个颜色值，其取值可以是 RGB 元组，如 (0, 0, 255)，也可以是关键字，如 "red""green""blue" 等。

此外，Image.new() 会返回一个 Image 对象。到这里，大家要知道一点：Image.open() 和 Image.new() 这两个方法都会返回一个 Image 对象。

▼ 举例：

```
from PIL import Image

img = Image.new("RGB", (200, 200), "hotpink")
img.show()
```

运行代码之后，效果如图 16-9 所示。

图 16-9

▼ 分析：

在这个例子中，我们使用 Image.new() 创建了一个矩形区域。矩形的宽度为 200 像素，高度为 200 像素，背景颜色为 hotpink。当然了，这里也可以使用 img.save() 来将这个矩形区域保存成一张图片。

16.3.2　改变大小：resize()

在 Pillow 库中，我们可以使用 Image 对象的 resize() 方法来改变图片的大小。

▌ **语法**：

```
img.resize((width, height))
```

▌ **说明**：

resize() 接收包含两个整数的元组作为参数，width 表示新的宽度，height 表示新的高度。

▌ **举例**：

```
from PIL import Image

img = Image.open(r"img\bird.jpg")
width = img.size[0]
height = img.size[1]
result_img = img.resize((int(width/2), int(height/2)))
result_img.show()
```

运行代码之后，效果如图 16-10 所示。

▌ **分析**：

img.resize((int(width/2), int(height/2))) 这一句代码表示将图片的宽度和高度都设置为原来的一半。

resize() 方法会返回一个新的 Image 对象，这样就可以使用新 Image 对象的 show() 方法或 save() 方法来显示或保存图片了。

图 16-10

16.3.3　切割图片：crop()

在 Pillow 库中，我们可以使用 Image 对象的 crop() 方法来切割一张图片。

▌ **语法**：

```
img.crop((x1, y1, x2, y2))
```

▌ **说明**：

crop() 方法接收包含 4 个整数的元组作为参数。其中，x1、y1 表示左上角坐标，x2、y2 表示右下角坐标。

▌ **举例**：

```
from PIL import Image
```

```
img = Image.open(r"img\bird.jpg")
result_img = img.crop((0, 0, 150, 150))
result_img.show()
```

运行代码之后，效果如图 16-11 所示。

图 16-11

▌分析：

这个例子使用 crop() 方法来切割图片。切割的矩形区域的左上角坐标为 (0, 0)，右下角坐标为 (100, 100)。

实际上，对于上面这一段代码，如果使用 Python 的链式操作，只需要写一句代码就能实现，如下所示：

```
Image.open(r"img\bird.jpg").crop((0, 0, 150, 150)).show()
```

crop() 方法会返回一个新的 Image 对象，此时可以使用新 Image 对象的 show() 方法或 save() 方法来显示或保存图片。

16.3.4　旋转图片：rotate()

在 Pillow 库中，我们可以使用 Image 对象的 rotate() 方法来旋转一张图片。

▌语法：

```
img.rotate(n)
```

▌说明：

n 是一个整数，表示图片逆时针旋转的度数为 n。注意这里是逆时针旋转，而不是顺时针旋转。

▌举例：roate()

```
from PIL import Image

img = Image.open(r"img\bird.jpg")
img.rotate(90).show()
img.rotate(180).show()
img.rotate(270).show()
```

运行代码之后，效果如图 16-12、图 16-13、图 16-14 所示。

图 16-12　　　　　　　图 16-13　　　　　　　图 16-14

▼ 分析：

rotate() 方法会返回一个新的 Image 对象，因此我们可以使用新 Image 对象的 show() 方法或 save() 方法来显示或保存图片。

此外，rotate() 方法还有一个可选的 expand 参数，其默认值为 False。如果设置 expand=True，那么会改变图片的大小，以调整旋转后的新图片。

▼ 举例：expand 参数

```
from PIL import Image

img = Image.open(r"img\bird.jpg")
img.rotate(10).show()
img.rotate(10, expand=True).show()
```

运行代码之后，效果如图 16-15 和图 16-16 所示。

图 16-15　　　　　　　　　　图 16-16

16.3.5　翻转图片：transpose()

在 Pillow 库中，我们可以使用 Image 对象的 transpose() 方法来翻转一张图片。

▎ **语法：**

```
# 水平翻转
img.transpose(Image.FLIP_LEFT_RIGHT)
# 垂直翻转
img.transpose(Image.FLIP_TOP_BOTTOM)
```

▎ **说明：**

transpose() 方法接收一个参数。当参数为 Image.FLIP_LEFT_RIGHT 时，表示让图片水平翻转；当参数为 Image.FLIP_TOP_BOTTOM 时，表示让图片垂直翻转。

▎ **举例：水平翻转**

```
from PIL import Image

img = Image.open(r"img\bird.jpg")
img.transpose(Image.FLIP_LEFT_RIGHT).show()
```

运行代码之后，效果如图 16-17 所示。

▎ **举例：垂直翻转**

```
from PIL import Image

img = Image.open(r"img\bird.jpg")
img.transpose(Image.FLIP_TOP_BOTTOM).show()
```

运行代码之后，效果如图 16-18 所示。

图 16-17

图 16-18

16.3.6　复制和粘贴：copy()、paste()

在 Pillow 库中，我们可以使用 Image 对象的 copy() 方法来复制一张图片，用 Image 对象的 paste() 方法来粘贴一张图片。

▎ **语法：**

```
img1 = img.copy()
```

```
img1.paste(img2, (x, y))
```

▶ **分析**：

copy() 方法会返回一个新的 Image 对象，它和原来的 Image 对象具有一样的图片内容。如果需要修改图片，同时希望原来的图片保持不变，此时 copy() 方法就非常有用了。

paste() 方法用于将另外一张图片粘贴在当前图片的上面。img1.paste(img2, (x, y)) 表示将 img2 粘贴到 img1 上面，img2 左上角粘贴位置的坐标为 (x, y)。

接下来，我们在当前项目的 img 文件夹中放入一张新的图片 goat.jpg，此时项目结构如图 16-19 所示。

图 16-19

▶ **举例**：

```
from PIL import Image

boy_img= Image.open(r"img\goat.jpg")
girl_img = Image.open(r"img\bird.jpg")

# 复制图片
copyimg = goat_img.copy()

# 切割图片
cutimg= copyimg.crop((0, 0, 100, 100))

# 粘贴两次图片
bird_img.paste(cutimg, (0, 0))
bird_img.paste(cutimg, (200, 200))
bird_img.show()
```

运行代码之后，效果如图 16-20 所示。

图 16-20

16.4 绘制图形

在 Python 中，我们可以通过 Pillow 库的 ImageDraw 模块来绘制各种图形。常见的图形有以下几种。

▶ 点。
▶ 直线。
▶ 矩形。
▶ 多边形。
▶ 圆弧。
▶ 扇形。
▶ 圆或椭圆。

不管是哪一种图形，我们都要先使用 ImageDraw 模块的 Draw() 方法来创建一个 Draw 对象，然后通过 Draw 对象的各种方法绘制图形。

```
from PIL import ImageDraw
draw = ImageDraw.Draw()
```

16.4.1 点

在 Pillow 库中，我们可以使用 Draw 对象的 point() 方法来绘制一个点，也就是单个像素。

▌ **语法**：

```
draw.point(xy, color)
```

▌ **说明**：

参数 xy 表示点坐标的列表，该列表的形式有以下两种。

- 元组列表，如 [(x1, y1), (x2, y2), ...]。
- 普通列表，如 [x1, y1, x2, y2, ...]。

参数 color 是颜色值，其取值可以是一个 RGB 元组，如 (0, 0, 255)；也可以是一个关键字，如 "red"、"green"、"blue"。

▌ **举例**：

```
from PIL import Image, ImageDraw

# 创建一个200×150的白色背景区域
img = Image.new("RGB", (200, 150), "white")

# 创建Draw对象
draw = ImageDraw.Draw(img)

# 绘制两个点
draw.point([(50, 50), (100, 100)], "red")

# 显示图像
img.show()
```

运行代码之后，效果如图 16-21 所示。

图 16-21

▌ **分析**：

如果本例的效果不够明显，我们可以把背景颜色 "white" 改成其他颜色，如 "blue" 和 "pink" 等。不管是绘制点，还是绘制其他图形，我们一般都需要进行以下 4 步操作。

① 引入 Image、ImageDraw 这两个模块。
② 使用 Image 模块创建一个绘图区域。
③ 使用 ImageDraw 模块创建 Draw 对象，并绘图。
④ 显示图像 [show()] 或保存图像 [save()]。

16.4.2 直线

在 Pillow 库中，我们可以使用 Draw 对象的 line() 方法来绘制一条直线。

▌ **语法：**

```
draw.point(xy, color)
```

▌ **说明：**

参数 xy 是一个列表。由于绘制直线只需要用到两个点，因此该列表中只能有两个点的坐标，也就是 [(x1, y1), (x2, y2)] 或 [x1, y1, x2, y2]。

参数 color 是颜色值，其取值可以是 RGB 元组，也可以是关键字。

▌ **举例：**

```
from PIL import Image, ImageDraw

# 创建区域
img = Image.new("RGB", (200, 150), "white")

# 创建Draw对象
draw = ImageDraw.Draw(img)

# 绘制一条直线
draw.line([(50, 100), (150, 50)], "black")

# 显示图像
img.show()
```

运行代码之后，效果如图 16-22 所示。

▌ **分析：**

本例绘制了一条直线，直线的起点坐标为 (50, 100)，终点坐标为 (150, 50)，颜色为 black。记住，Pillow 库中使用的坐标系是图像坐标系（y 轴正方向向下），这个例子的分析如图 16-23 所示。

图 16-22

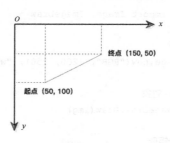

图 16-23

16.4.3 矩形

在 Pillow 库中，我们可以使用 Draw 对象的 rectangle() 方法来绘制一个矩形。

▶ **语法**：

```
draw.point(xy, option)
```

▶ **说明**：

参数 xy 是一个列表。由于绘制矩形只需要用到两个坐标（一个是左上角坐标，另一个是右下角坐标），因此该列表中只能有两个点的坐标，也就是 [(x1, y1), (x2, y2)] 或 [x1, y1, x2, y2]。

参数 option 是绘制方式，绘制方式有两种：一种是填充，也就是 fill="xxx"；另一种是描边，也就是 outline="xxx"。

fill 和 outline 都是一个颜色值，其取值可以是 RGB 元组，也可以是关键字。

▶ **举例：填充效果**

```
from PIL import Image, ImageDraw

# 创建区域
img = Image.new("RGB", (200, 150), "white")

# 创建 Draw 对象
draw = ImageDraw.Draw(img)

# 绘制一个矩形
draw.rectangle([(50, 50), (130, 130)], fill="hotpink")

# 显示图像
img.show()
```

运行代码之后，效果如图 16-24 所示。

图 16-24

▶ **分析**：

本例绘制了一个矩形。矩形的左上角坐标为 (50, 50)，右下角坐标为 (130, 130)，采用"填充"的方式绘制，填充颜色为 hotpink。这个例子的分析如图 16-25 所示。

▶ **举例：描边效果**

```
from PIL import Image, ImageDraw

# 创建区域
img = Image.new("RGB", (200, 150), "white")

# 创建 Draw 对象
draw = ImageDraw.Draw(img)

# 绘制一个矩形
```

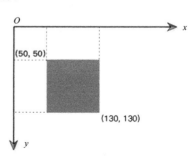

图 16-25

```
draw.rectangle([(50, 50), (130, 130)], outline="hotpink")
```

```
# 显示图像
img.show()
```

运行代码之后，效果如图 16-26 所示。

▶ **分析**：

这个例子的代码与上一个例子的代码是差不多的，只不过这里采用的是"描边"的绘制方式，其分析如图 16-27 所示。

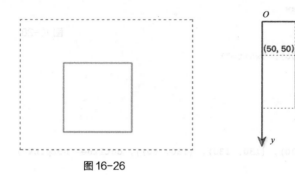

图 16-26　　　　　　　　　　　　　图 16-27

16.4.4　多边形

在 Pillow 库中，我们可以使用 Draw 对象的 polygon() 方法来绘制一个多边形。

▶ **语法**：

```
draw.point(xy, option)
```

▶ **说明**：

参数 xy 是一个列表。这里注意一下，对于多边形的绘制，我们至少要提供 3 个点的坐标（因为最简单的多边形为三角形）。

参数 option 是绘制方式，有两种：一种是填充，另一种是描边。

▶ **举例：绘制三角形**

```
from PIL import Image, ImageDraw

# 创建区域
img = Image.new("RGB", (200, 150), "white")

# 创建Draw对象
draw = ImageDraw.Draw(img)

# 绘制一个三角形
draw.polygon([(50, 100), (150, 50), (150, 100)], outline="hotpink")
```

```python
# 显示图像
img.show()
```

运行代码之后,效果如图 16-28 所示。

> ▶ **分析**:
> 想要绘制一个三角形,我们只需要提供 3 个点的坐标就可以了。

> ▶ **举例:绘制矩形**

```python
from PIL import Image, ImageDraw

# 创建区域
img = Image.new("RGB", (200, 150), "white")

# 创建 Draw 对象
draw = ImageDraw.Draw(img)

# 绘制一个矩形
draw.polygon([(50, 50), (50, 130), (130, 130), (130, 50)], outline="hotpink")

# 显示图像
img.show()
```

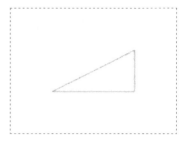

图 16-28

运行代码之后,效果如图 16-29 所示。

> ▶ **分析**:
> 如果想要使用 polygon() 方法绘制矩形,我们需要提供 4 个点的坐标。实际上,绘制矩形最简单的方式是使用前面介绍的 rectangle() 方法。使用 rectangle() 方法绘制矩形时只需要提供两个点的坐标。
> 对于这个例子来说,下面两种方式是等价的:

```python
# 方式1:rectangle()
draw.rectangle([(20, 20), (120, 120)], "hotpink")

# 方式2:polygon()
draw.polygon([(20, 20), (20, 120), (120, 120), (120, 20)], "hotpink")
```

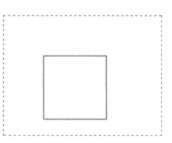

图 16-29

16.4.5 圆弧

在 Pillow 库中,我们可以使用 Draw 对象的 arc() 方法来绘制一个圆弧。

> ▶ **语法**:

```
draw.arc(xy, startAngle, endAngle, color)
```

▶ **说明：**

参数 xy 是一个列表。绘制圆弧时只需要提供两个点的坐标。参数 startAngle 是开始角度，endAngle 是结束角度，color 是颜色值。

圆弧的绘制其实非常简单，具体实现过程为：在左上角坐标为 (x1, y1)、右下角坐标为 (x2, y2) 的矩形区域内，取该区域内的最大椭圆，然后以 startAngle 为开始角度、endAngle 为结束角度来截取椭圆的某一部分。小伙伴们可以结合下面的例子，这样会更加容易理解一些。

▶ **举例：所处区域为正方形**

```
from PIL import Image, ImageDraw

# 创建区域
img = Image.new("RGB", (200, 150), "white")

# 创建 Draw 对象
draw = ImageDraw.Draw(img)

# 绘制一个圆弧
draw.arc([(20, 20), (120, 120)], 0, 360, "black")

# 显示图像
img.show()
```

运行代码之后，效果如图 16-30 所示。

▶ **分析：**

```
draw.arc([(20, 20), (120, 120)], 0, 360, "black")
```

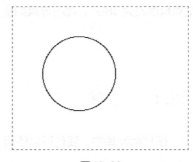

图 16-30

上面这一句代码表示在左上角坐标为 (20, 20)、右下角坐标为 (120, 120) 的矩形区域内找到最大的椭圆。由于该矩形区域是一个正方形，因此该区域内最大的椭圆其实是一个正圆。

圆弧的开始角度为 0°，结束角度为 360°，因此绘制出来的是一个完整的圆。如果结束角度与开始角度的差小于 360°，则绘制出来的就是一个圆弧。例如将开始角度改为 60°，结束角度改为 180°，此时效果如图 16-31 所示。

当然了，小伙伴们也可以自行改变一下开始角度和结束角度，看看效果是怎样的。

图 16-31

▶ **举例：所处区域为长方形**

```
from PIL import Image, ImageDraw

# 创建区域
img = Image.new("RGB", (200, 150), "white")

# 创建 Draw 对象
draw = ImageDraw.Draw(img)

# 绘制一个圆弧
```

```
draw.arc([(50, 50), (150, 100)], 0, 360, "black")

# 显示图像
img.show()
```

运行代码之后，效果如图 16-32 所示。

▌ 分析：

```
draw.arc([(50, 50), (150, 100)], 0, 360, "black")
```

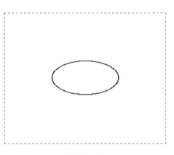

图 16-32

上面这一句代码表示在左上角坐标为 (50, 50)、右下角坐标为 (150, 100) 的矩形区域内找到最大的椭圆。由于该矩形区域是一个长方形，因此该区域内最大的椭圆就不是正圆了。

圆弧的开始角度为 0°，结束角度为 360°，因此绘制出来的是一个完整的椭圆。如果结束角度与开始角度的差小于 360°，则绘制出来的就是一个圆弧。例如将开始角度改为 60°，结束角度改为 180°，此时效果如图 16-33 所示。

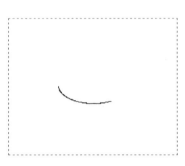

图 16-33

16.4.6 扇形

在 Pillow 库中，我们可以使用 Draw 对象的 pieslice() 方法来绘制一个扇形。

▌ 语法：

```
draw.pieslice(xy, startAngle, endAngle, color)
```

▌ 说明：

参数 xy 是一个列表。绘制扇形时需要提供两个点的坐标。参数 startAngle 是开始角度，endAngle 是结束角度，color 是颜色值。

pieslice() 与 arc() 这两个方法的用法是一样的，将两者对比一下可以更好地理解和记忆它们。

▌ 举例：所处区域为正方形

```
from PIL import Image, ImageDraw

# 创建区域
img = Image.new("RGB", (200, 150), "white")

# 创建 Draw 对象
draw = ImageDraw.Draw(img)

# 绘制一个扇形
draw.pieslice([(20, 20), (120, 120)], 0, 360, "hotpink")

# 显示图像
```

```
img.show()
```

运行代码之后,效果如图 16-34 所示。

▶ **分析:**

扇形所处的矩形区域是一个正方形,开始角度为 0°,结束角度为 360°,所以绘制出来的是一个填充型的正圆。

当我们将开始角度改为 60°,结束角度改为 180° 后,效果如图 16-35 所示。

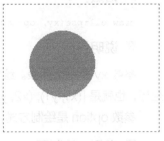

图 16-34

▶ 举例:所处区域为长方形

```
from PIL import Image, ImageDraw

# 创建区域
img = Image.new("RGB", (200, 150), "white")

# 创建Draw对象
draw = ImageDraw.Draw(img)

# 绘制一个扇形
draw.pieslice([(50, 50), (150, 100)], 0, 360, "hotpink")

# 显示图像
img.save(r"D:\img\5.png")
```

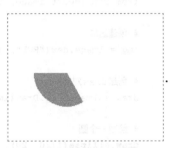

图 16-35

运行代码之后,效果如图 16-36 所示。

▶ **分析:**

扇形所处的矩形区域是一个长方形,开始角度为 0°,结束角度为 360°,所以绘制出来的是一个填充型的椭圆。

当我们将开始角度改为 60°,结束角度改为 180° 后,效果如图 16-37 所示。

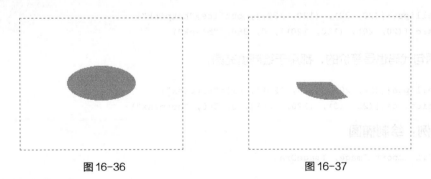

图 16-36   图 16-37

16.4.7 圆或椭圆

在 Pillow 库中,我们可以使用 Draw 对象的 ellipse() 方法来绘制一个圆或椭圆。

语法：

draw.ellipse(xy, option)

说明：

参数 xy 是一个列表。绘制圆或椭圆时需要提供两个点的坐标。因此该列表中只能有两个点的坐标，也就是 [(x1, y1), (x2, y2)] 或 [x1, y1, x2, y2]。

参数 option 是绘制方式，即填充或描边。

举例：绘制圆

```python
from PIL import Image, ImageDraw

# 创建区域
img = Image.new("RGB", (200, 150), "white")

# 创建Draw对象
draw = ImageDraw.Draw(img)

# 绘制一个圆
draw.ellipse([(20, 20), (120, 120)], outline="hotpink")

# 显示图像
img.show()
```

运行代码之后，效果如图 16-38 所示。

图 16-38

分析：

若想要使用 ellipse() 方法绘制一个圆，我们必须保证矩形区域是一个正方形。此外，绘制圆与绘制圆弧是不一样的。对于圆来说，我们不需要设置开始角度和结束角度。这是因为圆是一个闭合图形，开始角度一定是 0°，结束角度一定是 360°。

下面两句代码是等价的，都用于绘制描边圆：

```python
draw.ellipse([(20, 20), (120, 120)], outline="hotpink")
draw.arc([(20, 20), (120, 120)], 0, 360, "black")
```

下面两句代码也是等价的，都用于绘制填充圆：

```python
draw.ellipse([(20, 20), (120, 120)], fill="hotpink")
draw.pieslice([(20, 20), (120, 120)], 0, 360, "hotpink")
```

举例：绘制椭圆

```python
from PIL import Image, ImageDraw

# 创建区域
img = Image.new("RGB", (200, 150), "white")

# 创建Draw对象
draw = ImageDraw.Draw(img)
```

```python
# 绘制一个椭圆
draw.ellipse([(50, 50), (150, 100)], outline="hotpink")

# 显示图像
img.show()
```

运行代码之后，效果如图 16-39 所示。

▌ **分析**：

若想要使用 ellipse() 方法绘制一个椭圆，我们必须保证矩形区域是一个长方形。

图 16-39

下面两句代码是等价的，都用于绘制描边椭圆：

```
draw.ellipse([(50, 50), (150, 100)], outline="hotpink")
draw.arc([(50, 50), (150, 100)], 0, 360, "black")
```

下面两句代码也是等价的，都用于绘制填充椭圆：

```
draw.ellipse([(50, 50), (150, 100)], fill="hotpink")
draw.pieslice([(50, 50), (150, 100)], 0, 360, "hotpink")
```

16.5 绘制文本

16.5.1 文本的绘制方法

在 Python 中，我们可以使用 Pillow 库的 ImageDraw 模块来绘制文本。

▌ **语法**：

```
draw.text(xy, string, option, font)
```

▌ **说明**：

text() 方式有 4 个参数。参数 xy 表示文本左上角的坐标，参数 string 是文本内容，参数 option 是绘制方式。参数 font 用于设置字体，如果省略这个参数，则表示使用默认的字体类型和字体大小。

▌ **举例**：在指定区域内绘制文本

```python
from PIL import Image, ImageDraw

# 创建区域
img = Image.new("RGB", (200, 150), "white")

# 创建Draw对象
draw = ImageDraw.Draw(img)

# 绘制文本
draw.text([50, 50], "Python", fill="hotpink")
```

```
# 显示图像
img.show()
```

运行代码之后，效果如图 16-40 所示。

▌举例：在图片上绘制文本

```
from PIL import Image, ImageDraw

# 打开图片
img = Image.open(r"img\bird.jpg")

# 创建 Draw 对象
draw = ImageDraw.Draw(img)

# 绘制文本
draw.text([120, 240], "Little Bird", fill="red")

# 显示图像
img.show()
```

图 16-40

运行代码之后，效果如图 16-41 所示。

▌分析：

那么应该怎么设置字体大小，以及如何绘制中文呢？"这个时候就需要用到下面介绍的 ImageFont.truetype() 了。

图 16-41

16.5.2 设置字体

在 Python 中，我们可以使用 Pillow 库的 ImageFont 模块来定义字体类型和字体大小。

▌语法：

```
ImageFont.truetype(url, size)
```

▌说明：

truetype() 方法有两个参数。参数 url 表示字体文件所在的路径，字体文件的扩展名通常是 ".ttf"，一般可以在以下文件夹中找到。

- ▶ Windows 系统: C:\Windows\Fonts。
- ▶ Mac 系统: /Libraray/Fonts and/ System/Library/Fonts。
- ▶ Linux 系统: /usr/share/fonts/truetype。

参数 size 指的是表示字体大小的点数（这里是点数，而不是像素），这个点数是一个整数。Pillow 库创建的 PNG 图片默认为每英寸（1 英寸 ≈ 2.54 厘米）72 像素，那么 1 点就是 1/72 英寸。

▌举例：设置字体

```
from PIL import Image, ImageDraw, ImageFont
```

```python
# 创建区域
img = Image.new("RGB", (200, 150), "white")

# 创建Draw对象
draw = ImageDraw.Draw(img)

# 设置字体
myfont = ImageFont.truetype(r"C:\Windows\Fonts\Verdana.TTF", 30)

# 绘制文本
draw.text([50, 50], "Python", font = myfont, fill="hotpink")

# 显示图像
img.show()
```

运行代码之后，效果如图 16-42 所示。

▌ **举例：绘制中文**

```python
from PIL import Image, ImageDraw, ImageFont

# 创建区域
img = Image.new("RGB", (200, 150), "white")

# 创建Draw对象
draw = ImageDraw.Draw(img)

# 设置字体
myfont = ImageFont.truetype(r"C:\Windows\Fonts\SimHei.TTF", 30)

# 绘制文本
draw.text([25, 50], "绿叶学习网", font=myfont, fill="hotpink")

# 显示图像
img.show()
```

图 16-42

运行代码之后，效果如图 16-43 所示。

▌ **分析：**

想要绘制中文，我们就需要使用 ImageFont.truetype() 导入中文字体。代码中的 SimHei 表示"黑体"字体。

图 16-43

16.6 图片美化

在 Pillow 库中，我们可以使用 ImageFilter 模块来实现各种滤镜效果，也就是对图片进行美化。

▌ **语法：**

```
ImageFilter.属性
ImageFilter.方法名()
```

▌ **说明：**

ImageFilter 模块常用的内置滤镜和自定义滤镜分别如表 16-4 和表 16-5 所示。

表 16-4 内置滤镜（属性）

滤镜	说明
BLUR	模糊
CONTOUR	轮廓
DETAIL	细节
EMBOSS	浮雕
FIND_EDGES	查找边缘
SHARPEN	锐化
SMOOTH	光滑
EDGE_ENHANCE	边缘增强
EDGE_ENHANCE_MORE	边缘更多增强

表 16-5 自定义滤镜（方法）

方法	说明
GaussianBlur(radius=2)	高斯模糊
MedianFilter(size=3)	中值滤波
MinFilter(size=3)	最小值滤波
ModeFilter(size=3)	模式滤波
UnsharpMask(radius=2, percent=150,threshold=3)	USM 锐化

内置滤镜和自定义滤镜使用起来非常简单，我们只需把"ImageFilter.属性"或"ImageFilter.方法名"作为参数传递给 Image 模块的 filter() 方法，就可以得到带有滤镜效果的 Image 对象。

▌ **举例：使用内置滤镜**

```
from PIL import Image,ImageFilter

img = Image.open(r"img\bird.jpg")
filter_img = img.filter(ImageFilter.CONTOUR)
filter_img.show()
```

运行代码之后，效果如图 16-44 所示。

▌ **举例：使用自定义滤镜**

```
from PIL import Image,ImageFilter

img = Image.open(r"img\bird.jpg")
```

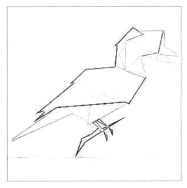

图 16-44

```
filter_img = img.filter(ImageFilter.GaussianBlur(radius=2))
filter_img.show()
```

运行代码之后,效果如图 16-45 所示。

图 16-45

第 17 章 数据可视化

17.1 数据可视化简介

对于大量的数据，若我们仅从数据本身出发可能会比较难看出其中的特别之处。如果能够利用一定的手段让这些数据清晰、友好地展示出来，那么我们就能很直观地发现其中有用的信息。

例如一个网站每天的访问人数非常多，如果想了解最近 30 天的访客数趋势，仅通过查看数据是很难看出来的。但是如果把数据以折线图的方式展示出来，其中的一些信息就变得非常直观了，如图 17-1 所示。

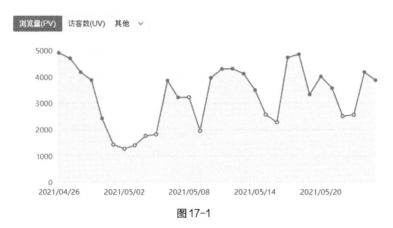

图 17-1

数据可视化是指借助 Python 中的可视化库将数据以图表的方式显示出来。可视化库的应用非常广泛，可以用于基因研究、天气研究、经济分析等众多领域。在 Python 中，可视化库非常多，常用的有 Matplotlib、Seaborn、Pyecharts 等。对于初学者来说，Matplotlib 是最适合学习的一个，如图 17-2 所示。

图 17-2

　　Matplotlib 可以说是 Python 在平面绘图领域使用最为广泛的库了。它借鉴了很多 MATLAB 中的函数，可以轻松绘制各种高质量的图表，如折线图、散点图、柱状图等。Matplotlib 库不仅可以绘制二维图，还可以绘制三维图，以及实现各种图形动画等。

　　由于 Matplotlib 是第三方库，因此我们需要手动安装该库。首先打开 VSCode 终端窗口，输入下面这句命令，然后按 Enter 键即可自动安装：

```
pip install matplotlib
```

【常见问题】

对于数据可视化，是不是我们只掌握 Matplotlib 这一个库就够了呢？

　　Matplotlib 是 Python 可视化中最重要的一个库，能把这个库认真掌握好，就已经可以走得很远了。但是如果想要成为一名真正的数据分析师，就还得学习更多的可视化库，如 Seaborn、Pyecharts、Plotline 等。

17.2　拆线图

　　本节先来简单介绍一下折线图的绘制方法，后面再介绍如何绘制更复杂的图表。

17.2.1　基本语法

　　在 Matplotlib 库中，我们可以使用 plot() 函数来绘制一个折线图。

▼ 语法：

```
plt.plot(listx, listy)
```

▼ 说明：

　　plot() 函数接收两个参数：listx 和 listy。它们都是列表。listx 存放的是所有折点的 x 坐标，listy 存放的是所有折点的 y 坐标。

▼ 举例：绘制一条折线

```
# 导入库
import matplotlib.pyplot as plt

# 绘制折线图
listx = [1, 2, 3, 4]
```

```
listy = [6, 5, 8, 7]
plt.plot(listx, listy)

# 显示图表
plt.show()
```

运行代码之后，效果如图 17-3 所示。

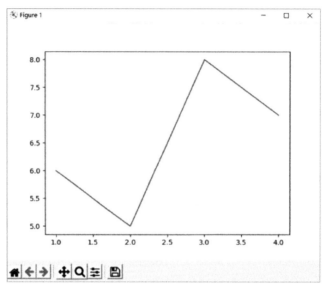

图 17-3

▌ 分析：

如果想要使用 Matplotlib 库来绘制一个图表，我们至少要进行以下 3 步：导入库，绘图，显示图表。

```
# 第1步：导入库
import matplotlib.pyplot as plt
```

我们使用上面这句代码来引入 Matplotlib 库中的 pyplot 子库，并将其命名为 plt。因为 Matplotlib 库的大部分绘图功能在 pyplot 子库中，所以通常只需要导入 pyplot 子库就可以了。

```
# 第2步：绘图
listx = [1, 2, 3, 4]
listy = [6, 5, 8, 7]
plt.plot(listx, listy)
```

我们使用上面的代码来绘制一个折线图。根据 listx 和 listy 这两个列表，我们拥有 4 个折点坐标：(1, 5)、(2, 9)、(3, 7)、(4, 6)。

```
# 第3步：显示图表
plt.show()
```

只进行第 1 步和第 2 步，运行代码之后并不会产生任何效果。最后我们还要调用 plt 的 show()，这样才能把图表显示出来。

Matplotlib 窗口除了可以展示图表，还提供了很多便捷的功能，如图 17-4 所示。这些功能包括保存成一张图片、对窗口进行配置等。

图 17-4

▶ 举例：绘制多条折线

```
import matplotlib.pyplot as plt

# 绘图
listx1 = [1, 2, 3, 4]
listy1 = [6, 5, 8, 7]
listx2 = [1, 2, 3, 4]
listy2 = [5, 9, 7, 6]
plt.plot(listx1, listy1)
plt.plot(listx2, listy2)

# 显示
plt.show()
```

运行代码之后，效果如图 17-5 所示。

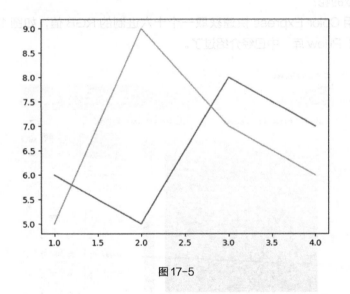

图 17-5

▶ 分析：

在一个图表中，我们不仅可以绘制一条折线，还可以同时绘制多条折线。要在一个图表中绘制多条折线也很简单，我们只需要多次调用 plot() 函数就可以了。

17.2.2 自定义样式

为了让折线图更加美观，plot() 函数还提供了很多可选的参数，这些参数都是用来定义折线图的样式的，常用的参数如表 17-1 所示。

表 17-1　plot() 的常用参数

参数	说明
color	定义线条颜色
linestyle	定义线条外观
marker	定义节点外观
label	定义图例名称

1. 线条颜色

在 Matplotlib 库中，我们可以使用 color 参数来定义线条的颜色。color 的常用取值有以下两种。

- **关键字**：颜色的英文名称，如 red、green、blue 等。
- **十六进制的 RGB 值**：类似"#FBF9D0"这样的值。

如果使用关键字满足不了需求，我们就得用十六进制的 RGB 值了，那么这种十六进制的 RGB 值是怎么获取的呢？

我们可以使用 Color Express 快速获取一个十六进制的 RGB 值，如图 17-6 所示。Color Express 在"16.2 Pillow 库"中已经介绍过了。

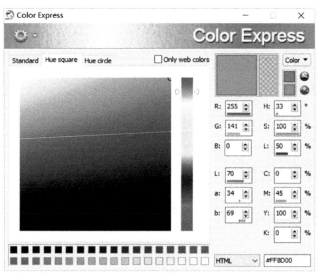

图 17-6

▶ **举例**：

```
import matplotlib.pyplot as plt
```

```
# 绘图
listx = [1, 2, 3, 4]
listy = [6, 5, 8, 7]
plt.plot(listx, listy, color="red")

# 显示
plt.show()
```

运行代码之后，效果如图 17-7 所示。

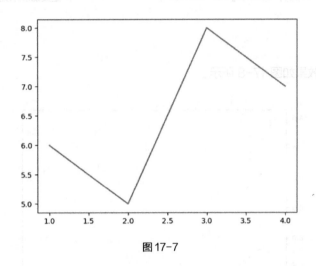

图 17-7

▶ **分析**：

plt.plot(listx, listy, color="red") 这句代码表示定义线条颜色为"red"（红色），当然我们也可以使用十六进制的 RGB 值：

```
# 十六进制的RGB值
plt.plot(listx, listy, color=" #10CBC8")
```

2. 线条外观

在 Matplotlib 库中，我们可以使用 linestyle 参数来定义线条的外观。linestyle 参数的常用取值如表 17-2 所示。

表 17-2 linestyle 参数的常用取值

取值	说明
solid	实线（默认值）
dashed	虚线
dotted	点线
dashdot	点划线

除了上面这种关键字的取值方式，linestyle 还可以取值为"特殊字符"，如 linestyle="-" 表示实线，linestyle="--" 表示虚线。不过在实际开发中，更加推荐使用关键字的取值方式。

此外，我们还可以使用 linewidth 参数来定义线条的宽度，如 linewidth=1 表示定义线条宽度为 1 像素。

▌ **举例**：

```
import matplotlib.pyplot as plt

# 绘图
listx = [1, 2, 3, 4]
listy = [6, 5, 8, 7]
plt.plot(listx, listy, linestyle="dashed")          # 定义线条外观为虚线

# 显示
plt.show()
```

运行代码之后，效果如图 17-8 所示。

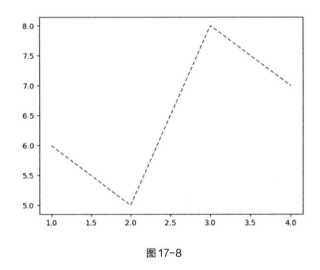

图 17-8

▌ **分析**：

小伙伴们可以自行试一下为 linestyle 参数取其他值，然后看看具体效果。

3. 节点外观

在 Matplotlib 库中，我们可以使用 marker 参数来定义节点的外观。marker 参数的常用取值如表 17-3 所示。

表 17-3　marker 参数的常用取值

取值	说明
.	点
,	像素
o	实心圆
v	下三角
^	上下角

续表

取值	说明
<	左三角
>	右三角
1	下花三角
2	上花三角
3	左花三角
4	右花三角
s	实心正方形
p	实心五角星
*	星形
h	竖六边形
H	横六边形
+	加号
×	叉号
d	小菱形
D	大菱形
|	垂直线

marker 参数的取值非常多，我们并不需要全部记住，在实际开发中需要用到的时候再回到这里查一下就可以了。

另外，我们还可以使用 markersize 参数来定义节点的大小，并使用 markerfacecolor 参数来定义节点的颜色。

▼ 举例：实心圆

```
import matplotlib.pyplot as plt

# 绘图
listx = [1, 2, 3, 4]
listy = [6, 5, 8, 7]
plt.plot(listx, listy, marker="o")

# 显示
plt.show()
```

运行代码之后，效果如图 17-9 所示。

▼ 分析：

把节点定义成实心圆，我们知道实现的方法了。但是如果想要将节点定义成空心圆，又该怎么做呢？我们可以配合 mfc="w" 这个参数来实现，代码如下：

```
plt.plot(listx, listy, marker="o" mfc="w")          # 节点为空心圆
```

运行代码之后，效果如图 17-10 所示。

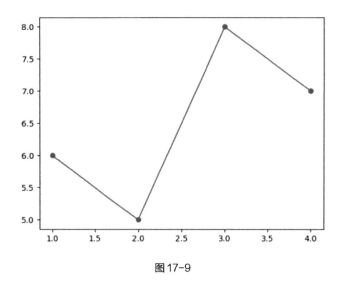

图 17-9

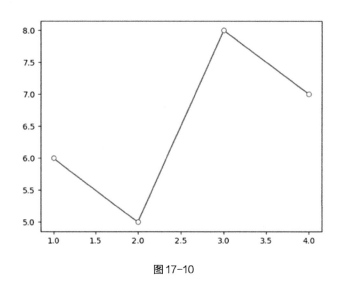

图 17-10

▌ 举例：大小和颜色

```
import matplotlib.pyplot as plt

# 绘图
listx = [1, 2, 3, 4]
listy = [6, 5, 8, 7]
plt.plot(listx, listy, marker="o", **markersize=3, markerfacecolor="red"**)

# 显示
plt.show()
```

运行代码之后，效果如图 17-11 所示。

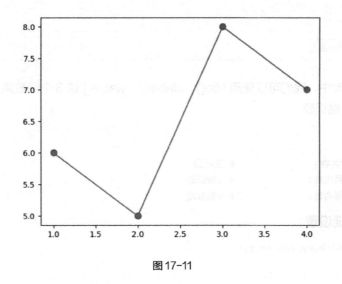

图 17-11

▶ **分析**：

markersize=3 表示定义节点大小为 3 像素，markerfacecolor="red" 表示定义节点颜色为红色。

17.3 通用设置

在介绍如何绘制其他图表之前，先来介绍一下通用的设置，这些设置不仅可以用于折线图，还可以用于其他大多数图表。通用的设置都是直接通过 pyplot 子库调用的，这一点大家一定要记住。

▶ **语法**：

```
import matplotlib.pyplot as plt
plt.方法名()
```

▶ **说明**：

在 Matplotlib 库中，通用设置主要包含以下 8 个方面。本节的内容很重要，是后面章节的基础，小伙伴们要认真掌握。

- ▶ 定义标题。
- ▶ 定义图例。
- ▶ 画布样式。
- ▶ 坐标轴刻度。
- ▶ 坐标轴范围。
- ▶ 网格线。
- ▶ 描述文本。
- ▶ 添加注释。

17.3.1 定义标题

在 Matplotlib 库中，我们可以使用 title()、xlabel()、ylabel() 这 3 个函数来分别定义图表的主标题、x 轴标题、y 轴标题。

语法：

```
plt.title(标题内容)              # 主标题
plt.xlabel(标题内容)             # x轴标题
plt.ylabel(标题内容)             # y轴标题
```

举例：常规设置

```python
import matplotlib.pyplot as plt

# 设置
plt.rcParams["font.family"] = ["SimHei"]          # 设置中文字体，避免乱码
plt.title("一个折线图")
plt.xlabel("x轴标题")
plt.ylabel("y轴标题")

# 绘图
listx = [1, 2, 3, 4]
listy = [6, 5, 8, 7]
plt.plot(listx, listy)

# 显示
plt.show()
```

运行代码之后，效果如图 17-12 所示。

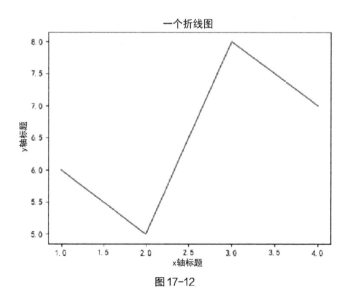

图 17-12

▶ **分析：**

如果图表中包含中文，就必须使用 plt.rcParams["font.family"] 来设置中文字体，否则可能会出现乱码：

```
plt.rcParams["font.family"] = ["SimHei"]           # 解决中文乱码的问题
plt.rcParams["axes.unicode_minus"] = False         # 解决负号不显示的问题
```

▶ **举例：标题位置**

```
import matplotlib.pyplot as plt

# 设置
plt.rcParams["font.family"] = ["SimHei"]
plt.title("一个折线图")
plt.xlabel("x轴标题", loc="right")
plt.ylabel("y轴标题", loc="top")

# 绘图
listx = [1, 2, 3, 4]
listy = [6, 5, 8, 7]
plt.plot(listx, listy)

# 显示
plt.show()
```

运行代码之后，效果如图 17-13 所示。

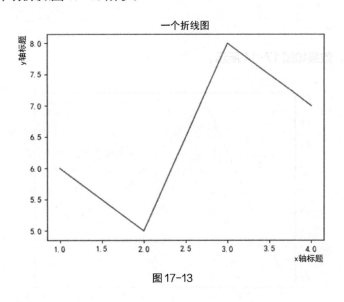

图 17-13

▶ **分析：**

x 轴标题的位置默认是"水平居中"，如果想要将其定义在最右边，我们可以使用 loc="right" 来实现。y 轴标题的位置默认是"垂直居中"，如果想要将其定义在最顶部，我们可以使用 loc="top" 来实现。

此外我们还可以使用通用参数，如使用 color 定义字体颜色，用 fontsize 定义字体大小等。

17.3.2 定义图例

在 Matplotlib 库中，我们可以使用 legend() 函数来为图表定义一个图例。

▌ **语法**：

```
plt.legend()
```

▌ **举例**：

```
import matplotlib.pyplot as plt

# 避免出现中文乱码问题
plt.rcParams["font.family"] = ["SimHei"]

# 绘图
listx1 = [1, 2, 3, 4]
listy1 = [5, 9, 7, 6]
listx2 = [1, 2, 3, 4]
listy2 = [6, 5, 8, 7]
plt.plot(listx1, listy1, label="线条1")
plt.plot(listx2, listy2, label="线条2")
plt.legend()                                    # 定义图例

# 显示
plt.show()
```

运行代码之后，效果如图 17-14 所示。

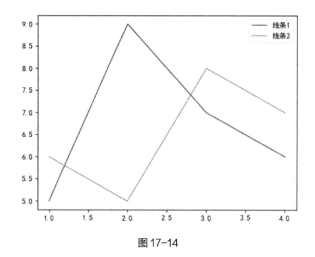

图 17-14

▌ **分析**：

因为 legend() 函数需要结合绘图方法的 label 参数一起使用，所以 legend() 函数必须在绘图方法的后面调用，不然 legend() 就会无法生效。

17.3.3 画布样式

在 Matplotlib 库中，我们可以使用 figure() 函数来定义画布的样式，包括画布的大小、颜色、边框等。

▼ **语法**：

```
plt.figure(figsize=元组,facecolor=颜色值,edgecolor=颜色值)
```

▼ **说明**：

figsize 用于定义画布的大小，它的取值是一个元组，例如 figsize=(10, 20) 表示画布宽度为 10 英寸、高度为 20 英寸。

facecolor 用于定义背景颜色，edgecolor 用于定义边框颜色。它们的取值可以是关键字，也可以是十六进制的 RGB 值。

▼ **举例**：

```
import matplotlib.pyplot as plt

# 设置
plt.figure(figsize=(5, 4), facecolor="hotpink")

# 绘图
listx = [1, 2, 3, 4]
listy = [6, 5, 8, 7]
plt.plot(listx, listy)

# 显示
plt.show()
```

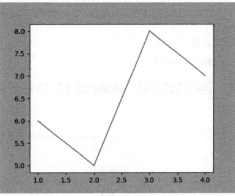

图 17-15

运行代码之后，效果如图 17-15 所示。

▼ **分析**：

画布样式是全局样式，全局样式必须在调用绘图方法之前设置的，不然就会出现问题。大家可以把 plt.figure(figsize=(5,4), facecolor="hotpink") 这一句代码放在 plt.plot(listx, listy) 之后，看看最终效果是怎样的。

17.3.4 坐标轴刻度

有些情况下，默认的坐标轴刻度并不能满足我们的开发需求。在 Matplotlib 库中，我们可以使用 xticks() 函数来定义 x 轴的刻度，也可以使用 yticks() 函数来定义 y 轴的刻度。

▼ **语法**：

```
plt.xticks(A, B)
plt.yticks(A, B)
```

说明：

xticks()和yticks()这两个函数都可以接收两个参数，如A和B，其中A和B都是列表。A是必选参数，表示刻度值；B是可选参数，表示标签值。B与A是一一对应的。

举例：定义刻度值

```
import matplotlib.pyplot as plt

# 设置
plt.rcParams["font.family"] = ["SimHei"]              # 设置中文字体，避免乱码
plt.title("15日体温变化")
plt.xlabel("日期")
plt.ylabel("体温")

# 绘图
listx = range(1, 16)
listy = [36.0, 36.1, 36.6, 36.2, 36.4, 36.5, 36.0, 36.2, 36.4, 36.8, 36.7, 36.1, 36.6, 36.5, 36.7]
plt.plot(listx, listy, marker="o", mfc="w")           # 定义节点为空心圆

# 显示
plt.show()
```

运行代码之后，效果如图17-16所示。

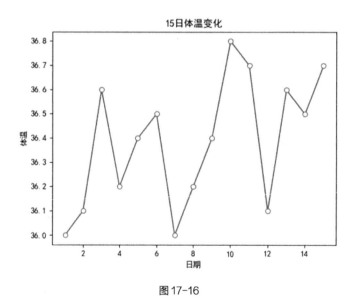

图 17-16

分析：

从图17-16可以看出，x轴的刻度是2、4、6、8这样的数字，但是我们想要1、2、3、4这样更加精确的刻度，此时就可以使用xticks()函数来实现了。代码如下：

```
plt.xticks(range(1, 16))
```

把上述代码（见上页）加到原代码的"设置"部分，再次运行代码之后，效果如图 17-17 所示。

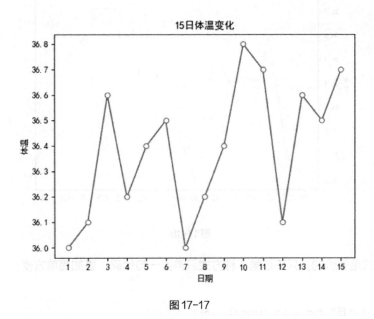

图 17-17

▶ 举例：定义标签值

```
import matplotlib.pyplot as plt

# 设置
plt.rcParams["font.family"] = ["SimHei"]              # 设置中文字体，避免乱码
plt.title("15日体温变化")
plt.xlabel("日期")
plt.ylabel("体温")
dates = [str(i)+"日" for i in range(1, 16)]
plt.xticks(range(1, 16), dates)

# 绘图
listx = range(1, 16)
listy = [36.0, 36.1, 36.6, 36.2, 36.4, 36.5, 36.0, 36.2, 36.4, 36.8, 36.7, 36.1, 36.6, 36.5, 36.7]
plt.plot(listx, listy, marker="o", mfc="w")           # 定义节点为空心圆

# 显示
plt.show()
```

运行代码之后，效果如图 17-18 所示。

▶ 分析：

dates=[str(i)+"日" for i in range(1,16)] 这一句代码使用了"列表生成式"的语法，主要用于快速生成列表：["1 日","2 日",...,"15 日"]。列表生成式属于 Python 进阶的相关技巧。

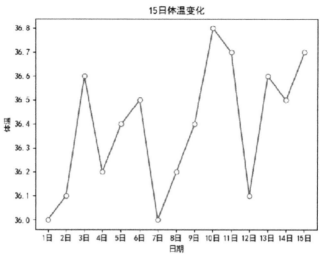

图 17-18

下面两种方式是等价的，只不过第 1 种方式只需要一句代码，更加简单方便：

```
# 方式1
dates=[str(i)+"日" for i in range(1, 16)]
```

```
# 方式2
dates = []
for i in range(1, 16):
    item = str(i) + "日"
    dates.append(item)
```

对 plt.xticks(A, B) 来说，如果想要使用第 2 个参数，那么 A 和 B 这两个列表的元素个数必须相同，B 中的元素会一一对应 A 中的元素。

17.3.5 坐标轴范围

在 Matplotlib 库中，我们可以使用 xlim() 函数来定义 x 轴的范围，也可以使用 ylim() 函数来定义 y 轴的范围。

▶ **语法**：

```
plt.xlim(m, n)
plt.ylim(m, n)
```

▶ **说明**：

xlim() 和 ylim() 这两个函数的取值范围为 [m, n]，这个范围包含 m 也包含 n。

▶ **举例**：

```
import matplotlib.pyplot as plt
```

```python
# 设置
plt.rcParams["font.family"] = ["SimHei"]      # 设置中文字体，避免乱码
plt.title("15日体温变化")
plt.xlabel("日期")
plt.ylabel("体温")
plt.xlim(1, 14)
plt.ylim(35, 40)

# 绘图
listx = range(1, 16)
listy = [36.0, 36.1, 36.6, 36.2, 36.4, 36.5, 36.0, 36.2, 36.4, 36.8, 36.7, 36.1, 36.6, 36.5, 36.7]
plt.plot(listx, listy, marker="o", mfc="w")    # 定义节点为空心圆

# 显示
plt.show()
```

运行代码之后，效果如图17-19所示。

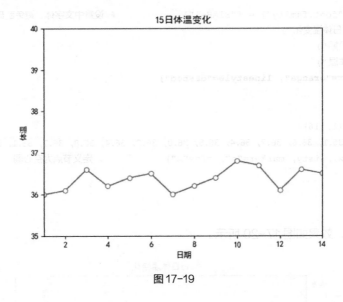

图17-19

▶ **分析**：

坐标轴的范围和坐标轴的刻度是不一样的。坐标轴的刻度是一一对应到坐标轴上的；而坐标轴的范围仅仅是一个范围，其坐标轴刻度是由Matplotlib库自动调整的。

17.3.6 网格线

在Matplotlib库中，我们可以使用grid()函数来定义网格线的样式。

▶ **语法**：

```
plt.grid(color=颜色值, linestyle=外观值)
```

说明：

grid() 函数的常用参数很多，如 color 和 linestyle。color 用于定义网格颜色，其取值可以是关键字或十六进制的 RGB 值。linestyle 用于定义网格外观，其常用取值如表 17-4 所示。

表 17-4 linestyle 参数的常用取值

取值	说明
solid	实线（默认值）
dashed	虚线
dotted	点线
dashdot	点划线

举例：

```
import matplotlib.pyplot as plt

# 设置
plt.rcParams["font.family"] = ["SimHei"]         # 设置中文字体，避免乱码
plt.title("15日体温变化")
plt.xlabel("日期")
plt.ylabel("体温")
plt.grid(color="orange", linestyle="dashed")

# 绘图
listx = range(1, 16)
listy = [36.0, 36.1, 36.6, 36.2, 36.4, 36.5, 36.0, 36.2, 36.4, 36.8, 36.7, 36.1, 36.6, 36.5, 36.7]
plt.plot(listx, listy, marker="o", mfc="w")      # 定义节点为空心圆

# 显示
plt.show()
```

运行代码之后，效果如图 17-20 所示。

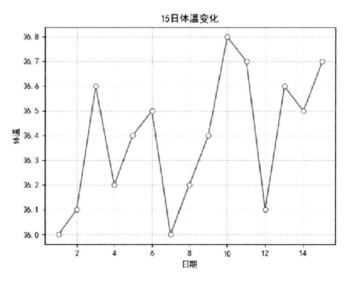

图 17-20

▶ **分析**：

plt.grid(color="orange", linestyle="dashed") 表示网格的颜色是"橙色"，外观是"虚线"。

17.3.7 描述文本

在 Matplotlib 库中，我们可以使用 text() 函数来为节点添加描述文本。这种方式可以让图表数据展示得更加直观。

▶ **语法**：

```
plt.text(x, y, text)
```

▶ **说明**：

x、y、text 都是列表。其中，x 是 x 坐标，y 是 y 坐标，text 是描述文本。

▶ **举例：基本样式**

```python
import matplotlib.pyplot as plt

# 设置
plt.rcParams["font.family"] = ["SimHei"]                # 设置中文字体，避免乱码
plt.title("15日体温变化")
plt.xlabel("日期")
plt.ylabel("体温")

# 绘图
listx = range(1, 16)
listy = [36.0, 36.1, 36.6, 36.2, 36.4, 36.5, 36.0, 36.2, 36.4, 36.8, 36.7, 36.1, 36.6, 36.5, 36.7]
plt.plot(listx, listy, marker="o", mfc="w")             # 定义节点为空心圆

# 添加描述文本
for a, b in zip(listx, listy):
    plt.text(a, b, b)

# 显示
plt.show()
```

运行代码之后，效果如图 17-21 所示。

▶ **分析**：

默认情况下，这些描述文本的样式并不是非常美观，我们可以使用通用参数来自定义其样式，修改后的代码如下：

```python
# 添加描述文本
for a, b in zip(listx, listy):
    plt.text(a, b, b, color="red", fontsize=9, ha="center", va="bottom")
```

再次运行代码之后，效果如图 17-22 所示。

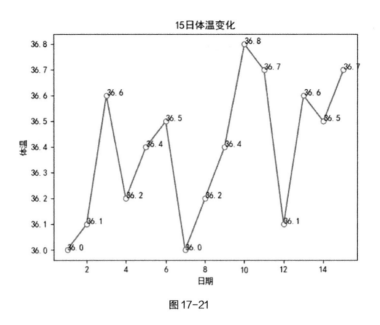

图 17-21

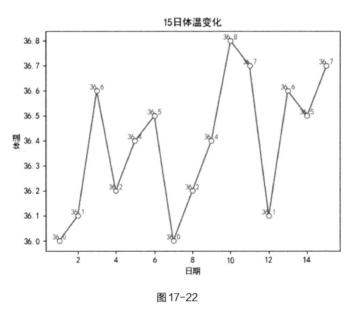

图 17-22

17.3.8 添加注释

在 Matplotlib 库中，我们可以使用 annotate() 函数为一些关键节点添加必要的注释。

▶ **语法**：

```
plt.annotate(text, xy=元组)
```

▶ **说明**：

text 表示注释内容；xy 是一个元组，它表示节点的坐标。除了 text、xy 之外，annotate() 函数还有很多其他参数，小伙伴们可以自行查看一下官方文档。

▶ **举例：**

```python
import matplotlib.pyplot as plt

# 设置
plt.rcParams["font.family"] = ["SimHei"]       # 设置中文字体，避免乱码
plt.title("15日体温变化")
plt.xlabel("日期")
plt.ylabel("体温")

# 绘图
listx = range(1, 16)
listy = [36.0, 36.1, 36.6, 36.2, 36.4, 36.5, 36.0, 36.2, 36.4, 36.8, 36.7, 36.1, 36.6, 36.5, 36.7]
plt.plot(listx, listy, marker="o", mfc="w")     # 节点为空心圆

# 添加注释
plt.annotate("最高体温", xy=(10, 36.8))

# 显示
plt.show()
```

运行代码之后，效果如图 17-23 所示。

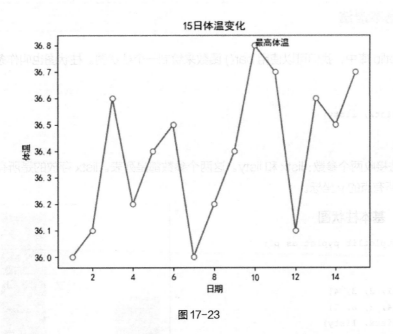

图 17-23

最后要说明一点，本节介绍的这些设置，不仅可以用于折线图，还可以用于其他大多数图表。

17.4 通用样式参数

在 Matplotlib 库中，有一些样式参数可以被绝大多数绘图方法使用（注意是绝大多数，并不是所有），这些参数又叫作"通用样式参数"。Matplotlib 库的通用样式参数如表 17-5 所示。

表 17-5　Matplotlib 库的通用样式参数

参数	说明
color	颜色
fontsize	文本大小
ha	水平对齐
va	垂直对齐
label	图例
alpha	不透明度（0 ~ 1.0）

ha 指的是 "horizontal align"（水平对齐）。va 指的是 "vertical align"（垂直对齐）。

17.5 柱状图

17.5.1 基本语法

在 Matplotlib 库中，我们可以使用 bar() 函数来绘制一个柱状图。柱状图也叫作条形图。

▌ 语法：

```
plt.bar(listx, listy)
```

▌ 说明：

bar() 方法接收两个参数：listx 和 listy。这两个参数都是列表。listx 存放的是所有点的 x 坐标，listy 存放的是所有点的 y 坐标。

▌ 举例：基本柱状图

```
import matplotlib.pyplot as plt

# 绘图
listx = [1, 2, 3, 4]
listy = [4, 2, 8, 5]
plt.bar(listx, listy)

# 显示
plt.show()
```

运行代码之后，效果如图 17-24 所示。

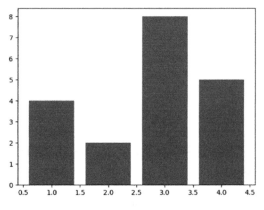

图 17-24

▎举例：完整案例

```
import matplotlib.pyplot as plt

# 设置
plt.rcParams["font.family"] = ["SimHei"]        # 避免乱码
plt.title("气温变化（柱状图）")
plt.xlabel("日期", loc="right")
plt.ylabel("温度", loc="top")

# 绘图
listx = [1, 2, 3, 4, 5]
listy = [11, 13, 16, 10, 6]
plt.bar(listx, listy)

# 重定义坐标轴刻度
dates = [str(i)+"日" for i in range(1, 6)]
temps = [str(i)+"°" for i in range(0, 18, 2)]
plt.xticks(range(1, 6), dates)
plt.yticks(range(0, 18, 2), temps)

# 显示
plt.show()
```

运行代码之后，效果如图17-25所示。

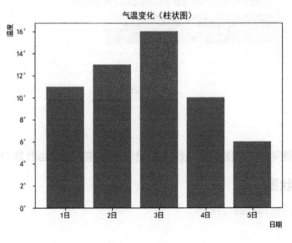

图 17-25

17.5.2 高级绘图

在实际开发中，柱状图的使用频率比较高。某些情况下，基本的柱状图并不能满足我们的实际需求，所以我们还得掌握一些高级柱状图的绘制方法。高级柱状图包括以下3种。

- ▶ 横向柱状图。
- ▶ 堆叠柱状图。

▶ 并列柱状图。

▌举例：横向柱状图

```
import matplotlib.pyplot as plt

# 绘图
listx = [1, 2, 3, 4, 5]
listy = [11, 13, 16, 10, 6]
plt.barh(listx, listy)

# 显示
plt.show()
```

运行代码之后，效果如图 17-26 所示。

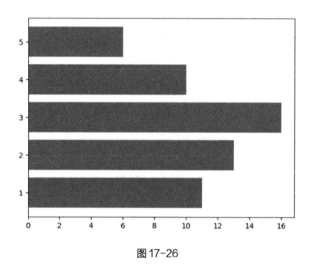

图 17-26

▌分析：

如果我们想要绘制横向的柱状图，可以使用 barh() 函数来实现。barh 是 "bar horizontal" 的缩写。

▌举例：堆叠柱状图

```
import matplotlib.pyplot as plt

# 避免乱码
plt.rcParams["font.family"] = ["SimHei"]

listx = [1, 2, 3, 4, 5]
listy1 = [3, 2, 4, 7, 1]
listy2 = [1, 5, 3, 8, 3]
plt.bar(listx, listy1)
plt.bar(listx, listy2, bottom=listy1)

plt.title("婴儿出生（柱状图）")
plt.xlabel("日期")
```

```
plt.ylabel("人数")

# 显示
plt.show()
```

运行代码之后,效果如图 17-27 所示。

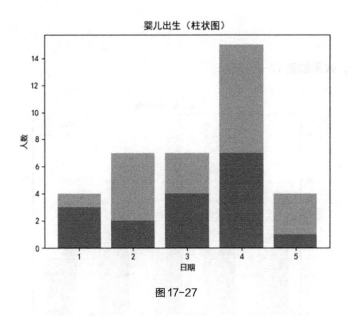

图 17-27

▌ 分析：

对于堆叠柱状图来说,多个数据的 x 坐标必须一致,y 坐标可以不相同。这里需要借助 bottom 参数,将放在下面的数据的 y 坐标设置为 bottom 的值。

当然了,我们不仅可以实现两种数据的堆叠,还可以对更多数据进行堆叠。

▌ 举例：并列柱状图

```
import matplotlib.pyplot as plt

# 避免乱码
plt.rcParams["font.family"] = ["SimHei"]

listx = [1, 2, 3, 4, 5]
listy1 = [11, 13, 16, 10, 6]
listy2 = [12, 17, 15, 12, 5]
width = 0.3

listx1 = listx
listx2 = [i+width for i in listx]
plt.bar(listx1, listy1, width=width, label="广州")
plt.bar(listx2, listy2, width=width, label="深圳")
plt.legend()

# 定义坐标轴刻度
```

```
x = listx2 = [i+width/2 for i in listx]
dates = ["1日", "2日", "3日", "4日", "5日"]
plt.xticks(x, dates)
plt.title("气温变化（柱状图）")
plt.xlabel("日期")
plt.ylabel("温度")

# 显示
plt.show()
```

运行代码之后，效果如图 17-28 所示。

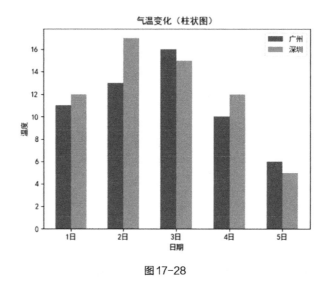

图 17-28

▌ 分析：

如果想要绘制并列柱状图，就要对 width 这个参数进行灵活的应用。后面的关键代码用于定义坐标轴的刻度。

17.6 直方图

17.6.1 基本语法

在 Matplotlib 库中，我们可以使用 hist() 函数来绘制一个直方图。

▌ 语法：

```
plt.hist(data, group)
```

▌ 说明：

data 是一个必要参数，它表示一个数据。group 是一个可选参数，它表示如何分组。

▼ 举例：不使用分组

```
import matplotlib.pyplot as plt

# 绘图
data = [32, 12, 27, 56, 19, 16, 35, 52]
plt.hist(data)

# 显示
plt.show()
```

运行代码之后，效果如图 17-29 所示。

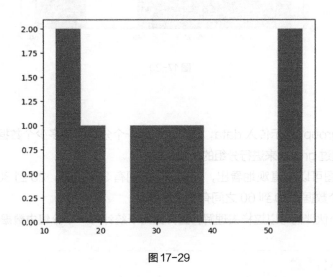

图 17-29

▼ 分析：

直方图用于统计处于各个区间的数据的个数。如果没有设置第 2 个参数 group，那么 Matplotlib 库就会自动分组。不过大多数情况下它的自动分组都不太符合我们的预期效果，所以需要我们手动分组。例如上面这个例子，我们更希望统计的是 10 ~ 20、20 ~ 30、30 ~ 40、50 ~ 60 这几个区间内的数据个数。

▼ 举例：使用分组

```
import matplotlib.pyplot as plt

# 绘图
data = [32, 12, 27, 56, 19, 16, 35, 52]
group = [10, 20, 30, 40, 50, 60]
plt.hist(data, group)

# 显示
plt.show()
```

运行代码之后，效果如图 17-30 所示。

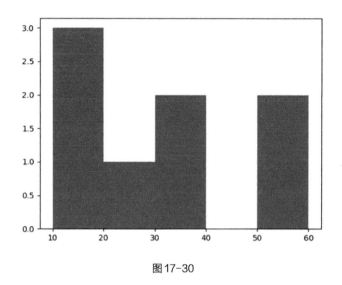

图 17-30

▌分析：

plt.hist(data, group) 表示传入 data，然后统计每一个分组中有多少个数据。那么它是怎么进行分组的呢？就是通过 group 来进行分组的。

从上面的结果图可以很直观地看出，10 到 20 之间有 3 个数据，20 到 30 之间有 1 个数据，30 到 40 之间有 2 个数据，50 到 60 之间有 2 个数据。

对于直方图，小伙伴们可以这样去理解：**直方图用于统计每一个分组中数据的个数。**

17.6.2 自定义样式

在 Matplotlib 库中，我们还可以自定义直方图的样式。hist() 函数提供了很多参数，常用的参数如表 17-6 所示。

表 17-6　hist() 的常用参数

参数	说明
rwidth	直方图的宽度（0 ~ 1.0）
color	直方图的颜色
egdecolor	边框颜色

▌举例：实际案例

```
import matplotlib.pyplot as plt

# 设置中文字体，避免乱码
plt.rcParams["font.family"] = ["SimHei"]
plt.title("乘客年龄（直方图）")
plt.xlabel("年龄")
plt.ylabel("人数")
```

```
# 绘图
ages = [22, 38, 26, 35, 54, 35, 2, 27, 14, 32, 72, 42, 27, 56, 7, 19, 76, 16, 32, 52]
group = range(0, 100, 10)
plt.hist(ages, group, color="#10A6CB", edgecolor="black")
plt.xticks(range(0, 100, 10))

# 显示
plt.show()
```

运行代码之后，效果如图 17-31 所示。

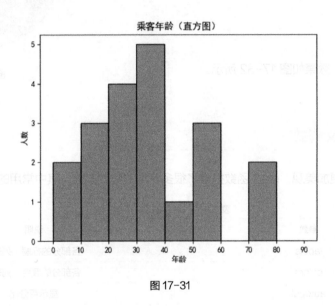

图 17-31

▶ 分析：

直方图和柱状图很相似，但是它们之间有着本质上的区别：直方图的 y 轴表示频率，柱状图的 y 轴表示数值。用最简单的一句话来说就是：**直方图一般用于统计数据的个数，而柱状图多用于展示数据。**

17.7 饼状图

17.7.1 基本语法

在 Matplotlib 库中，我们可以使用 pie() 函数来绘制一个饼状图。饼状图有点特殊，它没有坐标系，因为它主要用于展示各个部分占总和的比例。

▶ 语法：

```
plt.pie(列表)
```

▍说明：

pie() 函数的必要参数只有 1 个列表，该列表存放的是各部分的值。

▍举例：

```python
import matplotlib.pyplot as plt

# 绘图
slices = [8, 4, 6, 10]          # 各部分的值
plt.pie(slices)                 # 绘制饼状图

# 显示
plt.show()
```

运行代码之后，效果如图 17-32 所示。

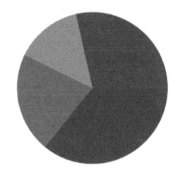

图 17-32

17.7.2 自定义样式

为了让饼状图更加美观，pie() 函数提供了很多可选的样式参数，其中常用的如表 17-7 所示。

表 17-7　pie() 的常用参数

参数	说明
labels	各部分的标题（列表）
colors	各部分的颜色（列表）
autopct	显示百分比
explode	是否拉出某部分（元组）
shadow	是否显示阴影（元组）

▍举例：添加标题和百分比

```python
import matplotlib.pyplot as plt

# 避免乱码
plt.rcParams["font.family"] = ["SimHei"]

# 各部分的标题
movies = ["蜘蛛侠", "蝙蝠侠", "钢铁侠", "海王"]
# 各部分的票房（单位：亿元）
slices = [8, 4, 6, 10]
# 各部分的颜色
colors = ["red", "green", "blue", "orange"]
# 绘制饼状图
plt.pie(slices,
        labels = movies,
        colors = colors,
        autopct = "%1.1f%%"
```

)
plt.title("电影票房占比")

# 显示
plt.show()
```

运行代码之后，效果如图 17-33 所示。

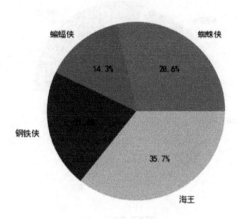

图 17-33

▶ **分析**：

参数 autopct 表示百分比的格式，语法为 "% 格式 %%"。其中，"%1.1f%%" 表示整数占 1 位、小数占 1 位，"%2.1f%%" 表示整数占 2 位、小数占 1 位。

▶ **举例**：拉出某部分

```
import matplotlib.pyplot as plt

避免乱码
plt.rcParams["font.family"] = ["SimHei"]

# 各部分的标题
movies = ["蜘蛛侠", "蝙蝠侠", "钢铁侠", "海王"]
# 各部分的票房（单位：亿元）
slices = [8, 4, 6, 10]
# 各部分的颜色
colors = ["red", "green", "blue", "orange"]

绘制饼状图
plt.pie(slices,
        labels = movies,
        colors = colors,
        explode = (0.1, 0, 0, 0),
        autopct = "%1.1f%%"
)
```
```

```
plt.title("电影票房占比")

# 显示
plt.show()
```

运行代码之后，效果如图17-34所示。

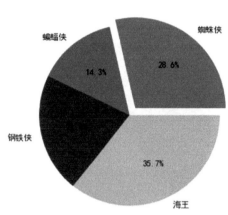

图 17-34

▌ 分析：

explode=(0.1,0,0,0) 表示将第1部分拉出来。如果想要将第2部分拉出来，则可以改为 explode=(0,0.1,0,0)。此时效果如图 17-35 所示。

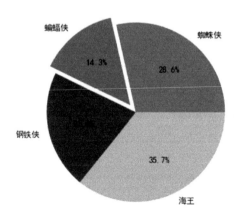

图 17-35

▌ 举例：添加阴影效果

```
import matplotlib.pyplot as plt
```

```python
# 避免乱码
plt.rcParams["font.family"] = ["SimHei"]

# 各部分的标题
movies = ["蜘蛛侠", "蝙蝠侠", "钢铁侠", "海王"]
# 各部分的票房（单位：亿元）
slices = [8, 4, 6, 10]
# 各部分的颜色
colors = ["red", "green", "blue", "orange"]

# 绘制饼状图
plt.pie(slices,
        labels = movies,
        colors = colors,
        explode = (0.1, 0, 0, 0),
        shadow = True,
        autopct = "%1.1f%%"
)
plt.title("电影票房占比")

# 显示
plt.show()
```

运行代码之后，效果如图 17-36 所示。

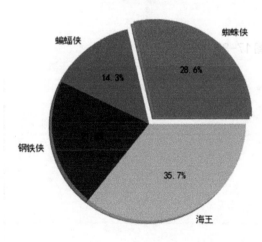

图 17-36

▮ 分析：

饼状图的展示效果虽然不错，但仅适合呈现少量数据。大量数据就不适合使用饼状图来展示了。因为如果将饼状图分为太多块，那么所占比例太小的数据就会看不清楚。

17.8 散点图

17.8.1 基本语法

在 Matplotlib 库中,我们可以使用 scatter() 函数来绘制一个散点图。

▌ **语法**:

```
plt.scatter(listx, listy)
```

▌ **说明**:

scatter() 函数接收两个参数:listx 和 listy。这两个参数都是列表。listx 存放的是所有点的 *x* 坐标,listy 存放的是所有点的 *y* 坐标。

▌ **举例**:

```python
import matplotlib.pyplot as plt

# 绘图
listx = [1, 2, 3, 4, 5, 6, 7, 8]
listy = [5, 2, 4, 2, 1, 4, 3, 2]
plt.scatter(listx, listy)

# 显示
plt.show()
```

运行代码之后,效果如图 17-37 所示。

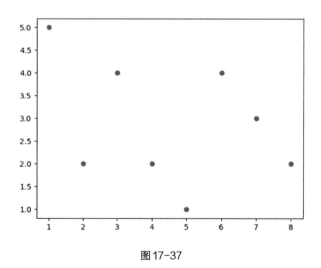

图 17-37

▌ **举例:完整案例**

```python
import matplotlib.pyplot as plt
```

```
import numpy as np

# 绘图
listx = np.random.randn(1000)
listy = np.random.randn(1000)
plt.scatter(listx, listy, alpha=0.8)

# 显示
plt.show()
```

运行代码之后，效果如图 17-38 所示。

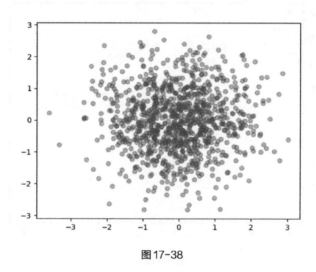

图 17-38

▶ **分析：**

np.random.randn(n) 用于生成 n 个符合正态分布的样本数据。

17.8.2 自定义样式

为了让散点图更加美观，scatter() 函数提供了很多可选的样式参数，其常用的参数如表 17-8 所示。

表 17-8 scatter() 的常用参数

参数	说明
s	散点的大小
color	散点的颜色
alpha	散点的不透明度（0 ~ 1.0）
marker	散点的形状
label	图例

▶ **举例：大小、颜色、不透明度**

```
import matplotlib.pyplot as plt
```

```
# 绘制
listx = [1, 2, 3, 4, 5, 6, 7, 8]
listy = [5, 2, 4, 2, 1, 4, 3, 2]
plt.scatter(listx, listy, s=50, color="red", alpha=0.5)

# 显示
plt.show()
```

运行代码之后，效果如图 17-39 所示。

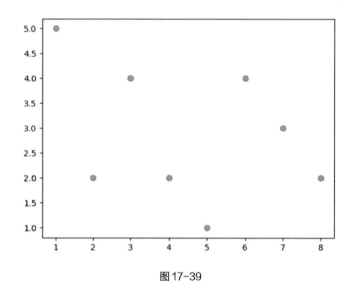

图 17-39

分析：

plt.scatter(listx,listy,s=50,color="red",alpha=0.5) 表示定义散点的颜色为红色，大小为 50，不透明度为 0.5。其中散点的大小值一般是一个整数值。

举例：散点的形状

```
import matplotlib.pyplot as plt

# 绘图
listx = [1, 2, 3, 4, 5, 6, 7, 8]
listy = [5, 2, 4, 2, 1, 4, 3, 2]
plt.scatter(listx, listy, s=50, color="red", alpha=0.5, marker="x")

# 显示
plt.show()
```

运行代码之后，效果如图 17-40 所示。

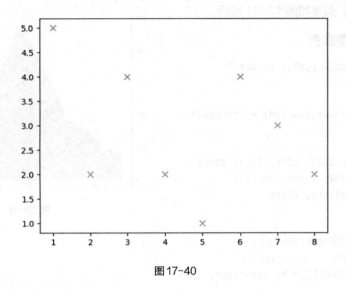

图 17-40

▌ 分析：

marker="x" 表示定义散点的形状为"×"。marker 参数的取值非常多，小伙伴们可以查阅 Matplotlib 库的官方文档。

17.9 面积图

17.9.1 基本语法

在 Matplotlib 库中，我们可以使用 stackplot() 函数来绘制一个面积图。

▌ 语法：

```
plt.stackplot(listx, listy)
```

▌ 说明：

stackplot() 函数接收两个参数：listx 和 listy。它们都是列表。listx 存放的是所有点的 x 坐标，listy 存放的是所有点的 y 坐标。

▌ 举例：

```
import matplotlib.pyplot as plt

# 绘制
listx = [2016, 2017, 2018, 2019, 2020]
listy = [74, 182.7, 490, 99, 198]
plt.stackplot(listx, listy)

# 显示
plt.show()
```

运行代码之后，效果如图 17-41 所示。

▌举例：完整案例

```
import matplotlib.pyplot as plt

# 避免乱码
plt.rcParams["font.family"] = ["SimHei"]

# 绘制
listx = [2016, 2017, 2018, 2019, 2020]
listy = [74, 182.7, 490, 99, 198]
plt.stackplot(listx, listy)

# 定义标题
plt.title("公司销售额（面积图）")
plt.xlabel("年份", loc="right")
plt.ylabel("销售额（万元）", loc="top")

# 定义坐标轴刻度
dates = [str(i)+"年" for i in listx]
plt.xticks(listx, dates)

# 添加注释
for a, b in zip(listx, listy):
    plt.text(a, b, b, color="red", fontsize=12, ha="center", va="bottom")

# 显示
plt.show()
```

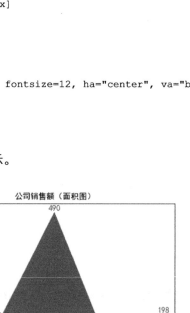

图 17-41

运行代码之后，效果如图 17-42 所示。

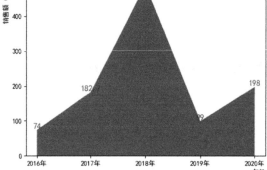

图 17-42

17.9.2 高级绘图

在某些情况下，基本的面积图并不能满足我们的实际开发需求，所以我们还得掌握一些高级面积图的绘制方法，如堆叠面积图。

▌ 举例：堆叠面积图

```python
import matplotlib.pyplot as plt

plt.rcParams["font.family"] = ["SimHei"]

# 绘制
listx = [1, 2, 3, 4, 5]
listy1 = [5, 8, 7, 6, 8]
listy2 = [3, 7, 6, 5, 7]
listy3 = [2, 6, 4, 3, 5]
plt.stackplot(listx, listy1, listy2, listy3)

# 显示
plt.show()
```

运行代码之后，效果如图 17-43 所示。

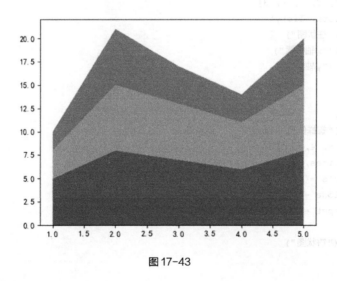

图 17-43

17.10 子图表

在 Matplotlib 库中，我们可以使用 pyplot 子库的 subplot() 函数在一个图表中同时绘制多个子图表。

▌ 语法：

```
plt.subplot(rows, cols, index)
```

▌ 说明：

subplot() 函数有 3 个参数：rows 是行数，cols 是列数，index 是子图位置。其中，index 的值从 1 开始到 rows × cols 结束。

举例：

```python
import matplotlib.pyplot as plt

# 设置中文字体
plt.rcParams["font.family"] = ["SimHei"]

# 绘制折线图
def drawplot():
    listx = [1, 2, 3, 4]
    listy = [5, 9, 7, 6]
    plt.plot(listx, listy)
    plt.title("折线图")
    plt.xlabel("x轴标题")
    plt.ylabel("y轴标题")

# 绘制柱状图
def drawbar():
    listx = [1, 3, 5, 7, 9]
    listy = [5, 9, 7, 6, 3]
    plt.bar(listx, listy)
    plt.title("柱状图")
    plt.xlabel("x轴标题")
    plt.ylabel("y轴标题")

# 绘制饼状图
def drawpie():
    movies = ["蜘蛛侠", "蝙蝠侠", "钢铁侠", "海王"]
    slices = [8, 4, 6, 10]
    plt.pie(slices,
            labels = movies,
            explode = (0.1, 0, 0, 0),
            autopct = "%1.1f%%"
    )
    plt.title("饼状图")

# 绘制散点图
def drawscatter():
    listx = [1,2,3,4,5,6,7,8]
    listy = [5,2,4,2,1,4,3,2]
    plt.scatter(listx, listy)
    plt.title("散点图")
    plt.xlabel("x轴标题")
    plt.ylabel("y轴标题")

plt.subplot(2, 2, 1)
drawplot()
plt.subplot(2, 2, 2)
drawbar()
plt.subplot(2, 2, 3)
drawpie()
```

```
plt.subplot(2, 2, 4)
drawscatter()

plt.tight_layout()                    # 调整布局
plt.show()                            # 显示图表
```

运行代码之后,效果如图 17-44 所示。

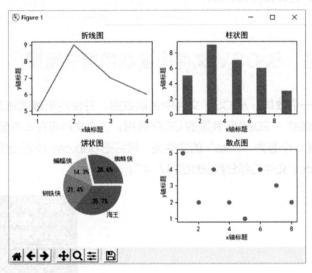

图 17-44

▶ **分析:**

这个例子的代码虽然比较多,但是我们只需要关注加粗部分即可。plt.tight_layout() 用于调整子图表的布局,如果没有这一句代码,子图表就可能重叠,如图 17-45 所示。

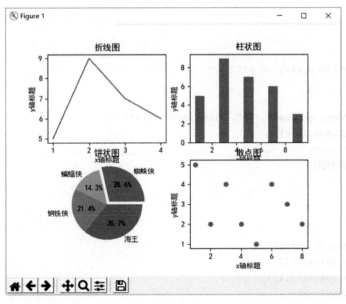

图 17-45

> 【常见问题】
>
> **Matplotlib 库中的图表那么多，其中的方法和参数也很多，怎样才能记得住呢？**
>
> 其实没必要全部记住，不仅是 Matplotlib 库，还包括很多其他库或模块，我们只需要把它们认真过一遍，等到需要用的时候，再查一下就可以了。不过一些基础知识，如列表的方法、字典的方法等，是必须要记住的。

17.11 实战题：从 CSV 文件中读取数据并绘图

本节将实现这样一个效果：从 CSV 文件中读取数据，并使用折线图来展示数据。其中 gdp.csv 文件中保存的是 1990 ~ 2020 年我国的 GDP 数据。这个文件可在本书配套资源中找到。

在当前项目中新建一个名为"data"的文件夹，然后把 gdp.csv 放到里面去，此时项目结构如图 17-46 所示。gdp.csv 文件的部分数据如图 17-47 所示。

图 17-46

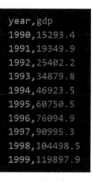

图 17-47

▶ 举例：

```
import csv
import matplotlib.pyplot as plt

# 读取数据
file = open(r"data\gdp.csv", "r", encoding="utf-8")
reader = csv.reader(file)
data = list(reader)
# 删除第1行，即列名行
del data[0]
years=[]
gdps=[]
# 遍历每一行
for i in range(len(data)):
    year = int(data[i][0])
    gdp = float(data[i][1])
    years.append(year)
    gdps.append(gdp)
```

```
file.close()

# 绘制折线图
plt.rcParams["font.family"] = ["SimHei"]
plt.plot(years, gdps)
plt.title("1990~2020年我国GDP（折线图）")      # 添加图表标题
plt.xlabel("年份")                              # 添加x轴标题
plt.ylabel("GDP（单位：百万亿元）")             # 添加y轴标题

# 显示图表
plt.show()
```

运行代码之后，效果如图 17-48 所示。

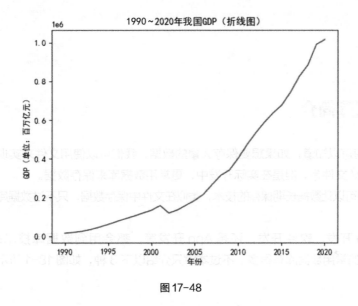

图 17-48

▶ 分析：

这个例子非常简单，先把 CSV 文件中的数据读取出来，列表 years 保存的是年份，列表 gdps 保存的是 GDP 数据。这里要注意一点，从 CSV 文件中读取出来的值都是字符串，我们需要使用 int() 或 float() 将其转换为数值。

获取到 years 和 gdps 之后，再使用 Matplotlib 库中 pyplot 子库的 plot() 来绘制一个折线图。当然了，我们也可以绘制柱状图或散点图。

数据可视化在实际开发中会大量用到，特别是在网络爬虫、数据分析等领域。如果对这些领域感兴趣，小伙伴们可以查看本系列相关图书。

第 18 章 数据库操作

18.1 数据库简介

从前面的学习可以知道，如果想要保存大量的数据，我们可以使用文件来实现，如 TXT 文件、JSON 文件、CSV 文件等。但是在实际开发中，更常用数据库来保存数据。

数据库是一种可以让数据长期保存的技术，类似在文件中保存数据，只不过数据库比文件更加方便、简单。

不管是 Web 开发、软件开发，还是 App 开发等，都会用到数据库技术来保存数据。而 Python 这门语言的常用数据库有很多。不过本章只介绍以下 3 种，如图 18-1 所示。

图 18-1

- SQLite。
- MySQL。
- MongoDB。

18.2 操作 SQLite

与其他数据库不一样，SQLite 不是"B/S 结构"的数据库，而是一种"嵌入式"的数据库。SQLite 就是一个文件。SQLite 将整个数据库，包括定义、表、索引及数据本身，作为一个单独的文件保存起来。由于 SQLite 是使用 C 语言编写的，且体积很小，因此我们可以看到它经常被集成到各种应用程序中。最后大家要清楚一点，SQLite（见图18-2）是一种关系型数据库。

图18-2

Python本身就内置了SQLite的相关模块，所以我们可以直接使用，而不需要安装任何第三方模块。

18.2.1 创建数据库

在Python中，如果想要使用SQLite创建一个数据库文件，我们需要进行以下5步操作。
① 创建connection。
② 创建cursor。
③ 执行SQL语句。
④ 关闭cursor。
⑤ 关闭connection。

实际上，在对表进行增删查改这4种操作时，也需要进行这5步操作，后面会详细介绍。接下来，在当前目录中创建一个名为"data"的文件夹，项目结构如图18-3所示。

▼ **举例**：

```
import sqlite3

# 第1步，创建connection
conn = sqlite3.connect(r"data\lvye.db")
# 第2步，创建cursor
cursor = conn.cursor()
# 第3步，执行SQL语句
cursor.execute('''create table student (id int primary key,
                  name varchar(10),
                  age int)''')
# 第4步，关闭cursor
cursor.close()
# 第5步，关闭connection
conn.close()
```

图18-3

运行代码之后，会发现lvye.db这个数据库文件已经创建好了，如图18-4所示。

图18-4

▌分析：

```
# 第1步，创建connection
conn = sqlite3.connect(r"data\lvye.db")
```

对于 SQLite，这里使用的是 sqlite3 模块。先使用 sqlite3 模块的 connect() 方法创建一个 connection 对象。如果 lvye.db 文件不存在，Python 就会自动创建该文件；如果 lvye.db 文件已经存在，Python 就会自动连接上 lvye.db 文件。

```
# 第2步，创建cursor
cursor = conn.cursor()
```

创建好了 connection 之后，再使用 connection 对象的 cursor() 方法创建一个 cursor 对象。cursor 对象就是我们常说的"游标"。不管是创建表，还是对表进行增删查改操作，我们都必须使用游标。

```
# 第3步，执行SQL语句
cursor.execute('''create table student (id int primary key,
                                    name varchar(10),
                                    age int''')
```

获取 cursor 对象之后，使用 cursor 对象的 execute() 方法来创建一个表。上面这段代码表示创建一个名为"student"的表。该表中有 3 个字段，分别是 id、name、age。主键是 id。其中，字段 id 的值是一个整数，字段 name 的值是一个字符串（最大长度为 20），字段 age 的值是一个整数。

```
# 第4步，关闭cursor
cursor.close()
# 第5步，关闭connection
conn.close()
```

最后，我们还需要关闭 connection 和 cursor。先关闭 cursor，然后再关闭 connection。再次运行这个例子中的代码，如果出现以下错误，就表示 student 表创建成功了。这是因为在数据库中，我们不能创建名字相同的表，不然就会报错。报错如下：

```
Traceback (most recent call last):
  File "D:\sqlite\test.py", line 10, in <module>
    age int)''')
sqlite3.OperationalError: table student already exists
```

18.2.2 增删查改操作

在 SQLite 中，想要对某一个表进行增删查改操作时，我们都是使用 cursor 对象的 execute() 方法及 connection 对象的 commit() 方法来实现的。先使用 cursor.execute() 执行 SQL 语句，然后使用 conn.commit() 提交事务。

1. 增

在 SQLite 中，我们可以使用 SQL 的 insert 语句为某一个表增加数据。

▶ **语法**：

insert into 表名 (字段1, 字段2, ..., 字段n) values (值1, 值2, ..., 值n)

▶ **说明**：

从上一小节的例子可以知道，student 表中有 3 个字段：id、name、age。对于字段，我们必须根据其数据类型进行赋值。例如 id 必须是一个整型数值，name 必须是一个字符串（最大长度为 20），age 必须是一个整型数值。

下面这个例子将实现往 student 表中增加 3 条记录。一条记录指的是表的一行，增加 3 条记录，就是在表中增加 3 行。

▶ **举例**：

```
import sqlite3

# 连接数据库
conn = sqlite3.connect(r"data\lvye.db")
# 创建cursor
cursor = conn.cursor()

# 执行SQL语句，增加数据
cursor.execute("insert into student (id, name, age) values (1, '小杰', 21)")
cursor.execute("insert into student (id, name, age) values (2, '小兰', 18)")
cursor.execute("insert into student (id, name, age) values (3, '小明', 20)")

# 关闭cursor
cursor.close()
# 提交事务
conn.commit()
# 关闭connection
conn.close()
```

▶ **分析**：

由于 lvye.db 这个文件已经存在，因此 conn=sqlite3.connect(r"data\lvye.db") 这一句代码不再表示创建数据库文件，而表示连接 lvye.db 这个文件。

这里我们要记住，在增删查改这 4 种操作中，关闭 connection 之前一定要使用 connection 对象的 commit() 方法来提交事务，不然就无法操作成功。

运行上面的代码之后，student 表中就会增加 3 条记录。为了验证是否增加成功，我们可以再次运行上面的代码，如果提示下面的报错信息，就说明已经增加成功。因为同一个表中不允许出现主键相同的记录。报错如下：

```
Traceback (most recent call last):
  File "D:\python-test\test.py", line 9, in <module>
    cursor.execute('insert into student (id, name, age) values (1, "小杰", 21)')
sqlite3.IntegrityError: UNIQUE constraint failed: student.id
```

2. 查

在 SQLite 中，我们可以使用 SQL 的 select 语句来查询表中符合条件的数据。

▌语法：

```
select 字段1, 字段2, ..., 字段n from 表名 where 条件
```

▌举例：

```python
import sqlite3

# 创建connection和cursor
conn = sqlite3.connect(r"data\lvye.db")
cursor = conn.cursor()

# 执行SQL语句
cursor.execute("select * from student")
# 获取查询结果
result = cursor.fetchall()
print(result)

# 提交事务，并关闭connection和cursor
cursor.close()
conn.commit()
conn.close()
```

输出结果如下：

```
[(1, "小杰", 21), (2, "小兰", 18), (3, "小明", 20)]
```

▌分析：

cursor.execute(相同 "select * from student") 表示在 student 表中查询所有记录。cursor.fetchall() 表示获取所有符合条件的记录，它返回的是一个列表，该列表的每一个元素都是一个元组。

如果我们把 cursor.execute("select * from student") 修改成 cursor.execute("select name, age from student")，此时输出结果如下：

```
[("小杰", 21), ("小兰", 18), ("小明", 20)]
```

如果我们把 cursor.execute("select * from student") 修改成 cursor.execute("select * from student where id==1")，此时输出结果如下：

```
[(1, "小杰", 21)]
```

SQL 语句变化多样，其本身就可以独立成一门技术，小伙伴们可以自行了解这方面的内容，这里就不展开介绍了。

3. 改

在 SQLite 中，我们可以使用 SQL 的 update 语句来修改表中符合条件的数据。

▌语法：

```
update 表名 set 字段=值 where 条件
```

▌举例：

```python
import sqlite3
```

```
# 创建connection和cursor
conn = sqlite3.connect(r"data\lvye.db")
cursor = conn.cursor()

# 执行SQL语句
cursor.execute("update student set name='路飞' where id=3")
cursor.execute("select * from student")
result = cursor.fetchall()
print(result)

# 提交事务，并关闭connection和cursor
cursor.close()
conn.commit()
conn.close()
```

输出结果如下：

```
[(1, "小杰", 21), (2, "小兰", 18), (3, "路飞", 20)]
```

▶ **分析**：

cursor.execute("update student set name='路飞' where id=3") 这一句代码表示找到 id=3 这条记录，然后将其 name 的值改为"路飞"。实际上，这一句代码可以等价于：

```
cursor.execute("update student set name=? where id=?", ("路飞", 3))
```

这里 execute() 方法接收两个参数，第 1 个参数是一个字符串，第 2 个参数是一个元组。第 2 个参数中的值会替换第 1 个参数中的 "?"，最后拼接成一个新的字符串。

4. 删

在 SQLite 中，我们可以使用 SQL 的 delete 语句来删除表中符合条件的数据。

▶ **语法**：

```
delete from 表名 where 条件
```

▶ **举例**：

```
import sqlite3

# 创建connection和cursor
conn = sqlite3.connect(r"data\lvye.db")
cursor = conn.cursor()

# 执行SQL语句
cursor.execute("delete from student where id=3")
cursor.execute("select * from student")
result = cursor.fetchall()
print(result)

# 提交事务，并关闭connection和cursor
cursor.close()
```

```
conn.commit()
conn.close()
```

输出结果如下：

```
[(1, "小杰", 21), (2, "小兰", 18)]
```

▼ 分析：

cursor.execute("delete from student where id=3") 表示从 student 表中删除 id=3 的这条记录。实际上，这一句代码可以等价于：

```
cursor.execute("delete from student where id=?", (3,))
```

18.3 操作 MySQL

MySQL 是一款开源的数据库软件，也是目前使用最多的数据库，如图 18-5 所示。很多计算机语言都会使用 MySQL 作为主要的数据库，如 PHP、Python、Go 等。本节介绍怎么在 Python 中使用 MySQL。MySQL 也是一种关系型数据库。

图 18-5

18.3.1 安装 MySQL

在 Windows 系统中下载和安装 MySQL，只需要进行以下几步操作就可以完成。在安装的过程中不要图快，一定要把每一步都严格落实了。因为安装数据库的过程中很容易出问题，重装也非常麻烦。

① **下载 MySQL**。打开 MySQL 官网下载页面，选择【MySQL Installer for Windows】，如图 18-6 所示。

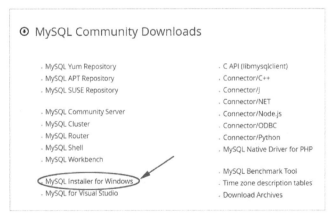

图 18-6

在图 18-7 所示的下载页面中，选择下面较大的文件，单击【Download】按钮。

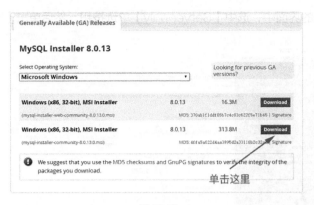

图 18-7

接下来会弹出一个登录页面（见图 18-8），这里我们单击最下方的【No thanks, just start my download.】，就可以下载 MySQL 了。

图 18-8

② **安装 MySQL**。下载完成后，双击打开安装包，其界面如图 18-9 所示。勾选【I accept the license terms】复选框，然后单击【Next】按钮。

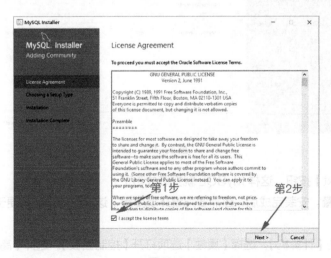

图 18-9

在图 18-10 所示的界面中，选中【Server only】单选按钮，然后单击【Next】按钮。

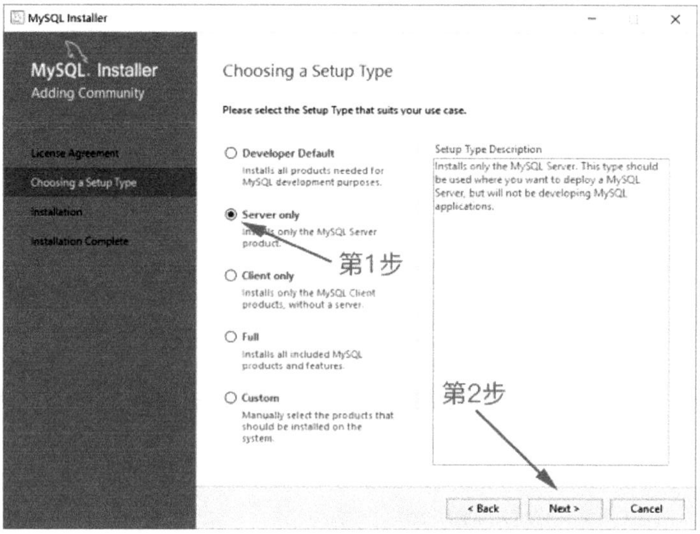

图 18-10

接下来多次单击【Next】按钮即可，直到出现图 18-11 所示的界面。这个界面用于填写 root 用户的密码，长度最少为 4 位，这里填写的是"1234"。在第 2 栏中还可以添加普通用户，一般情况下不需要再添加其他用户，直接使用 root 用户就可以了。填写密码之后，单击【Next】按钮。

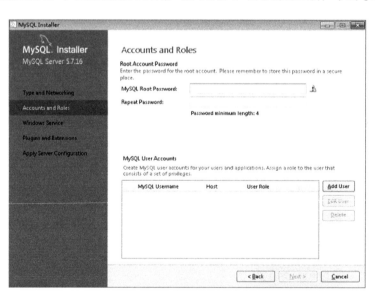

图 18-11

多次单击【Next】按钮，这样 MySQL 就安装成功了。

③ **配置环境变量**。安装完成后，还需要配置环境变量。这样做的目的是便于在任意目录下使用 MySQL 命令。

用鼠标右键单击【计算机】，选择【属性】选项打开【控制面板】，选择【高级系统设置】选项，此时会打开图 18-12 所示的界面，再单击【环境变量】按钮。

图18-12

在图18-13所示的界面中选中【Path】这个变量,然后单击【编辑】按钮。

图18-13

MySQL的默认安装路径是"C:\Program Files\MySQL\MySQL Server 8.0\bin"(有可能不一样)。接下来,我们在【编辑环境变量】对话框中单击【新建】按钮,把MySQL的安装路径写在变量值中,如图18-14所示。

图 18-14

最后还要说明一点，如果想要重装 MySQL，我们必须先把它卸载干净，不然就无法重装成功。

18.3.2　安装 Navicat for MySQL

安装 MySQL 之后，我们还需要安装 Navicat for MySQL 这个软件，如图 18-15 所示。Navicat for MySQL 主要为 MySQL 提供图形化的操作界面，使用户在使用 MySQL 时更加方便、直观。如果不借助 Navicat for MySQL，就需要使用命令行。但命令行这种方式有时是非常麻烦的。

图 18-15

下载完成后，只需要像安装其他软件那样安装该软件就可以了，非常简单。安装完成后，我们需要进行以下几步操作来使用它。

① **连接 MySQL**。打开 Navicat for MySQL 后，在工具栏中依次选择【连接】→【MySQL】选项，其界面如图 18-16 所示。

图 18-16

② **填写连接信息**。我们需要填写一些必要的连接信息,如图 18-17 所示。连接名随便写即可,密码就是 root 用户的密码。填写完成后,单击【确定】按钮。

需要注意的是,这里的密码应尽量设置得简单一点。

图 18-17

③ **连接数据库**。在左侧的"mysql"选项上单击鼠标右键,选择【打开连接】来连接 MySQL 数据库,如图 18-18 所示。或直接双击"mysql"选项。

④ **新建数据库**。在左侧的"mysql"选项上单击鼠标右键,选择【新建数据库】选项来创建一个数据库,如图 18-19 所示。

⑤ **填写数据库信息**。在弹出的对话框中填写数据库的基本信息,这里只填写数据库的名字就可以了,如图 18-20 所示。

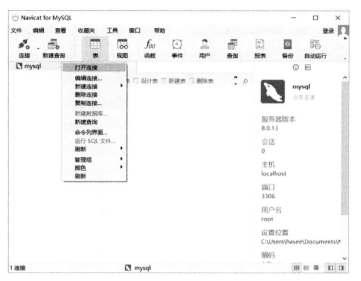

图 18-18

图 18-19

图 18-20

⑥ **打开数据库**。在左侧的"lvye"选项上单击鼠标右键,选择【打开数据库】选项,如图 18-21 所示。或直接双击"lvye"选项。

图 18-21

⑦ **新建表**。在"lvye"这个数据库内的"表"上单击鼠标右键,选择【新建表】选项,如图 18-22 所示。

图 18-22

⑧ **填写表信息**。这里新建一个名为"book"的表,该表有 3 个字段:bookid、name、price。其中主键是 bookid,如图 18-23 所示。

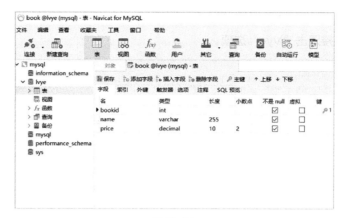

图 18-23

18.3.3 操作数据库

在 Python 中，支持 MySQL 数据库的模块有很多，这里推荐使用 PyMySQL 模块。由于 PyMySQL 是第三方库，因此我们需要手动安装它。首先打开 VSCode 终端窗口，输入下面这句命令，然后按 Enter 键就可以自动安装了：

```
pip install pymysql
```

在 Python 中，操作 MySQL 与操作 SQLite 是非常相似的，增删查改这几个操作同样需要进行以下 5 步操作。

① 创建 connection。
② 创建 cursor。
③ 执行 SQL 语句。
④ 关闭 cursor。
⑤ 关闭 connection。

在 MySQL 中，对于创建数据库及创建表，我们可以使用代码的方式来实现，具体步骤与 SQLite 中的步骤是一样的。

▌ **举例**：

```
import pymysql

# 连接数据库，并创建 connection
conn = pymysql.connect(host="localhost",
                       port=3306,
                       user="root",
                       password="1234",
                       db="lvye",
                       charset="utf8")
# 创建 cursor
cursor = conn.cursor()
```

```
    # 执行SQL语句,增加数据
    cursor.execute("insert into book (bookid, name, price) values (1, 'Python快速上手', 69)")
    cursor.execute("insert into book (bookid, name, price) values (2, 'Python网络爬虫', 79)")
    cursor.execute("insert into book (bookid, name, price) values (3, 'Python数据分析', 59)")
    # 执行SQL语句,查询数据
    cursor.execute("select * from book")
    result = cursor.fetchall()
    print(result)

    # 关闭cursor
    cursor.close()
    # 提交事务
    conn.commit()
    # 关闭connection
    conn.close()
```

运行代码之后,在 Navicat for MySQL 中可以看到 book 这个表中已经增加了 3 条记录,如图 18-24 所示。

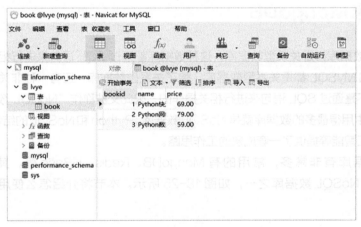

图 18-24

▌ **分析:**

```
# 连接数据库
conn = pymysql.connect(host="localhost",
                       port=3306,
                       user="root",
                       password="1234",
                       db="lvye",
                       charset="utf8")
```

在上面这段代码中,host 是主机地址,port 是端口号,user 是用户名,password 是密码,db 是数据库名,charset 是字符编码。需要注意的是,charset 的值不能写成 "utf-8",而应该写成 "utf8"。

再看下面的代码：

```
# 执行SQL语句
cursor.execute("insert into book (bookid, name, price) values (1, 'Python快速上手', 69)")
cursor.execute("insert into book (bookid, name, price) values (2, 'Python网络爬虫', 79)")
cursor.execute("insert into book (bookid, name, price) values (3, 'Python数据分析', 59)")
```

实际上，对于同时增加多条数据，我们可以使用 executemany() 方法来代替 execute() 方法，这样操作起来更加直观、简单。上面这一段代码等价于：

```
data = [(1, 'Python快速上手', 79),
        (2, 'Python网络爬虫', 69),
        (3, 'Python数据分析', 89)]
cursor.executemany("insert into book (bookid, name, price) values (%s, %s, %s)", data)
```

对于 MySQL 中的其他增删查改操作，小伙伴们可以参考 SQLite 中的相关操作，这里就不再赘述了。

18.4 操作 MongoDB

目前大部分数据库都是关系型数据库，这种数据库都通过 SQL 语句来进行相关操作，如之前介绍的 SQLite 和 MySQL 都是关系型数据库。除了关系型数据库，还有一种非关系型数据库。非关系型数据库并不是通过 SQL 语句来进行相关操作的，因此又被称作"NoSQL 数据库"。

大数据技术中用得最多的数据库就是 NoSQL 数据库。Python 和 NoSQL 的结合，给科学计算、大数据分析、人工智能等提供了一套成熟的工作思路。

NoSQL 数据库有非常多，常用的有 MongoDB、Redis、HBase 等。其中，MongoDB 是目前最流行的 NoSQL 数据库之一，如图 18-25 所示。本节将介绍怎么使用 Python 来操作 MongoDB。

图 18-25

18.4.1 安装 MongoDB

在 Windows 系统中下载和安装 MongoDB 需要进行以下步骤。

① **下载 MongoDB**。打开 MongoDB 官网首页，在上方的导航栏中依次选择【Software】→

【Community Server】选项（见图 18-26）进入下载页。

图 18-26

进入下载页之后，单击【MongoDB Community Server】，然后在右侧单击【Download】按钮，就可以下载 MongoDB 了，如图 18-27 所示。

图 18-27

（注：由于本书的编写和出版需要时间，在此期间 MongoDB 版本会不断更新，但并不影响本书的学习。）

② **安装 MongoDB**。下载完成后，双击打开安装包，其界面如图 18-28 所示。然后单击【Next】按钮。

接着在图 18-29 所示的界面中勾选【I accept the terms in the License Agreement】复选框，然后单击【Next】按钮。

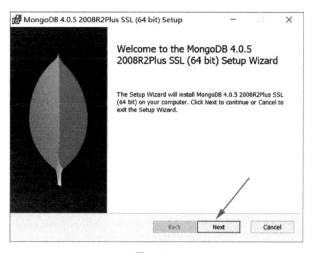

图 18-28

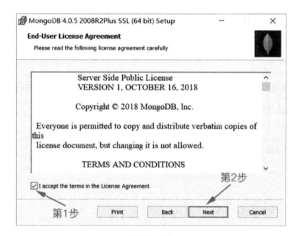

图 18-29

在图 18-30 所示的界面中，不要单击【Complete】按钮，直接单击【Custom】按钮，以便进行自定义安装。

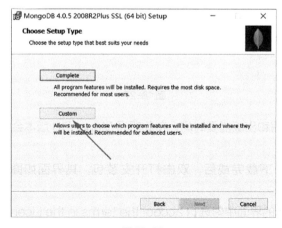

图 18-30

在图 18-31 所示的界面中，单击【Browse】按钮来更改安装路径，这里选择将 MongoDB 安装在 "D:\mongodb\" 目录下，然后单击【Next】按钮。

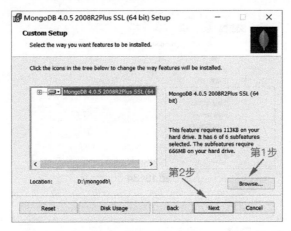

图 18-31

在图 18-32 所示的界面中，单击【Next】按钮。

图 18-32

接下来多次单击【Next】按钮，就可以安装 MongoDB 了。如果你使用的是 Windows 10 系统，那么在安装的过程中会出现图 18-33 所示的提示框，此时应该直接单击【Ignore】（即忽略）按钮。

图 18-33

安装完成后，到 MongoDB 的安装目录下（这里是"D:\mongodb\"），进入 data 文件夹中，新建一个文件夹并命名为 db 即可，如图 18-34 所示。

图 18-34

18.4.2　连接 MongoDB

不管是什么类型的数据库，我们的第一步操作都是连接数据库。只有连接成功后，才可以对数据库进行操作。MongoDB 有点特殊，它是使用命令行的方式来进行连接的。

同时打开两个 cmd 窗口，打开 cmd 窗口很简单，在桌面左下角的搜索框中输入"cmd"，按 Enter 键就可以了。需要注意的是，我们需要打开两个 cmd 窗口。

在这两个 cmd 窗口中都要切换到"D:\mongodb\bin"目录下。这里要说明一点，如果小伙伴们不知道怎么在 cmd 窗口中切换目录，可以在网上搜索"cmd 切换目录"。对于具体步骤，这里就不展开说明了。

在第 1 个 cmd 窗口中，执行下面这句命令：

```
mongod -dbpath d:\mongodb\data\db
```

在第 1 个 cmd 窗口中执行命令之后，效果如图 18-35 所示。这里强调一下，这是正常情况，并非报错。

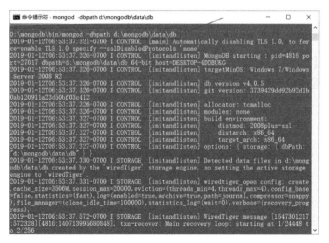

图 18-35

不要关闭第 1 个 cmd 窗口（一定要注意，不要关闭），接着在第 2 个 cmd 窗口中执行下面这句命令。需要注意的是，在第 2 个 cmd 窗口中也要先切换到"D:\mongodb\bin"目录下再去执行下面的命令，否则就会出问题。

```
mongo
```

在第 2 个 cmd 窗口中执行命令之后，效果如图 18-36 所示。此时就已经连接上 MongoDB 数据库了。

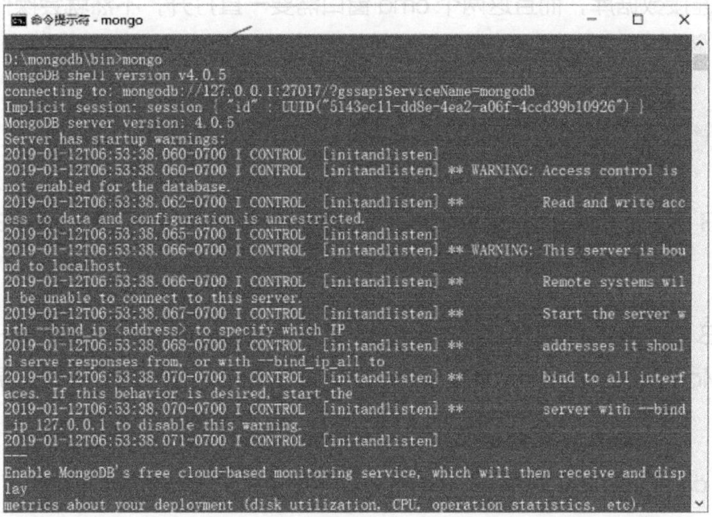

图 18-36

最后要特别说明一点，在后面对数据库的操作中，如果发现无法操作成功，可以把所有的 cmd 窗口都关闭，然后重复进行一遍上面的操作。

18.4.3 操作数据库

在 Python 中，推荐使用 PyMongo 模块来操作 MongoDB。由于 PyMongo 是第三方模块，因此需要手动安装该模块，在 VSCode 的终端窗口中执行下面的命令即可：

```
pip install pymongo
```

▶ 举例：创建数据库

```
import pymongo

client = pymongo.MongoClient("localhost", 27017)
db = client["lvye"]
collection = db["fruit"]
```

▶ 分析：

创建数据库很简单，先使用 PyMongo 模块的 MongoClient() 方法创建一个 MongoClient 对象。"localhost" 表示使用本地服务器，27017 是端口号，这两个值一般是固定的。

client["lvye"] 表示使用 MongoClient 对象来创建一个名为"lvye"的数据库。如果 MongoDB 中已经存在一个名为"lvye"的数据库，那么 client["lvye"] 就表示连接上这个数据库。此时，client["lvye"] 会返回一个 Database 对象。

db["fruit"] 表示使用 Database 对象来创建一个名为"fruit"的集合。如果"lvye"数据库中已经存在一个名为"fruit"的集合，那么 db["fruit"] 就表示连接上这个集合。此时，db["fruit"] 会返回一个 Collection 对象。

这里要强调一点，不管是创建数据库，还是对数据库进行增删查改操作，我们都必须事先打开两个 cmd 窗口来连接数据库，而且这两个 cmd 窗口需要一直打开，不然就会操作失败。这一点大家一定要记住。

18.4.4 增删查改操作

在 MongoDB 中，对于增删查改这 4 种操作，我们都是使用 Collection 对象来实现的。

1. 增

在 MongoDB 中，我们可以使用 Collection 对象的 insert_many() 来插入一个或多个文档。我们要知道，在 MongoDB 中，一个集合相当于一张表，一个文档相当于一条记录。MongoDB 的层级结构如下：

database（数据库）→ collection（集合）→ document（文档）

▼ **语法**：

```
collection.insert_many(列表)
```

▼ **说明**：

insert_many() 方法接收一个参数，这个参数是一个列表。在这个列表中，每一个元素都是一个字典。

▼ **举例：插入一个文档**

```python
import pymongo

# 连接数据库
client = pymongo.MongoClient("localhost", 27017)
db = client["lvye"]
collection = db["fruit"]

# 插入文档
items = [
    {"name":"苹果", "price":"6.4"}
]
x = collection.insert_many(items)
print(x.inserted_ids)
```

输出结果如下：

```
[ObjectId("5c3aa02623ac5b29c0353512")]
```

▼ 分析：

如果在插入文档时没有指定 _id 字段，那么 MongoDB 就会为每一个文档添加唯一的 _id 字段。这个 _id 字段类似于一张表中的主键。

那么我们怎么知道数据有没有被插入集合中呢？我们在已经打开的第 2 个 cmd 窗口（注意这里是第 2 个，不是第 1 个）中，依次输入以下两行命令就可以查看集合中的所有数据了，如图 18-37 所示。命令如下：

```
use lvye
db.fruit.find()
```

图 18-37

如果想要同时插入多个文档，也非常简单，只需要修改列表 items，请看下面的例子。

▼ 举例：插入多个文档

```python
import pymongo

# 连接数据库
client = pymongo.MongoClient("localhost", 27017)
db = client["lvye"]
collection = db["fruit"]

# 插入文档
items = [
  {"name":"西瓜", "price":"2.5"},
  {"name":"香蕉", "price":"7.8"},
  {"name":"李子", "price":"12.4"},
]
x = collection.insert_many(items)
print(x.inserted_ids)
```

输出结果如下：

```
[ObjectId("5c3aa15823ac5b4d5cb07283"), ObjectId("5c3aa15823ac5b4d5cb07284"), ObjectId("5c3aa15823ac5b4d5cb07285")]
```

▌分析：

在第 2 个 cmd 窗口中再次执行查询命令，可以看到 3 个新文档已经被添加到集合中了。也就是说，此时集合中共有 4 个文档，如图 18-38 所示。

图 18-38

2. 查

在 MongoDB 中，我们可以使用 Collection 对象的 find() 方法来查询符合条件的数据。

▌语法：

collection.find(查询条件)

▌说明：

如果 find() 方法中没有查询条件，那么表示查询所有数据。

▌举例：查询所有数据

```
import pymongo

# 连接数据库
client = pymongo.MongoClient("localhost", 27017)
db = client["lvye"]
collection = db["fruit"]

# 查询数据
result = collection.find()

# 打印结果
print(type(result))
for item in result:
    print(item)
```

输出结果如下：

```
<class "pymongo.cursor.Cursor">
{"_id": ObjectId("5c3aa02623ac5b29c0353512"), "name": "苹果", "price": "5"}
{"_id": ObjectId("5c3aa15823ac5b4d5cb07283"), "name": "西瓜", "price": "3"}
```

```
{"_id": ObjectId("5c3aa15823ac5b4d5cb07284"), "name": "雪梨", "price": "8"}
{"_id": ObjectId("5c3aa15823ac5b4d5cb07285"), "name": "香蕉", "price": "7"}
```

▶ **分析**：

若想要获取集合中的所有文档，可以直接使用 Collection 对象的 find() 方法。find() 方法返回的是一个可遍历对象，使用 for 循环可以遍历其中的每一条数据。

▶ **举例：查询某几个字段**

```python
import pymongo

# 连接数据库
client = pymongo.MongoClient("localhost", 27017)
db = client["lvye"]
collection = db["fruit"]

# 查询数据
result = collection.find({}, {"_id":0, "name":1, "price":1})

# 打印结果
for item in result:
    print(item)
```

输出结果如下：

```
{"name": "苹果", "price": "6.4"}
{"name": "西瓜", "price": "2.5"}
{"name": "香蕉", "price": "7.8"}
{"name": "李子", "price": "12.4"}
```

▶ **分析**：

如果只想查询集合中的某几个字段，则需要对 find() 方法进行"改造"。find() 方法接收两个参数：第 1 个参数是一个空字典，第 2 个参数是一个字典。在第 2 个参数中，如果不想要某个字段，就设置该字段为 0；如果想要某个字段，就设置该字段为 1。例如：

```python
result = collection.find({}, {"_id":0, "name":1, "price":1})
```

上面这一句代码表示舍弃 _id 这个字段，保留 name 和 price 这两个字段。

▶ **举例：条件查询**

```python
import pymongo

# 连接数据库
client = pymongo.MongoClient("localhost", 27017)
db = client["lvye"]
collection = db["fruit"]

# 查询数据
query = {"name":"苹果"}
result = collection.find(query)
```

```
# 打印结果
for item in result:
    print(item)
```

输出结果如下：

```
{"_id": ObjectId("60aef1ed4cb29e0d88405d2e"), "name": "苹果", "price": "6.4"}
```

▌ 分析：

若想要根据某个条件来查询集合，我们需要给 find() 方法传递一个参数，这个参数是一个集合。

```
query = {"name":"苹果"}
result = collection.find(query)
```

上面这两句代码表示查询字段 name 的值为"苹果"的数据。

▌ 举例：高级查询

```
import pymongo

# 连接数据库
client = pymongo.MongoClient("localhost", 27017)
db = client["lvye"]
collection = db["fruit"]

# 查询数据
query = {"price":{"$gt": "6"}}
result = collection.find(query)

# 打印结果
for item in result:
    print(item)
```

输出结果如下：

```
{"_id": ObjectId("60aef1ed4cb29e0d88405d2e"), "name": "苹果", "price": "6.4"}
{"_id": ObjectId("60aef4ca12135a60bf8364d9"), "name": "香蕉", "price": "7.8"}
```

▌ 分析：

```
query = {"price":{"$gt": "6"}}
result = collection.find(query)
```

上面这两句代码表示查询 price 大于 6 的数据。{"$gt":"6"} 表示大于 6，而 {"$lt":"6"} 表示小于 6。

▌ 举例：使用正则表达式

```
import pymongo

# 连接数据库
client = pymongo.MongoClient("localhost", 27017)
db = client["lvye"]
collection = db["fruit"]
```

```python
# 查询数据
query = {"name":{"$regex": "^苹"}}
result = collection.find(query)

# 打印结果
for item in result:
    print(item)
```

输出结果如下:

```
{"_id": ObjectId("60aef1ed4cb29e0d88405d2e"), "name": "苹果", "price": "6.4"}
```

▼ 分析:

```
query = {"name":{"$regex": "^苹"}}
result = collection.find(query)
```

上面这两句代码表示查询 name 字段的值中以"苹"开头的数据。正则表达式是一个非常有用的表达式,我们不要把它给忘了。

3. 改

在 MongoDB 中,我们可以使用 Collection 对象的 update_many() 方法修改符合条件的数据。

▼ 语法:

```
collection.update_many(查询条件, 修改数据)
```

▼ 说明:

update_many() 方法接收两个参数:第 1 个参数是查询条件,第 2 个参数是修改数据。其具体用法请看下面的例子。

▼ 举例:

```python
import pymongo

# 连接数据库
client = pymongo.MongoClient("localhost", 27017)
db = client["lvye"]
collection = db["fruit"]

# 修改数据
query = {"name": "苹果"}
values = {"$set": {"price": "10"}}
collection.update_many(query, values)

# 打印结果
result = collection.find()
for item in result:
    print(item)
```

输出结果如下:

```
{"_id": ObjectId("60aef1ed4cb29e0d88405d2e"), "name": "苹果", "price": "10"}
```

```
{"_id": ObjectId("60aef4ca12135a60bf8364d8"), "name": "西瓜", "price": "2.5"}
{"_id": ObjectId("60aef4ca12135a60bf8364d9"), "name": "香蕉", "price": "7.8"}
{"_id": ObjectId("60aef4ca12135a60bf8364da"), "name": "李子", "price": "12.4"}
```

▼ 分析：

```
query = {"name": "苹果"}
values = {"$set": {"price": "10"}}
collection.update_many(query, values)
```

上面这一段代码表示找到 name 值为"苹果"的数据，并修改它的 price 为"10"。从输出结果可以很直观地看出，苹果的 price 已经由原来的"6.4"被修改为"10"了。

4. 删

在 MongoDB 中，我们可以使用 Collection 对象的 delete_many() 方法删除一个或多个文档。

▼ 语法：

```
collection.delete_many(查询条件)
```

▼ 说明：

查询条件是一个字典，如果其是一个空字典，则表示删除所有数据。

▼ 举例：删除一个或多个文档

```
import pymongo

# 连接数据库
client = pymongo.MongoClient("localhost", 27017)
db = client["lvye"]
collection = db["fruit"]

# 删除数据
query = {"name": "苹果"}
collection.delete_many(query)

# 打印结果
result = collection.find()
for item in result:
    print(item)
```

输出结果如下：

```
{"_id": ObjectId("60aef4ca12135a60bf8364d8"), "name": "西瓜", "price": "2.5"}
{"_id": ObjectId("60aef4ca12135a60bf8364d9"), "name": "香蕉", "price": "7.8"}
{"_id": ObjectId("60aef4ca12135a60bf8364da"), "name": "李子", "price": "12.4"}
```

▼ 分析：

从输出结果可以看出，字段 name 的值为"苹果"的这一个文档已经被删除了。如果想要同时删除多个文档，应该怎么做呢？例如想要同时删除 name 值为"西瓜"和 name 值为"李子"的两个文档，这个时候，小伙伴们可能会这样写：

```python
query = {"name": "西瓜", "name": "李子"}
collection.delete_many(query)
```

事实上，上面这种做法是行不通的。正确的做法是使用正则表达式来实现，代码如下：

```python
query = {"name":{"$regex": "西瓜|李子"}}
collection.delete_many(query)
```

▌ 举例：删除所有文档

```python
import pymongo

# 连接数据库
client = pymongo.MongoClient("localhost", 27017)
db = client["lvye"]
collection = db["fruit"]

# 删除文档
query = {}
collection.delete_many(query)

# 打印结果
result = collection.find()
for item in result:
    print(item)
```

输出结果如下：

（空）

▌ 分析：

当 delete_many() 传入的是一个空字典时，就会删除集合中的所有文档。在实际开发中，对于删除数据操作，我们要特别小心才行，以免误删。

第 19 章 GUI 编程

19.1 tkinter 简介

到目前为止，本书几乎所有的代码运行后都只会返回一个结果，没有返回一些好看的界面，让人感觉有点枯燥。本章正式开始介绍使用 Python 设计各种美观的图形界面的方法，也就是常说的 GUI（Graphical User Interface，图形用户界面）。

Python 中的 GUI 工具包有很多，常见的包括 tkinter、wxPython、PyQT、PyGTK、PySide 等。在众多工具包中，tkinter 算是最容易入门的一个。因此想要学习 Python GUI，tkinter 是一个不错的选择。

tkinter 是 Python 官方的 GUI 工具包，它的功能强大，并且支持跨平台（包括 Windows、macOS X、Linux）。IDLE 就是用它来开发的。此外，tkinter 中的大多数组件与 HTML 中的元素很相似，如果你具备一定的前端开发知识，那么你就可以在这一章的学习中做到游刃有余。

tkinter 在 Python 3.X 中默认是集成的，我们不需要进行额外的安装操作。在 Python 中，想要使用 tkinter，只需要进行以下 3 步操作。

① 引入模块。
② 创建窗口。
③ 进入循环。

▌ 举例：

```
# 引入模块
import tkinter

# 创建窗口
root = tkinter.Tk()
root.title("This is tkinter!")

# 进入循环
```

```
root.mainloop()
```

运行代码之后，效果如图 19-1 所示。

▎**分析**：

tkinter.Tk() 表示调用 tkinter 模块的 Tk()，这个方法会返回一个主窗口对象。root.title() 表示调用主窗口对象的 title() 方法，这个方法用来设置主窗口顶部的标题。

图 19-1

19.2 文本与图片

19.2.1 Label 组件介绍

在 tkinter 中，我们可以使用 Label 组件来显示一段文本或一张图片。

▎**语法**：

```
# 显示文本
label = tkinter.Label(root, text="文本内容")
label.pack()


# 显示图片
label = tkinter.Label(root, image=图片对象)
label.pack()
```

▎**说明**：

tkinter.Label() 有两个参数：第 1 个参数 root 是主窗口对象，第 2 个参数是要显示的文本或图片。tkinter.Label() 会返回一个 Label 对象，想要显示 Label 组件，必须调用 pack()。

接下来我们在当前项目中创建一个名为"img"的文件夹，然后往里面放入两张图片：fox.png 和 bg.png。项目结构如图 19-2 所示。

▎**举例：显示文本**

```
import tkinter

# 创建窗口
root = tkinter.Tk()
root.title("显示文本")

# 创建组件
label = tkinter.Label(root, text="绿叶学习网")
label.pack()

# 进入循环
root.mainloop()
```

图 19-2

运行代码之后，效果如图 19-3 所示。

▌分析：

```
label = tkinter.Label(root, text="绿叶学习网")
label.pack()
```

图 19-3

对于上面这段代码，我们可以继续优化。使用链式调用的语法，可以将其简化成一句代码：

```
tkinter.Label(root, text="绿叶学习网").pack()
```

▌举例：显示图片

```
import tkinter

# 创建窗口
root = tkinter.Tk()
root.title("显示图片")

# 实例化一个图片对象
photo = tkinter.PhotoImage(file=r"img\fox.png")
label = tkinter.Label(root, image=photo)
label.pack()

# 进入循环
root.mainloop()
```

运行代码之后，效果如图 19-4 所示。

图 19-4

▌分析：

若想要使用 Label 组件显示一张图片，我们需要提供一个图片对象作为参数，因此这里使用 tkinter.PhotoImage() 来创建一个图片对象。

在实际开发中，有时我们需要使用一个 Label 组件同时显示文本和图片。此时，我们需要同时设置 text 和 image 这两个参数，并且还要设置 compound 参数。其中，参数 compound 用于定义图片相对于文本的位置，其取值如表 19-1 所示。

表 19-1 compound 参数的取值

取值	说明
top	图片在上
bottom	图片在下
left	图片在左
right	图片在右
center	图片在中间

▌举例：同时显示文本和图片

```
import tkinter

# 创建窗口
root = tkinter.Tk()
```

```
root.title("显示图片")

# 创建组件
photo = tkinter.PhotoImage(file=r"img\bg.png")
label = tkinter.Label(root,
                      text="绿叶学习网,\n给你初恋般的感觉",
                      image=photo,
                      compound="center")
label.pack()

# 进入循环
root.mainloop()
```

运行代码之后，效果如图 19-5 所示。

图 19-5

▌ 分析：

若想要同时显示文本和图片，除了要同时设置 text 和 image 参数外，还一定要设置 compound 参数，否则会没有效果。

19.2.2　Label 组件的样式参数

Label 组件的默认样式很简单，如果要对 Label 组件进行美化，那么可以使用表 19-2 所示的样式参数来实现。

表 19-2　Label 组件常用的样式参数

参数	说明
height	组件的高度（所占行数）
width	组件的宽度（所占字符的个数）
fg	字体颜色（前景色）
bg	背景颜色（背景色）
padx	文本左右两侧的空格数（默认为 1）
pady	文本上下两侧的空格数（默认为 1）
justify	多行文本的对齐方式，可选参数有 left、center、right
font	字体样式

其中，fg 和 bg 的值可以是英文名，如 red、orange、yellow 等；也可以是十六进制的颜色值，如 #000000、#FFFFFF、#BE1C7D9 等。

▌ 举例：

```
import tkinter

# 创建窗口
root = tkinter.Tk()
root.title("Label组件")
```

```
# 创建组件
label = tkinter.Label(root,
                      text="绿叶学习网",
                      height="10",
                      width="40",
                      fg="white",
                      bg="hotpink")
label.pack()

# 进入循环
root.mainloop()
```

运行代码之后，效果如图 19-6 所示。

图 19-6

19.2.3 使用内置图片

在 tkinter 中，除了自定义图片的方式，Label 组件还为我们提供了内置图片，以便显示常用的图片。

▌ 语法：

```
tkinter.Label(root, bitmap="取值")
```

▌ 说明：

bitmap 参数的取值如表 19-3 所示。

表 19-3　bitmap 参数的取值

取值	效果
error	
hourglass	
info	
questhead	
question	
warning	
gray12	
gray25	
gray50	
gray75	

▌ 举例：使用内置图片

```
import tkinter
```

```python
# 创建窗口
root = tkinter.Tk()
root.title("Label组件")

# 创建组件
label = tkinter.Label(root,bitmap="error")
label.pack()

# 进入循环
root.mainloop()
```

运行代码之后，效果如图 19-7 所示。

图 19-7

▎举例：文字 + 内置图片

```python
import tkinter

# 创建窗口
root = tkinter.Tk()
root.title("Label组件")

# 创建组件
label = tkinter.Label(root,
            text="你觉得从0到1系列怎么样呢？",
            bitmap="question",
            compound="left")
label.pack()

# 进入循环
root.mainloop()
```

运行代码之后，效果如图 19-8 所示。

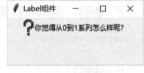

图 19-8

19.3 Button 组件

在 tkinter 中，我们可以使用 Button 组件来定义一个按钮。

▎语法：

```
tkinter.Button(root, text="文本",command=函数名)
```

▎说明：

使用 command 参数可以指定一个函数。当用户单击按钮时，tkinter 就会自动调用这个函数。

▎举例：默认样式

```python
import tkinter

# 创建窗口
root=tkinter.Tk()
```

```
root.title("按钮")

# 定义函数
def sayhi():
    print("Hello Python!")

# 创建组件
button=tkinter.Button(root, text="欢迎",command=sayhi)
button.pack()

root.mainloop()
```

图 19-9

运行代码之后，效果如图 19-9 所示。

分析：

当我们单击按钮后，VSCode 就会调用 sayhi()，然后在终端窗口中输出内容，如图 19-10 所示。
不过 Button 组件的默认样式比较简单，如果想要更加美观的按钮效果，我们可以使用背景图片来实现。接下来，我们把图 19-11 所示的 button.png 图片放到之前创建的 img 文件夹中。

图 19-10

图 19-11

举例：使用背景图片

```
import tkinter

# 创建窗口
root = tkinter.Tk()
root.title("按钮")

# 定义函数
def sayhi():
    print("Hello Python!")

# 创建组件
photo = tkinter.PhotoImage(file=r"img\button.png")
button = tkinter.Button(root,
                text="欢迎",
                image=photo,
                command=sayhi,
                fg="white",
                compound="center")
button.pack()

# 进入循环
root.mainloop()
```

运行代码之后,效果如图 19-12 所示。

▼ 分析:

现在来看,是不是感觉美观很多了呢?使用背景图片可以让用户获得更好的体验。

图 19-12

19.4 复选框

在 tkinter 中,我们可以使用 Checkbutton 组件来实现复选框的创建。

▼ 语法:

```
tkinter.Checkbutton(root, text="", variable=取值)
```

▼ 说明:

text 表示要显示的文本,variable 表示复选框的值。

▼ 举例:

```
import tkinter

# 创建窗口
root = tkinter.Tk()
root.title("复选框")

# 创建组件
v = tkinter.IntVar()
tkinter.Checkbutton(root, text="勾选", variable=v).pack()
tkinter.Label(root,textvariable=v).pack()

# 进入循环
root.mainloop()
```

运行代码之后,效果如图 19-13 所示。当勾选复选框后,效果如图 19-14 所示。

图 19-13　　　　　　图 19-14

▼ 分析:

v=tkinter.IntVar() 表示创建一个 tkinter 变量,因此 v 就是一个 tkinter 变量,用于表示该按钮是否被勾选。对于复选框,勾选状态用 1(即 True)表示,未被勾选状态用 0(即 False)表示。因此,如果复选框被勾选,那么变量 v 的值为 1,否则为 0。

在这个例子中,v 绑定了 Checkbutton 中的 variable 值及 Label 中的 textvariable 值。只要 Checkbutton 的 variable 值发生了变化,Label 的 textvariable 值就会跟着变化。

如果想要让复选框一开始就处于勾选状态，我们可以使用 v.set() 来实现，请看下面的例子。

▌ 举例：默认处于勾选状态

```
import tkinter

# 创建窗口
root = tkinter.Tk()
root.title("复选框")

# 创建组件
v = tkinter.IntVar()
v.set(1)
tkinter.Checkbutton(root, text="勾选", variable=v).pack()
tkinter.Label(root, textvariable=v).pack()

# 进入循环
root.mainloop()
```

运行代码之后，效果如图 19-15 所示。

图 19-15

▌ 分析：

由于在复选框中，1 表示勾选，因此 v.set(1) 表示设置该复选框在默认情况下被勾选。

如果希望复选框两种状态的值不是 1 和 0，而是其他的值，又该怎么做呢？此时我们可以使用 onvalue 和 offvalue 来实现，请看下面的例子。

▌ 举例：onvalue 和 offvalue

```
import tkinter

# 创建窗口
root = tkinter.Tk()
root.title("复选框")

# 创建组件
v = tkinter.IntVar()
v.set("通过！")
tkinter.Checkbutton(root, text="勾选", onvalue="通过！", offvalue="报错！", variable=v).pack()
tkinter.Label(root, textvariable=v).pack()

# 进入循环
root.mainloop()
```

运行代码之后，效果如图 19-16 所示。

图 19-16

▌ 分析：

onvalue 用于设置复选框被勾选时的值，offvalue 用于设置复选框未被勾选时的值。

▌ 举例：多个复选框

```
import tkinter
```

```
# 创建窗口
root = tkinter.Tk()
root.title("tkinter")

# 创建组件
fruits = ["苹果", "香蕉", "雪梨", "西瓜"]
v = []
for fruit in fruits:
    v.append(tkinter.IntVar())
    tkinter.Checkbutton(root, text=fruit, variable=v[-1]).pack(anchor="w")

# 进入循环
root.mainloop()
```

运行代码之后，效果如图 19-17 所示。

图 19-17

▼ **分析**：

如果选项较多，可以使用列表与 for 循环来实现多个复选框的创建。我们要特别注意一点，variable 的值是 v[-1]，小伙伴们可以思考一下为什么？

anchor 参数用于指定显示位置，可以设置为 n、ne、e、se、s、sw、w、nw 和 center 这 9 种值，如图 19-18 所示。

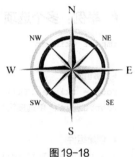

图 19-18

19.5 单选按钮

在 tkinter 中，我们可以使用 Radiobutton 组件来实现单选按钮的创建。

▼ **语法**：

```
tkinter.Radiobutton(root, text="",value="", variable=取值)
```

▼ **说明**：

text 表示要显示的文本，value 表示值。一般情况下，这两个参数的取值是相同的，但是它们的功能是不一样的。其中，text 提供的内容是给用户看的，而 value 提供的内容是给程序处理的。

variable 用于动态存储 value 的值，也就是说一旦 value 的值改变，variable 的值也会跟着改变。

▼ **举例**：

```
import tkinter

# 创建窗口
root = tkinter.Tk()
root.title("单选按钮")

# 创建组件
v = tkinter.IntVar()
tkinter.Radiobutton(root, text="男", value="男", variable=v).pack()
tkinter.Radiobutton(root, text="女", value="女", variable=v).pack()
```

```python
tkinter.Label(root, textvariable=v).pack()

# 进入循环
root.mainloop()
```

图 19-19

运行代码之后，效果如图 19-19 所示。

▌ 分析：

我们可以发现，在这一组单选按钮中，只能选中其中一项，而不能同时选中两项。此外要注意一点，对同一组的多个复选框来说，每个复选框都需要一个 tkinter 变量。但是对同一组的多个单选按钮来说，所有单选按钮是共享同一个 tkinter 变量的。

如果有多个选项，可以使用 for 循环来处理，这样也会使得代码更加简洁。

▌ 举例：多个选项

```python
import tkinter

# 创建窗口
root = tkinter.Tk()
root.title("单选按钮")

# 创建组件
v = tkinter.IntVar()
items = [("Python", 1), ("Java", 2), ("Ruby", 3), ("PHP", 4)]
for lang, num in items:
    tkinter.Radiobutton(root, text=lang, value=num, variable=v).pack(anchor="w")

# 进入循环
root.mainloop()
```

图 19-20

运行代码之后，效果如图 19-20 所示。

▌ 分析：

如果想要让某个单选按钮在默认情况下处于被选中状态，我们可以使用 v.set() 来设置。

▌ 举例：两组单选按钮

```python
import tkinter

# 创建窗口
root = tkinter.Tk()
root.title"单选按钮"

# 创建第1组单选按钮
v1 = tkinter.IntVar()
v1.set("男")
tkinter.Radiobutton(root,text="男", value="男", variable=v1).pack()
tkinter.Radiobutton(root,text="女", value="女", variable=v1).pack()

# 创建第2组单选按钮
v2 = tkinter.IntVar()
v2.set("80后")
```

```
tkinter.Radiobutton(root,text="80后", value="80后", variable=v2).pack()
tkinter.Radiobutton(root,text="90后", value="90后", variable=v2).pack()
tkinter.Radiobutton(root,text="00后", value="00后", variable=v2).pack()

# 进入循环
root.mainloop()
```

运行代码之后，效果如图 19-21 所示。

图 19-21

▶ 分析：

如果有两组单选按钮，则需要设置两个 tkinter 变量。如果需要 n 组单选按钮，则需要用到 n 个 tkinter 变量。

19.6 分组框

在 tkinter 中，我们可以使用 LabelFrame 组件对单选按钮或复选框进行分组。

▶ 语法：

```
tkinter.LabelFrame(root, text="")
```

▶ 举例：

```
import tkinter

# 创建窗口
root = tkinter.Tk()
root.title("分组框")

# 创建分组框
group = tkinter.LabelFrame(root, text="最好的编程语言是？", padx=5, pady=5)
group.pack(padx=10, pady=10)

# 创建单选按钮
v = tkinter.IntVar()
items = [("Python", 1), ("Java", 2), ("Ruby", 3), ("PHP", 4)]
for lang, num in items:
    tkinter.Radiobutton(group, text=lang, value=num, variable=v).pack(anchor="w")

# 进入循环
root.mainloop()
```

运行代码之后，效果如图 19-22 所示。

图 19-22

19.7 文本框

在 Python 中，我们可以使用 Entry 组件来定义单行文本框。

▌ 语法：

```
tkinter.Entry(root)
```

▌ 举例：

```python
import tkinter

# 创建窗口
root = tkinter.Tk()
root.title("文本框")

# 创建Label组件
tkinter.Label(root, text="账号:").grid(row=0)
tkinter.Label(root, text="密码:").grid(row=1)

# 创建Entry组件
tkinter.Entry(root).grid(row=0, column=1, padx=10, pady=5)
tkinter.Entry(root).grid(row=1, column=1, padx=10, pady=5)

# 进入循环
root.mainloop()
```

运行代码之后，效果如图 19-23 所示。

图 19-23

▌ 分析：

tkinter 一共提供了 3 种布局组件的方法：pack()、grid() 和 place()。其中 grid() 方法允许用户使用表格的形式来管理组件的位置，如 row=1、column=2 表示第 2 行第 3 列（row=0 是第 1 行，column=0 是第 1 列）。

现在我们已经创建了两个文本框，那么怎么在程序中得到文本框中的数据呢？方法很简单，只需要调用 Entry 组件的 get() 即可。

▌ 举例：获取文本框中的数据

```python
import tkinter

# 创建组件
root = tkinter.Tk()
root.title("文本框")

# 定义函数
def getinfo():
    print("账号是:", e1.get())
    print("密码是:", e2.get())

# 创建Label组件
tkinter.Label(root, text="账号:").grid(row=0)
tkinter.Label(root, text="密码:").grid(row=1)

# 创建表格
e1 = tkinter.Entry(root)
e1.grid(row=0, column=1, padx=10, pady=5)
e2 = tkinter.Entry(root)
e2.grid(row=1, column=1, padx=10, pady=5)
```

```
# 创建按钮
tkinter.Button(root,text="获取", command=getinfo).grid(row=2)

# 进入循环
root.mainloop()
```

图 19-24

运行代码之后，效果如图 19-24 所示。

▶ **分析**：

当我们在文本框中输入内容，并单击【获取】按钮后，Python 就会在 VSCode 终端窗口中输出内容了，如图 19-25 所示。

图 19-25

19.8 列表框

如果需要提供多个选项给用户选择，单选可以用 Radiobutton 组件，多选可以用 Checkbutton 组件。但如果提供的选项非常多，例如让用户选择所在的城市，此时使用 Radiobutton 或 Checkbutton 组件来实现就很麻烦了。

在 Python 中，我们可以使用 Listbox 组件以列表的形式显示一组选项。

▶ **语法**：

```
tkinter.Listbox(root)
```

▶ **举例**：

```
import tkinter

# 创建窗口
root = tkinter.Tk()
root.title("列表框")

# 创建组件
lb = tkinter.Listbox(root)
lb.pack()
for item in ["北京", "上海", "广州", "深圳"]:
    lb.insert("end", item)

# 进入循环
root.mainloop()
```

图 19-26

运行代码之后，效果如图 19-26 所示。

在 Python 中，最常用的 GUI 工具包有 3 个：tkinter、PyQT 和 wxPython。在开发一些简单的工具时，tkinter 非常方便，也比较适合。但是如果想让界面更加美观、功能更加强大，那么应该使用 PyQT 和 wxPython。

此外，PyQT 和 wxPython 涉及的知识非常多，对 Python GUI 开发感兴趣的小伙伴们，可以自行查阅官方文档或相关的书籍。

第 20 章 电子邮件

20.1 电子邮件简介

现在，电子邮件已经成为我们生活中非常重要的一种通信方式。平常我们使用的大多是界面式的电子邮件，如 QQ 邮箱、163 邮箱、Gmail 等，如图 20-1 所示。

图 20-1

那你有没有想过电子邮件的实现原理呢？如果在实际开发中，想要使用 Python 来发送电子邮件，又该怎么做呢？本章将详细介绍以下 4 个方面的内容。

- ▶ 发送纯文本格式的邮件。
- ▶ 发送 HTML 格式的邮件。
- ▶ 发送带附件的邮件。
- ▶ 在正文中插入图片。

在正式开始学习之前，我们需要事先准备至少两个电子邮箱。注意，这两个电子邮箱不要属于同一个邮件服务商，例如不要都是 QQ 邮箱或都是 163 邮箱，比较推荐一个是 QQ 邮箱，另一个是 163 邮箱。

对于 163 邮箱，我们需要设置【客户端授权密码】，不然邮件会发送失败，具体步骤为：选择【设置】→【POP3/SMTP/IMAP】选项，然后开启【IMAP/SMTP 服务】和【POP3/SMTP 服务】，如图 20-2 所示。

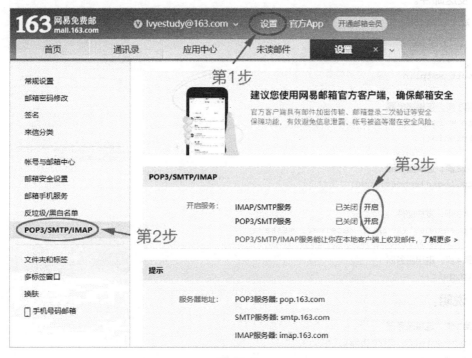

图 20-2

在开启【IMAP/SMTP 服务】和【POP3/SMTP 服务】后，163 邮箱会给提供一个授权密码，如图 20-3 所示。这个授权密码非常重要，后面我们需要使用它才能登录 163 邮箱，一定要把这个授权密码记录下来。

最后需要说明的是，163 邮箱经常改版更新，如果你发现自己的页面与上面对不上，也不用担心，自行摸索一下就好了。

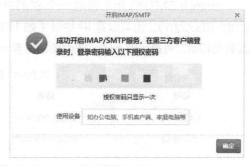

图 20-3

20.2 发送纯文本格式的邮件

电子邮件的发送,是基于 SMTP 的。SMTP 的全称为"Simple Mail Transfer Protocol"(简单邮件传送协议)。我们不需要了解 SMTP 的所有处理细节,只需要知道如果想要把一份邮件发送出去,就必须要用到 SMTP。

Python 提供了 smtplib 模块,因此我们可以使用 SMTP 来发送邮件。一般情况下,想要使用 smtplib 模块来发送一份邮件,只需要进行以下 4 步操作。

① 连接服务器。
② 登录服务器。
③ 发送邮件。
④ 退出服务器。

▼ **语法**:

```
import smtplib

# 第1步,连接服务器
smtp = smtplib.SMTP(host, port)
smtp.ehlo()

# 第2步,登录服务器
smtp.login(sender, pwd)

# 第3步,发送邮件
smtp.sendmail(sender, receiver, message)

# 第4步,退出服务器
smtp.quit()
```

▼ **说明**:

```
# 第1步,连接服务器
smtp = smtplib.SMTP(host, port)
smtp.ehlo()
```

smtplib.SMTP() 用于创建一个 SMTP 对象。参数 host 是服务器的主机,可以是域名(如 smtp.163.com),也可以是 IP 地址(如 113.215.16.189)。参数 port 是端口号,每个公司的邮件服务商和端口号都可能不同,使用前记得查一下。表 20-1 所示为常用邮箱的域名和端口。

表 20-1 常用邮箱的域名和端口

邮箱	域名	SSL 端口	非 SSL 端口
QQ 邮箱	smtp.qq.com	465	25
163 邮箱	smtp.163.com	465	25

smtplib.SMTP() 还可以用 smtplib.SMTP_SSL() 来代替。其中 smtplib.SMTP() 采用的是非 SSL 端口,不采用任何加密方式。smtplib.SMTP_SSL() 采用的是 SSL 端口,采用 SSL 加密方式。

在实际开发中，建议使用 SMTP_SSL() 而不是 SMTP()，因为加密传输比不加密传输更加安全。

成功创建 SMTP 对象后，我们还需要调用 SMTP 对象的 ehlo() 向服务器进行反馈。反馈成功后，就表示服务器连接成功了。

```
# 第2步，登录服务器
smtp.login(sender, pwd)
```

连接服务器之后，我们需要使用 SMTP 对象的 login() 方法登录服务器。参数 sender 是邮箱名，pwd 是密码。就像平常使用邮箱一样，如果想要发送邮件，就需要先登录邮箱才能进行接下来的操作。

其实使用 Python 来发送邮件与我们平常使用 QQ 邮箱等来发送邮件是一样的，只不过 Python 是使用代码来实现的，必要的流程还是不能少的。

```
# 第3步，发送邮件
smtp.sendmail(sender, receivers, message)
```

登录服务器后，就可以发送邮件了。我们可以使用 SMTP 对象的 sendmail() 方法来发送一份邮件。sendmail() 有 3 个参数：sender 表示发送者的邮箱，receivers 是接收者的邮箱，message 是邮件内容。

```
# 第4步，退出服务器
smtp.quit()
```

发送邮件之后，我们需要使用 SMTP 对象的 quit() 方法来使程序退出服务器。

▼ 举例：

```python
import smtplib
from email.mime.text import MIMEText
from email.header import Header

# 账号与密码
sender = "lvyestudy@163.com"
pwd = "xxxxxx"

# 邮件信息
receivers = ["2199586060@qq.com"]
message = MIMEText("这是邮件正文", "plain", "utf-8")
message["Subject"] = Header("这是邮件主题", "utf-8")
message["From"] = "绿叶学习网<lvyestudy@163.com>"
message["To"] = "<2199586060@qq.com>"

# 发送邮件
try:
    smtp = smtplib.SMTP_SSL("smtp.163.com", 465)
    smtp.ehlo("smtp.163.com")
    smtp.login(sender, pwd)
    smtp.sendmail(sender, receivers, message.as_string())
    print("邮件发送成功！")
except smtplib.SMTPException as reason:
    print("邮件发送失败！原因：\n", reason)
```

运行代码之后，可以看到输出"邮件发送成功！"，当我们打开 QQ 邮箱后，可以看到图 20-4 所示的邮件。

图 20-4

▶ 分析：

```
import smtplib
from email.mime.text import MIMEText
from email.header import Header
```

上面这段代码表示引入 smtplib 模块，并引入 MIMEText 和 Header 这两个类。MIMEText 和 Header 这两个类是用来构建邮件内容的，后面的程序中会用到。

MIMEText 和 Header 这两个类都属于 email 模块。准确来说，若想要使用 Python 发送邮件，我们需要用到两个模块：一个是 email 模块，另一个是 smtplib 模块。email 模块用于构建邮件内容，smtplib 模块用于发送邮件。清楚这些，对理解后面的代码是非常有用的。

```
sender = "lvyestudy@163.com"
pwd = "xxxxxx"
receivers=["2199586060@qq.com"]
```

sender 是发送者的邮箱，pwd 是授权密码，receivers 是接收者的邮箱。需要说明的是，pwd 是 163 邮箱提供的授权密码，而不是你的登录密码。

此外，我们可以看到很有趣的一个现象：sender 是一个字符串，而 receivers 却是一个列表，这是为什么呢？原因很简单：在邮件的发送中，发邮件的只能有一个人，但是收邮件的可以有很多人。

```
message = MIMEText("这是邮件正文", "plain", "utf-8")
message["Subject"] = Header("这是邮件主题", "utf-8")
message["From"] = "绿叶学习网<lvyestudy@163.com>"
message["To"] = "<2199586060@qq.com>"
```

上面这段代码用于构建邮件。我们需要借助 MIMEText 和 Header 这两个类来实现邮件的构建。此外，一份邮件需要包含 4 个方面的内容：Subject、From、To、正文，如图 20-5 所示。

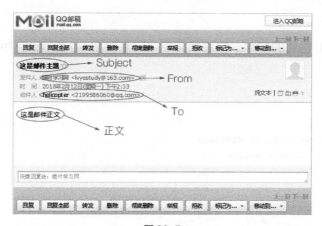

图 20-5

MIMEText(" 这是邮件正文 ","plain","utf-8") 用于创建邮件的正文部分，这是构建邮件的第 1 步。MIMEText() 有 3 个参数。
- 第 1 个参数是邮件正文，如果正文内容比较多，可以使用多行字符串来实现。
- 第 2 个参数表示邮件类型，plain 表示纯文本类型。
- 第 3 个参数表示编码规则，一般是 utf-8。

一定要注意 message["From"] 和 message["to"] 的取值格式。message["From"] 的取值格式一般是 "xxx< 邮箱地址 >"，而 message["To"] 的取值格式一般是 "< 邮箱地址 >"。有的小伙伴们之所以没能成功发送邮件，很可能就是因为这两个值的格式没有写对。

```
try:
    smtp = smtplib.SMTP_SSL("smtp.163.com", 465)
    smtp.ehlo("smtp.163.com")
    smtp.login(sender, pwd)
    smtp.sendmail(sender, receivers, message.as_string())
    print("邮件发送成功！")
except smtplib.SMTPException as reason:
    print("邮件发送失败！原因是:\n", reason)
```

最后使用 try...except... 语句来实现异常的处理，步骤很简单。如果小伙伴们执行了上面的代码，却没能成功发送邮件，很可能是其他原因导致的，可以根据报错信息在网上搜索解决方法。

20.3 发送 HTML 格式的邮件

上一节中发送的是纯文本格式的邮件，但是纯文本格式的邮件外观比较简单。如果想让邮件更美观，我们可以发送 HTML 格式的邮件。

▼ **语法**：

```
message = MIMEText("正文内容","html","utf-8")
```

▌ **说明**：

想要发送 HTML 格式的邮件，方法很简单，只需要把 MIMEText() 中的第 2 个参数改为 "html" 就可以了。

▌ **举例**：

```python
import smtplib
from email.mime.text import MIMEText
from email.header import Header

# 账号与密码
sender = "lvyestudy@163.com"
pwd = "xxxxxx"

# 邮件信息
receivers = ["2199586060@qq.com"]
msg = '''
<div style="color:red"><strong>绿叶学习网，给你初恋般的感觉。</strong></div>
'''
message = MIMEText(msg,"html","utf-8")
message["Subject"] = Header("这是邮件主题","utf-8")
message["From"] = "绿叶学习网<lvyestudy@163.com>"
message["To"] = "<2199586060@qq.com>"

# 发送邮件
try:
    smtp = smtplib.SMTP_SSL("smtp.163.com",465)
    smtp.ehlo("smtp.163.com")
    smtp.login(sender, pwd)
    smtp.sendmail(sender, receivers, message.as_string())
    print("邮件发送成功！")
except smtplib.SMTPException as reason:
    print("邮件发送失败! 原因：\n", reason)
```

运行代码之后，输出结果为"邮件发送成功！"并且接收方能够收到邮件，如图 20-6 所示。

图 20-6

> ▌ **分析**：

提醒一下，上面代码中的邮箱名和密码一定要换成自己的。此外，若想要使 HTML 格式的邮件更加美观大方，我们还需要具备一定的前端开发知识。如果小伙伴们对前端开发感兴趣，可以看一下"从 0 到 1"的前端系列。

20.4 发送带附件的邮件

如果想要往邮件中添加附件该怎么办呢？其实我们可以这样理解：**带附件的邮件 = 邮件正文 + 各个附件**。其中邮件正文使用的是 MIMEText 对象，附件一般使用的是 MIMEApplication 对象，然后再使用一个 MIMEMultipart 对象把这两个对象包含进去就可以了。也就是说：

```
MIMEMultipart = MIMEText + MIMEApplication
```

由于附件文件类型不同，对应的语法也不相同，因此我们分为两种情况来考虑。
- 附件为文本类型。
- 附件为其他类型。

20.4.1 附件为文本类型

当附件为文本类型（也就是 .txt 文件）时，我们只需要用到 email 模块的 MIMEMultipart 类就可以了。

> ▌ **语法**：

```
from email.mime.multipart import MIMEMultipart
message = MIMEMultipart()

atta = MIMEText(open(r"文件路径", "rb").read(), "base64", "utf-8")
atta["Content-Type"] = "application/octet-stream"
atta["Content-Disposition"] = "attachment; filename='文件名'"

message.attach(atta)
```

> ▌ **说明**：

message=MIMEMultipart() 表示实例化一个 MIMEMultipart 对象。

MIMEText() 表示实例化一个 MIMEText 对象，MIMEText() 有 3 个参数：第 1 个参数用于读取文件的内容，第 2 个参数是网络传输的编码方式，第 3 个参数是 Unicode 编码方式。

open(r" 文件路径 ","rb").read() 这句代码表示打开文件并读取文件，"rb" 表示以二进制模式打开一个只读文件。这句代码其实等价于：

```
file = open(r"文件路径", "rb")
txt = file.read()
```

atta["Content-Type"] 和 atta["Content-Disposition"] 的取值都是固定的，我们不需要深究。

不过我们要熟悉以下两种等价的代码:

```
atta["Content-Type"] = "application/octet-stream"
atta["Content-Disposition"] = "attachment; filename='文件名'"
```

上面的代码等价于:

```
atta.add_header("Content-Type", "application/octet-stream" )
atta.add_header("Content-Disposition", "attachment", filename=("文件名"))
```

最后,我们需要使用 MIMEMultipart 对象的 attach() 方法将附件添加到 MIMEMultipart 对象中。

我们在当前项目中创建一个名为"files"的文件夹,然后往里面放入 test.pdf、test.png、test.txt、test.xlsx、test.zip 这 5 个文件,如图 20-7 所示。

图 20-7

▌ 举例:

```
import smtplib
from email.mime.text import MIMEText
from email.header import Header
from email.mime.multipart import MIMEMultipart

# 账号与密码
sender = "lvyestudy@163.com"
pwd = "xxxxxx"

# 邮件信息
receivers = ["2199586060@qq.com"]
msg = '''
绿叶学习网,
给你初恋般的感觉。
'''
message = MIMEMultipart()

# 添加邮件的正文部分
message.attach(MIMEText(msg, "plain", "utf-8"))
message["Subject"] = Header("这是邮件主题", "utf-8")
message["From"] = "绿叶学习网<lvyestudy@163.com>"
message["To"] = "<2199586060@qq.com>"

# 添加附件: test.txt(文本)
atta = MIMEText(open(r"files\test.txt", "rb").read(), "base64", "utf-8")
atta.add_header("Content-Type", "application/octet-stream" )
atta.add_header("Content-Disposition", "attachment", filename=("test.txt"))
message.attach(atta)

# 发送邮件
try:
    smtp = smtplib.SMTP_SSL("smtp.163.com", 465)
    smtp.ehlo("smtp.163.com")
    smtp.login(sender, pwd)
    smtp.sendmail(sender, receivers, message.as_string())
    print("邮件发送成功! ")
```

```
except smtplib.SMTPException as reason:
    print("邮件发送失败!原因:\n", reason)
```

运行代码之后,输出结果为"邮件发送成功!"并且接收方能收到一份邮件,如图 20-8 所示。

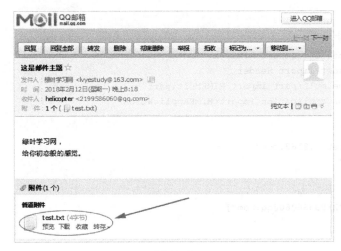

图 20-8

▼ **分析**:

对于上面这个例子,我们需要先在 D 盘中新建一个名为"test.txt"的文件。

不过这里有一个问题,如果使用上面的代码来发送带有中文的附件,则可能会出现乱码。想要解决该问题,我们可以将 atta.add_header("Content-Disposition"...) 这句代码修改为如下代码:

```
atta.add_header("Content-Disposition", "attachment", filename=("gbk", "", "test.txt"))
```

20.4.2 附件为其他类型

当附件为其他类型(如 .pdf、.xlsx、.zip、.mp3 等)时,我们需要用到 email 模块的两个类: MIMEMultipart 类和 MIMEApplication 类。

▼ **语法**:

```
from email.mime.multipart import MIMEMultipart
from email.mime.application import MIMEApplication
message = MIMEMultipart()

atta = MIMEApplication(open(r"文件路径", "rb").read())
atta.add_header("Content-Disposition", "attachment", filename="文件名")
message.attach(atta)
```

▼ **说明**:

MIMEApplication() 用于实例化一个 MIMEApplication 对象,它只有一个参数,用于读取文件的内容。

atta.add_header() 表示调用 MIMEApplication 对象的 add_header() 方法，这个方法用于设置一些必要的信息。

最后，我们需要使用 MIMEMultipart 对象的 attach() 将附件添加到 MIMEMultipart 对象中。

▌举例：

```python
import smtplib
from email.mime.text import MIMEText
from email.header import Header
from email.mime.multipart import MIMEMultipart
from email.mime.application import MIMEApplication

# 账号与密码
sender = "lvyestudy@163.com"
pwd = "xxxxxx"

# 邮件信息
receivers = ["2199586060@qq.com"]
msg = '''
绿叶学习网，
给你初恋般的感觉。
'''
message = MIMEMultipart()

# 添加邮件的正文部分
message.attach(MIMEText(msg, "plain", "utf-8"))
message["Subject"] = Header("这是邮件主题", "utf-8")
message["From"] = "绿叶学习网<lvyestudy@163.com>"
message["To"] = "<2199586060@qq.com>"

# 添加附件：图片
atta1 = MIMEApplication(open(r"files\test.png", "rb").read())
atta1.add_header("Content-Disposition", "attachment", filename="test.png")
message.attach(atta1)

# 添加附件：Word文档
atta2 = MIMEApplication(open(r"files\test.docx", "rb").read())
atta2.add_header("Content-Disposition", "attachment", filename="test.docx")
message.attach(atta2)

# 添加附件：Excel文件
atta3 = MIMEApplication(open(r"files\test.xlsx", "rb").read())
atta3.add_header("Content-Disposition", "attachment", filename="test.xlsx")
message.attach(atta3)

# 添加附件：PDF文件
atta4 = MIMEApplication(open(r"files\test.pdf", "rb").read())
atta4.add_header("Content-Disposition", "attachment", filename="test.pdf")
message.attach(atta4)

# 添加附件：压缩文件
atta5 = MIMEApplication(open(r"D:\test.zip", "rb").read())
```

```
atta5.add_header("Content-Disposition", "attachment", filename="test.zip")
message.attach(atta5)

# 发送邮件
try:
    smtp = smtplib.SMTP_SSL("smtp.163.com", 465)
    smtp.ehlo("smtp.163.com")
    smtp.login(sender, pwd)
    smtp.sendmail(sender, receivers, message.as_string())
    print("邮件发送成功！")
except smtplib.SMTPException as reason:
    print("邮件发送失败！原因：\n", reason)
```

运行代码之后，输出结果为"邮件发送成功！"并且接收方能收到一份邮件，如图20-9所示。

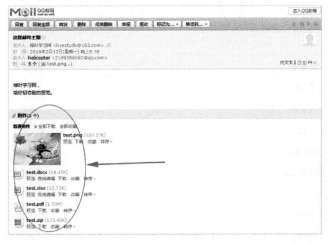

图 20-9

▶ 分析：

发送邮件的代码都是非常复杂的，我们可以把这些功能封装成一个类，以后直接调用该类就可以了。

【常见问题】

为什么要用编程的方式来发送邮件呢？直接在邮箱界面中发送不是更简单吗？

对于日常生活中的邮件，当然是在邮箱界面发送更简单、方便。不过如果我们想要批量处理邮件，或把邮件功能嵌入网站后台，此时就必须借助编程的方式。

实际上，文件操作、图像处理、邮件发送，这些操作通过界面的方式进行时，只适合处理少量的数据，而不适合处理大量的数据。我们编程更多是为了处理大量的数据，然后让工作实现自动化。了解这一点，对于理解编程这种方式是非常有用的。

附录 A Python 关键字

关键字	关键字
True	False
None	and
as	assert
break	class
continue	def
del	elif
else	except
finally	for
from	global
if	import
in	is
lambda	nonlocal
not	or
pass	raise
return	try
while	with
yield	

附录 B 数据类型

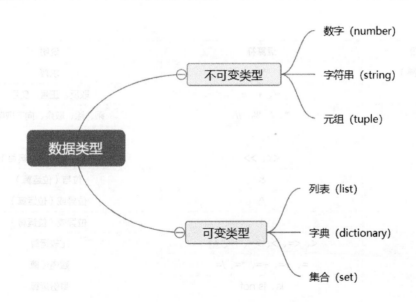

附录 C 运算符优先级

对于运算符的优先级，我们不需要记住所有运算符的优先级，只需要了解常见运算符的优先级就可以了。

优先级	运算符	说明
16（最高）	**	求幂
15	~、+、-	取反、正号、负号
14	*、/、%、//	乘、除、取余、向下取整
13	+、-	加、减
12	<<、>>	左移、右移（位运算）
11	&	位与（位运算）
10	^	位异或（位运算）
9	|	位异或（位运算）
8	<、<=、>、>=、!=、==	比较运算
7	=、+=、-=、*=、/=	赋值运算
6	is、is not	身份运算
5	in、not in	成员运算
4	not	非（逻辑运算）
3	and	与（逻辑运算）
2	or	或（逻辑运算）
1（最低）	,	逗号运算

附录 D 列表常用的方法

方法	说明
append()	增加元素
del、pop()、remove()	删除元素
len()	获取列表长度
count()	获取某个元素的个数
index()	获取某个元素的下标
extend()	合并列表
clear()	清空列表
[m: n]	截取列表（切片）
for...in	遍历列表
in、not in	检索列表
reverse()	颠倒元素顺序
sort()	排序
max()	获取最大值
min()	获取最小值
sum()	计算所有元素之和
join()	将列表转换为字符串

附录 E 字符串常用的方法

方法	说明
string[n]	获取某一个字符串
len()	获取字符串的长度
count()	统计字符的个数
index()	获取字符的下标
[m: n]	截取字符串（切片）
replace()	替换字符串
split()	分割字符串
strip()	去除首尾符号
lower()	转换成小写
upper()	转换成大写
A.find(B)	判断 A 是否包含 B
A.startswith(B)	判断 A 是否以 B 开头
A.endswith(B)	判断 A 是否以 B 结尾
%s、format()	拼接字符串
str()、list()、tuple()	类型转换

附录 F 字典常用的方法

方法	说明
del	删除键值对
len()	获取字典的长度
clear()	清空字典
copy()	复制字典
in、not in	检索字典
keys()	获取所有的键
values()	获取所有的值
items()	获取所有的键和值

附录 G 数学运算

常用方法（math）	
abs(x)	求绝对值
round(x)	求四舍五入值
ceil(x)	向上取整
floor(x)	向下取整
sqrt(x)	求平方根
pow(x, n)	求 n 次幂
三角函数（math）	
sin(x)	正弦
cos(x)	余弦
tan(x)	正切
asin(x)	反正弦
acos(x)	反余弦
atan(x)	反正切
atan2(x)	反正切
随机数（random）	
randint(x, y)	生成随机整数，范围是 $x \leq n \leq y$
randrange(x, y, step)	按照一定的步数生成随机整数
random()	生成随机浮点数，范围是 $0 \leq n < 1$
uniform(x, y)	生成随机浮点数，范围是 $x \leq n < y$
choice(seq)	从序列中随机获取一个元素
sample(seq, n)	从序列中随机获取 n 个元素
shuffle(list)	将一个列表打乱

附录 H　Python 模块

内置模块	
math	数学计算
random	随机数
time	日期时间
datatime	日期时间
os	文件操作
shutil	文件操作
zipfile	压缩文件
json	操作 JSON 文件
csv	操作 CSV 文件
re	正则表达式
sqlite3	操作 SQLite
tkinter	GUI 编程
smtplib	发送邮件
第三方模块	
send2trash	删除文件
openpyxl	操作 Excel 文件
pillow	图像处理
matplotlib	数据可视化
pymysql	操作 MySQL
pymongo	操作 MongoDB

后记

当小伙伴们看到这里的时候,说明你在 Python 学习之路上已经打下了坚实的基础了。如果你希望在这条路上走得更远,接下来还要学习更高级的技术才行。

很多作者力求在一本书中把所有 Python 知识都讲解了,其实这是不现实的。因为小伙伴们需要一个循序渐进的学习过程,这样才能更好地把技术学透。本书是对 Python 基础知识部分的讲解,我相信它已经把大多数的基础知识点给讲解了。

对于 Python 的学习,有一点要跟大家说明:不要奢望只看一本书就把 Python 学透,这是不可能的。从心理学的角度来看,一个知识点要在多个不同场合碰到,我们才会对其有更深刻的理解和记忆。所以我们还是要多看看同类书,以及多查看官方文档。

为什么本书不介绍网络爬虫、数据分析等技术呢?实际上这些技术都是相当复杂的,它们甚至需要单独的一本书才能介绍完。如果你希望继续深入学习,那么下面是推荐的顺序。除了前两本之外,其他图书并没有固定的学习顺序,小伙伴们完全可以根据自己的喜好进行学习。

《从 0 到 1——Python 快速上手》→《从 0 到 1:Python 进阶之旅》→其他

《从 0 到 1——Python 进阶之旅》这本书的含金量极高,里面介绍的都是各种高级技巧及面试技巧。对于想要真正从事 Python 相关工作的小伙伴们来说,这本书非常值得一看。

最后,如果你想了解更多与 Python 相关的技术,以及更多"从 0 到 1"系列图书,可以关注我的个人网站:绿叶学习网。